数字逻辑电路实践教程
——基于FPGA和Verilog

鲁鹏程 张丽艳 邵温 高雪园 编著

清华大学出版社
北京

内 容 简 介

本书是一本数字逻辑电路设计的实践教材。全书分为 7 章，第 1～3 章以"技术"为主，主要介绍现代逻辑电路的发展、主流 FPGA 的软硬件开发平台、Verilog 硬件描述语言及 Quartus 和 Vivado 两款 EDA 软件的使用；第 4、5 章以"理论"为主，主要介绍数字逻辑电路中常用的逻辑电路及 Verilog 实现、状态机理论及硬件实验中常用的外围电路；第 6、7 章以"实践"为主，分为基础实验和综合设计两个环节。基础实验题目具有一定的层次性、设计性和应用性，可帮助学生巩固知识并掌握基本技能；综合设计题目具有一定的系统性和工程性，并留有创新的空间，通过这些题目的练习，能够提升数字逻辑电路的设计能力、动手能力及工程实践能力。

本书可作为高等院校计算机科学与技术、物联网工程、电子信息、自动控制等专业"数字逻辑电路设计""数字系统设计"等课程的实验教学用书，也可作为从事数字系统设计相关技术人员的参考书。

图书在版编目（CIP）数据

数字逻辑电路实践教程：基于 FPGA 和 Verilog/鲁鹏程等编著. -- 北京：清华大学出版社，2025.8.
ISBN 978-7-302-69882-1

Ⅰ. TN79

中国国家版本馆 CIP 数据核字第 202559KC18 号

责任编辑：苏东方
封面设计：刘 键
责任校对：郝美丽
责任印制：宋 林

出版发行：清华大学出版社
　　　网　　　址：https://www.tup.com.cn，https://www.wqxuetang.com
　　　地　　　址：北京清华大学学研大厦 A 座　　　　　　邮　　编：100084
　　　社 总 机：010-83470000　　　　　　　　　　　　邮　　购：010-62786544
　　　投稿与读者服务：010-62776969，c-service@tup.tsinghua.edu.cn
　　　质量反馈：010-62772015，zhiliang@tup.tsinghua.edu.cn
　　　课件下载：https://www.tup.com.cn，010-83470236
印 装 者：三河市天利华印刷装订有限公司
经　　销：全国新华书店
开　　本：185mm×260mm　　　　印　　张：16.75　　　　字　　数：411 千字
版　　次：2025 年 9 月第 1 版　　　　　　　　　　　印　　次：2025 年 9 月第 1 次印刷
定　　价：59.00 元

产品编号：103160-01

前 言
PREFACE

　　"数字逻辑电路"是信息技术类专业一门重要的基础核心课程,具有较强的理论性和实践性。通过学习本课程,读者可以掌握数字逻辑电路的分析和设计方法,学会电路调试及故障查询方法并提高实践动手能力,还可以培养耐心、细致的科研作风,为后续专业课打好基础。

　　FPGA 作为一种半定制产品,具有配置灵活、可重构的特点,在一个芯片内就可以实现包括组合电路、时序电路、存储器等在内的各种数字电路,还可以根据设计需求进行定制和优化,使设计和开发更加高效和便捷,因此基于 FPGA 平台进行数字逻辑电路的设计,已成为越来越多工程师的首选方案。

　　本书共 7 章,第 1～3 章主要介绍技术方面的内容,重点是 Verilog HDL 语法规则和EDA 软件的使用;第 4、5 章主要介绍理论方面的内容,重点是状态机理论和常用外围电路的工作原理;第 6、7 章以实践为主,分为基础实验和综合设计,重点内容是"自顶向下的设计方法"。

　　各章主要内容如下:

　　第 1 章首先介绍逻辑电路的发展,并引出 FPGA 可编程芯片;然后详细介绍 FPGA 主流厂商、产品及软硬件开发平台;最后就如何进行预习、实验和总结给出了建议。

　　第 2 章主要介绍 Verilog HDL 的程序结构、基本语法规则、仿真验证以及编程规范。

　　第 3 章以一个四人表决电路为例,介绍数字逻辑电路传统与现代的设计方法,以及该电路在 Quartus 和 Vivado 环境中的实现过程。

　　第 4 章通过实例,介绍基本组合逻辑电路和时序逻辑电路的特点及 Verilog 实现;通过"序列检测器"介绍状态机理论。

　　第 5 章将硬件实验中常用的外设分为输入、显示、机电控制和其他四个种类,分别介绍这些外设的工作原理及其典型控制电路。

　　第 6 章按照数字逻辑电路的特点,将基础实验分成组合逻辑、时序逻辑、接口电路三大类,每类实验设置若干任务并给出设计指导,题目设置上具有一定的层次性、设计性和应用性。

　　第 7 章介绍数字系统设计的基本概念、方法,以"数字秒表"为例详细介绍实现一个数字系统的全过程,最后提供一些实际题目作为练习。题目在设置时给出一定的扩展提示,且尽可能接近真实场景,具有一定的系统性、工程性、创新性。

　　本书未指定具体的实验台或开发板型号,而是将相关电路以典型电路的形式呈现,希望读者通过学习这些电路,具备举一反三的能力,在面对不同开发板或模块时能够看懂外围电路原理。

　　附录部分提供了"实验台外设引脚分配表",读者可根据所用开发板的资源分配情况填入信号名和引脚号,也可由教师在安排预习任务时填入。"实验任务单"可根据课程学时从基础实验和综合设计中选择适合的任务填入。

　　书中的实例分别在 Quartus Prime 20.1 Lite Edition 和 Vivado 2019.2 环境下测试通过。这两款软件均有多个版本,除了在芯片的支持上有所不同外,对于数字逻辑电路开发几乎没有差别。读者在选择软件版本时,只要选择能够支持所选开发板的 FPGA 型号就可以。如果不希望软件安装后占用过多的存储空间,可以选择稍早一些的版本;如果想体验一些新的功能,可选择较新的版本。

　　本书由北京工业大学"数字逻辑实验"课程教学团队编写,第 1 章由高雪园编写,第 2 章、附录由邵温编写,第 3、4 章由张丽艳编写,第 5～7 章由鲁鹏程编写。鲁鹏程负责全书的策划、组织整理和定稿。

　　本书获得了北京工业大学教育教学研究课题的资助(ER2022SJB04)。北京工业大学计算机学院实验中心的韩德强、杨淇善两位老师研制了实验平台与扩展模块,为本书的实践案例设计和教学资源开发提供了有力支持。此外,清华大学出版社编辑团队为本书的编校工作付出了大量心血。在此,向所有给予帮助的单位和个人表示衷心的感谢!

　　限于编者的水平与经验,书中难免有疏漏和错误之处,敬请读者批评指正。

编　者
2025 年 6 月

目 录
CONTENTS

第 1 章　概述 ·· 1

1.1　逻辑器件概述 ·· 1

　　1.1.1　固定逻辑芯片 ·· 1

　　1.1.2　可编程逻辑器件 ·· 2

1.2　主流 FPGA 平台概述 ·· 7

　　1.2.1　Intel FPGA 产品概况 ·· 7

　　1.2.2　Xilinx FPGA 产品概况 ·· 9

1.3　FPGA 开发软硬件平台 ·· 11

　　1.3.1　硬件平台选择 ··· 11

　　1.3.2　软件开发平台 ··· 11

1.4　基于 FPGA 的数字逻辑实验 ··· 12

　　1.4.1　实验预习 ··· 12

　　1.4.2　实验过程 ··· 14

　　1.4.3　实验报告 ··· 14

第 2 章　Verilog HDL 基础 ·· 16

2.1　Verilog HDL 简介 ·· 16

2.2　Verilog HDL 基本结构 ·· 17

　　2.2.1　模块定义 ··· 17

　　2.2.2　模块实例化 ··· 20

2.3　Verilog HDL 语言要素 ·· 22

　　2.3.1　标识符 ··· 22

　　2.3.2　关键字 ··· 22

　　2.3.3　注释 ··· 22

　　2.3.4　常量 ··· 22

　　2.3.5　参数 ··· 23

　　2.3.6　变量 ··· 25

　　2.3.7　运算符 ··· 25

2.4　Verilog HDL 基本语句 ·· 29

　　2.4.1　赋值语句 ··· 29

　　2.4.2　always 块语句 ··· 30

　　2.4.3　initial 块语句 ··· 32

　　2.4.4　条件语句 ··· 33

　　　　2.4.5　循环语句 ……………………………………………………………… 35

　　　　2.4.6　任务和函数 …………………………………………………………… 37

　　2.5　Verilog HDL 验证 …………………………………………………………… 40

　　　　2.5.1　Testbench 文件的基本格式 ………………………………………… 40

　　　　2.5.2　时钟激励产生 ………………………………………………………… 41

　　　　2.5.3　复位信号设计 ………………………………………………………… 42

　　　　2.5.4　数据信号的产生 ……………………………………………………… 43

　　　　2.5.5　系统函数和系统任务 ………………………………………………… 45

　　2.6　Verilog 代码规范 ……………………………………………………………… 49

　　　　2.6.1　命名规范 ……………………………………………………………… 49

　　　　2.6.2　编码规范 ……………………………………………………………… 50

　　　　2.6.3　注释规范 ……………………………………………………………… 51

第 3 章　基于 FPGA 和 EDA 的数字逻辑电路设计 ……………………………… 52

　　3.1　FPGA 设计流程 ……………………………………………………………… 52

　　3.2　设计实例——四人表决器 …………………………………………………… 54

　　3.3　基于 Quartus 的数字逻辑电路开发流程 …………………………………… 58

　　　　3.3.1　创建工程 ……………………………………………………………… 58

　　　　3.3.2　设计输入 ……………………………………………………………… 62

　　　　3.3.3　编译工程 ……………………………………………………………… 67

　　　　3.3.4　波形仿真 ……………………………………………………………… 68

　　　　3.3.5　引脚分配 ……………………………………………………………… 75

　　　　3.3.6　编程下载 ……………………………………………………………… 77

　　　　3.3.7　层次化设计 …………………………………………………………… 78

　　3.4　基于 Vivado 的数字逻辑电路开发流程 …………………………………… 81

　　　　3.4.1　创建工程 ……………………………………………………………… 81

　　　　3.4.2　添加设计文件 ………………………………………………………… 84

　　　　3.4.3　仿真 …………………………………………………………………… 87

　　　　3.4.4　综合 …………………………………………………………………… 88

　　　　3.4.5　实现 …………………………………………………………………… 90

　　　　3.4.6　编程下载 ……………………………………………………………… 91

　　　　3.4.7　层次化设计 …………………………………………………………… 91

第 4 章　基本逻辑电路设计实例 …………………………………………………… 94

　　4.1　常用组合逻辑电路的设计 …………………………………………………… 94

　　　　4.1.1　编码器 ………………………………………………………………… 94

　　　　4.1.2　译码器 ………………………………………………………………… 96

　　　　4.1.3　数据选择器 …………………………………………………………… 98

　　　　4.1.4　数值比较器 …………………………………………………………… 99

　　　　4.1.5　加法器 ………………………………………………………………… 100

　　4.2　常用时序逻辑电路的设计 …………………………………………………… 101

　　　　4.2.1　锁存器和触发器 ……………………………………………………… 102

　　　　4.2.2　计数器 ………………………………………………………………… 106

　　　　4.2.3　寄存器 ·· 107
　　　　4.2.4　移位寄存器 ··· 107
　　　　4.2.5　存储器 ·· 109
　　4.3　有限状态机的设计 ··· 111
　　　　4.3.1　有限状态机简介 ··· 111
　　　　4.3.2　有限状态机设计实例 ·· 114

第 5 章　数字系统常用外围电路 ·· 121
　　5.1　输入模块 ·· 121
　　　　5.1.1　开关和按键 ·· 121
　　　　5.1.2　矩阵式键盘 ·· 123
　　5.2　显示模块 ·· 124
　　　　5.2.1　发光二极管 ·· 124
　　　　5.2.2　数码管 ·· 127
　　　　5.2.3　LED 点阵 ··· 130
　　　　5.2.4　LCD 液晶屏 ·· 131
　　　　5.2.5　OLED 液晶屏 ··· 135
　　　　5.2.6　VGA 显示 ··· 138
　　5.3　机电控制模块 ·· 142
　　　　5.3.1　继电器模块 ·· 142
　　　　5.3.2　直流电机 ··· 143
　　　　5.3.3　步进电机 ··· 145
　　　　5.3.4　舵机 ·· 148
　　5.4　其他模块 ·· 150
　　　　5.4.1　蜂鸣器 ·· 150
　　　　5.4.2　超声波测距 ·· 151
　　　　5.4.3　温湿度传感器 ·· 153

第 6 章　基础实验 ·· 156
　　6.1　组合逻辑电路设计 ··· 156
　　　　6.1.1　实验目的 ··· 156
　　　　6.1.2　实验任务及要求 ··· 156
　　　　6.1.3　实验步骤 ··· 166
　　6.2　寄存器电路设计 ··· 167
　　　　6.2.1　实验目的 ··· 167
　　　　6.2.2　实验任务及要求 ··· 167
　　6.3　计数器电路设计 ··· 173
　　　　6.3.1　实验目的 ··· 173
　　　　6.3.2　实验任务及要求 ··· 173
　　6.4　状态机电路设计 ··· 184
　　　　6.4.1　实验目的 ··· 184
　　　　6.4.2　实验任务及要求 ··· 184
　　6.5　常用外设驱动电路的设计 ··· 187

　　　　6.5.1　实验目的 ……………………………………………………………… 187

　　　　6.5.2　实验任务及要求 …………………………………………………… 187

　　6.6　常用接口协议设计 ……………………………………………………………… 196

　　　　6.6.1　实验目的 ……………………………………………………………… 196

　　　　6.6.2　实验任务及要求 …………………………………………………… 196

第7章　综合设计……………………………………………………………………………… 206

　　7.1　数字系统设计…………………………………………………………………… 206

　　　　7.1.1　数字系统的构成 …………………………………………………… 206

　　　　7.1.2　设计方法 ……………………………………………………………… 206

　　　　7.1.3　设计过程 ……………………………………………………………… 207

　　7.2　设计实例——数字秒表………………………………………………………… 208

　　　　7.2.1　设计要求 ……………………………………………………………… 208

　　　　7.2.2　系统设计 ……………………………………………………………… 209

　　　　7.2.3　详细设计 ……………………………………………………………… 210

　　7.3　设计题目………………………………………………………………………… 243

　　　　7.3.1　自动售票机 …………………………………………………………… 243

　　　　7.3.2　四人抢答器 …………………………………………………………… 245

　　　　7.3.3　交通灯控制器 ………………………………………………………… 246

　　　　7.3.4　保险箱数字锁控制器 ………………………………………………… 247

　　　　7.3.5　乒乓球游戏机 ………………………………………………………… 248

　　　　7.3.6　数字钟电路 …………………………………………………………… 250

　　　　7.3.7　出租车计价器 ………………………………………………………… 251

　　　　7.3.8　洗衣机控制器 ………………………………………………………… 252

　　　　7.3.9　电梯控制器 …………………………………………………………… 253

　　　　7.3.10　自命题 ……………………………………………………………… 254

附录 A　数码管字形码 …………………………………………………………………… 255

附录 B　Verilog HDL 中的关键字 ……………………………………………………… 256

附录 C　实验台外设引脚分配表 ………………………………………………………… 257

附录 D　实验任务单 ……………………………………………………………………… 259

参考文献 ……………………………………………………………………………………… 260

第 1 章

概　　述

本章首先介绍固定逻辑芯片和可编程逻辑器件的特点及内部基本结构,并对主流 FPGA 平台的发展、厂商及产品系列进行了说明;接着简要阐述基于 FPGA 开展数字逻辑实验应具备的软硬件环境;最后就如何进行预习、实验和总结给出一些建议。

1.1　逻辑器件概述

集成电路(Integrated Circuit,IC)的种类较多,按照处理信号的类型可以分为数字 IC、模拟 IC 和数模混合 IC 三种。数字 IC 用于产生、放大和处理各种数字信号;模拟 IC 用于处理模拟信号,包括放大器、滤波器、ADC、DAC 等;数模混合 IC 将数字系统和模拟系统集中在同一芯片上,能够同时处理数字信号和模拟信号,并实现数字与模拟信号之间的转换。

数字 IC 从用途上可以简单地划分为存储芯片和逻辑芯片两大类。存储芯片用于存储数据和程序,包括闪存、SD 卡、DRAM 等。逻辑芯片用于实现运算和控制功能,包括固定逻辑芯片和可编程逻辑器件两种。

1.1.1　固定逻辑芯片

固定逻辑芯片中的电路是永久性的,生产出来后功能就被固定下来,不能再改变。常见的固定逻辑芯片包括中小规模集成电路、通用处理器(CPU、GPU、MCU 等)、专用集成电路(Application Specific Integrated Circuit,ASIC)等。其中 ASIC 是为解决特定应用问题而定制设计的集成电路,不具备通用性;通用处理器虽然电路结构固定,但可以通过编写软件程序实现相对复杂的事务,通常与各种芯片结合起来实现系统级的开发;中小规模集成电路功能相对单一,有很多标准单元电路,如早期的 74 系列及其改进系列、4000 系列等,包括简单的与门、或门、非门、触发器、计数器、加法器等基本逻辑电路,以及扩展 I/O 接口、总线驱动等相对复杂的电路,种类繁多,有很强的通用性,常用于各类数字电路的设计。

假设用固定逻辑芯片实现一个简单的四人表决器(详细设计见 3.2 节),电路功能是当赞成人数为多数时表决通过(大于或等于 3 人)。如果采用标准与非门逻辑电路 74HC20 来实现,用 3 片就可以,电路结构如图 1.1 所示。

固定逻辑的门电路芯片通用性强,能够实现各种数字电路,但电路规模较大时,需要用

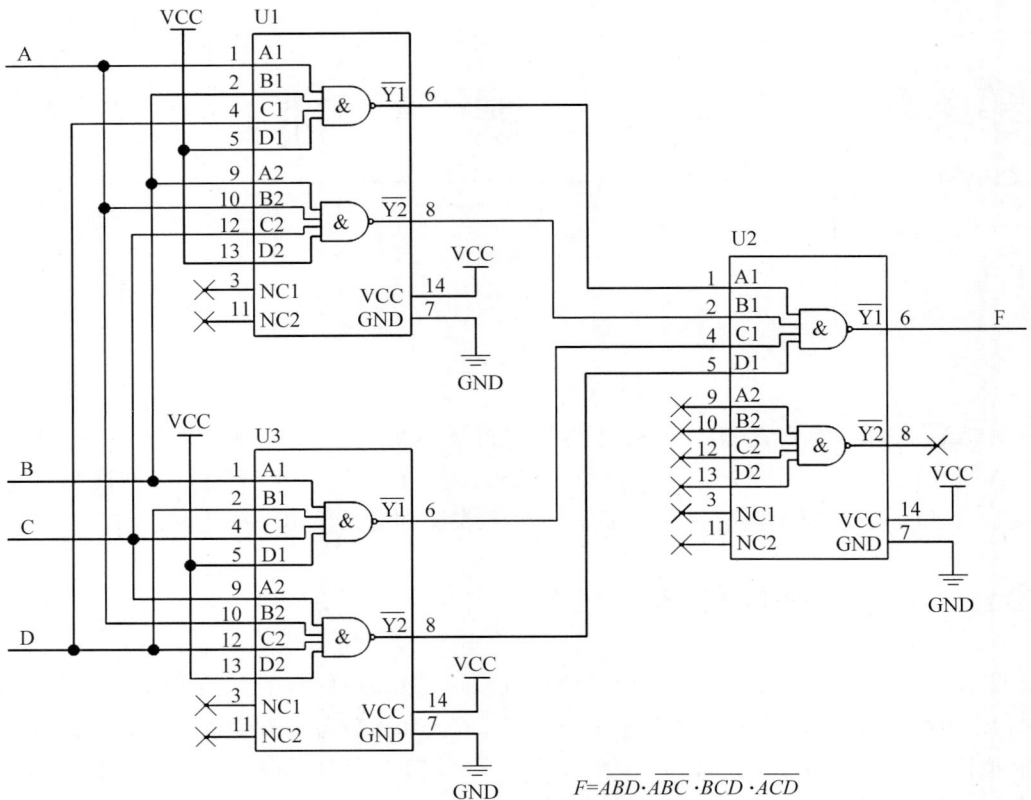

图 1.1　用 74HC20 实现的四人表决器电路结构

到更多的芯片,实现起来较困难且不容易调试,而且由于各逻辑门间连线较长,产生的延时不可忽略,不适用于高速数字电路的设计。因此,在面对更大规模的电路设计时,一般会选用可编程逻辑器件。

1.1.2　可编程逻辑器件

可编程逻辑器件(Programmable Logic Device,PLD)的研制思想是任何一个逻辑函数式都可以转换为若干乘积项之和(与-或表达式)的形式,因此将一系列与门、或门及编程"开关"组合起来构成可编程阵列,通过对"开关"进行设置就可以实现任何逻辑电路。这些编程"开关"可以由不同的器件或结构实现,如熔丝型(Fuse)、反熔丝型(Anti-Fuse)、可擦编程只读存储器(Erasable Programmable Read Only Memory,EPROM)、电可擦可编程只读存储器(Electrically Erasable Programmable Read Only Memory,EEPROM)等。其中反熔丝型器件是一次性编程器件(One Time Programmable,OTP),不能重复擦写,开发初期比较烦琐,费用也比较高,但具有抗辐射、耐高低温、低功耗和速度快等优点,在军品和航空航天领域中应用较多。图 1.2 是一个典型的 PLD 结构,由"与"阵列、"或"阵列以及起缓冲驱动作用的输入/输出逻辑构成。每个输出是输入的"与-或"函数,"与"阵列的输入线和"或"阵列的输出线被排成阵列结构,交叉处用逻辑器件或熔丝连接起来。通过熔丝、PN 结的熔断和连接,或者对浮栅的充电和放电就可以实现器件的编程。

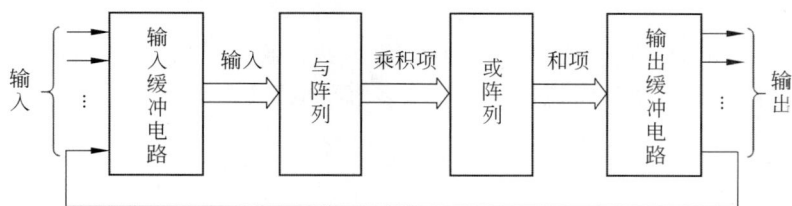

图 1.2　典型 PLD 结构

PLD 种类较多,基本分类如图 1.3 所示。与固定逻辑芯片相比,PLD 逻辑功能不固定,可根据需要进行编程设置,是一种半定制芯片,在原型系统开发、集成度、功耗和系统可靠性等方面有显著的优势。

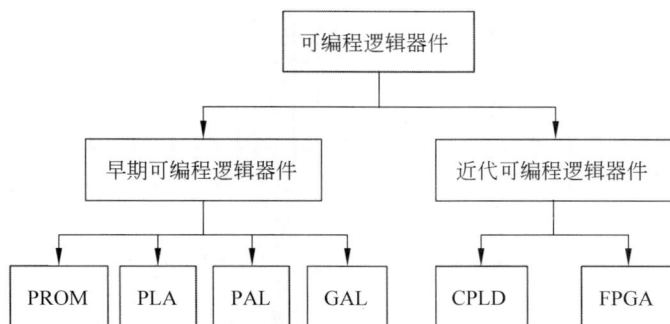

图 1.3　PLD 的基本分类

1. 简单可编程逻辑器件

早期的 PLD 包括 PROM、PLA、PAL 和 GAL 等类型,因集成度较低,内部门电路规模小,也被称作简单可编程逻辑器件(SPLD),它们的主要区别在于与、或阵列所采用的编程方式。以 3 输入 3 输出的器件结构为例,图 1.4 给出这几类器件的结构示意图。图中交叉处用实点"·"标注的表示固定连接,不允许用户改变;用符号"×"标注的表示本节点当前处于连接状态,即编程熔丝未被烧断,可对其进行编程;若交叉点上没有标注"×",表示此节点未接通或者已被擦除,处于断开状态,通过对行、列交叉处编程就可以建立输入和输出之间的逻辑关系,从而实现需要的功能。

PROM 是可编程只读存储器(Programmable Read Only Memory),问世于 20 世纪 70 年代初,是最早的 PLD,它由一个固定的"与"阵列和一个可编程的"或"阵列组成,基本结构如图 1.4(a)所示。PROM 中的与阵列是一个全译码结构,即所有输入均有唯一对应的乘积项,图 1.4(a)中 3 个输入项对应 8 个乘积项,故器件内设有 8 个与门。这种结构带来的一个问题是:当输入变量为 n 时,阵列的规模将达到 2^n,较大的矩阵规模会增加延迟,在一定程度上会限制器件的速度。此外,全译码结构中的所有输入组合在大多数逻辑功能中并不会用到,会造成一定的资源浪费。

PLA 是可编程逻辑阵列(Programmable Logic Array),与 PROM 不同,它内部的"与"阵列和"或"阵列都是可编程的,如图 1.4(b)所示。这样,设计者可以控制全部输入/输出,灵活性更高,弥补了 PROM 器件一组输入只能产生唯一乘积项的不足。PLA 在实现较简单逻辑功能时也存在浪费,由于要对所有节点编程,编程工具相对较贵,提高了设计成本。

PAL 是可编程阵列逻辑(Programmable Array Logic),其基本结构包含一个可编程的"与"阵列和一个固定的"或"阵列,如图 1.4(c)所示。它兼具了 PLA 的灵活和 PROM 的易编程特性,"与"阵列的可编程特性使输入项增多,而"或"阵列固定又使器件结构简化,因此得到了广泛应用。

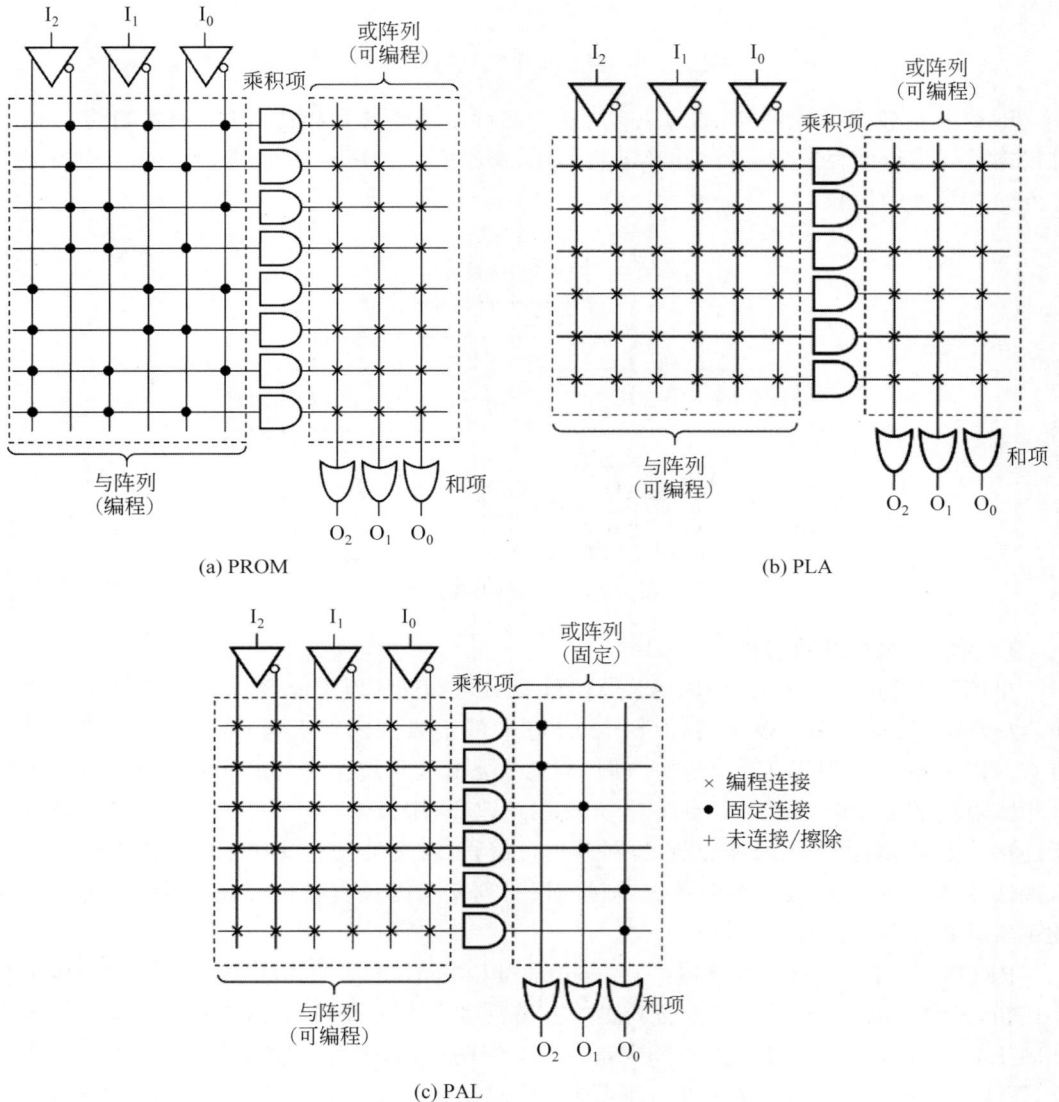

(a) PROM

(b) PLA

× 编程连接
● 固定连接
+ 未连接/擦除

(c) PAL

图 1.4　简单 PLD 基本结构示意图(3 输入 3 输出)

GAL 是通用阵列逻辑(General Array Logic),出现于 20 世纪 80 年代初,是在 PAL 器件基础上发展出来的,用逻辑宏单元(OLMC)取代固定输出电路,可编程"与"阵列产生的乘积项送到 OLMC 上。通过对 OLMC 单元的编程,器件能满足更多的逻辑电路要求,相比 PAL 器件有更多的功能,设计也更为灵活,工作速度高、价格低,具有强大的编程工具和软件支撑,GAL 被看作第 2 代 PLD。

2. 复杂可编程逻辑器件

随着科技的发展、社会的进步,人们对芯片的集成度要求越来越高,早期的 PLD 产品已不能满足人们的需求,复杂可编程逻辑器件(Complex Programmable Logic Device,CPLD)应运而生。CPLD 是在 PAL、GAL 基础上发展起来的,它由逻辑块、I/O 模块和可编程内部连线 3 大部分组成,其基本结构如图 1.5 所示。

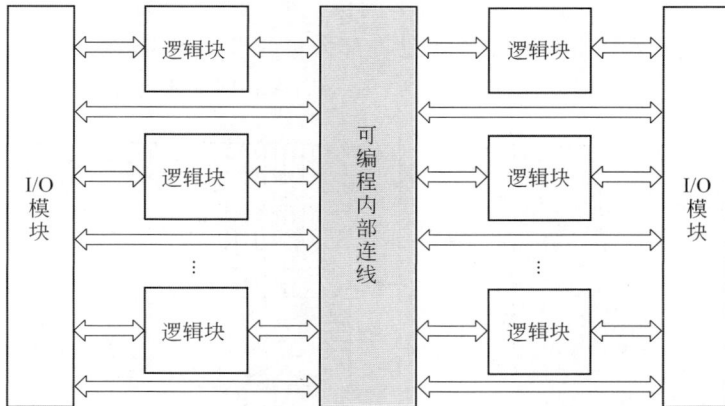

图 1.5　典型 CPLD 基本结构

CPLD 逻辑块中实现可编程功能的部件是宏单元模块,每个宏单元由类似 PAL 的电路构成,通过芯片内部的布线资源实现互连,且可连接到 I/O 模块。对于逻辑简单的电路,一个宏单元就可以实现,如利用 CPLD 实现四人表决器电路,简化后的电路结构如图 1.6 所示。对于复杂的电路,如无法用一个宏单元实现,可以将宏单元的输出连接到可编程连线阵列,再作为另一个宏单元的输入,实现多个宏单元的连接,从而实现更复杂的逻辑。

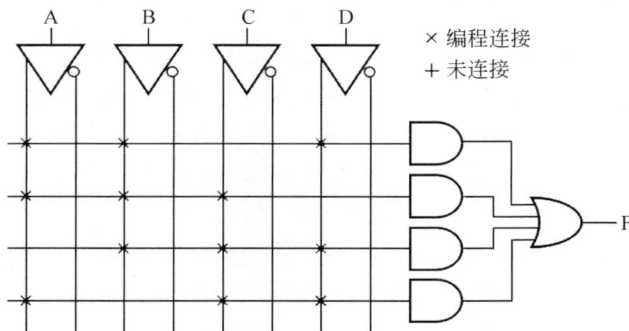

$F=ABD+ABC+BCD+ACD$

图 1.6　简化后的四人表决器电路结构(CPLD 实现)

3. 现场可编程门阵列

现场可编程门阵列(Field Programmable Gate Array,FPGA),也是一种可编程逻辑器件,内部由可编程逻辑块(Programmable Logic Blocks,PLB)、输入/输出模块(I/O Blocks,IOB)及可编程互连资源(Programmable Interconnect Resources,PIR)组成,此外还会嵌入一些硬件电路模块以增强 FPGA 的性能,如数字信号处理器(Digital Signal Processor,DSP)、嵌入式块存储器(Block RAM,BRAM)以及用于时钟的锁相环电路(PLL/DLL)等,

有的 FPGA 中甚至还会加入处理器构成一个片上系统(System on Chip,SOC)。

图 1.7 是一个典型的 FPGA 基本结构,PLB 规则地分布在整个芯片中,每个 PLB 由一定数量的逻辑单元(LE)组成,用来实现需要的逻辑功能;IOB 是可编程输入/输出单元,排列在芯片的四周,是 FPGA 与外部电路的接口,用于实现不同电气特性下输入/输出信号的驱动和匹配;PIR 包括布线通道、可编程开关块 (Switch Block,SB)和可编程连接块 (Connection Block,CB),通过它们可以将不同位置的 PLB、IOB、PLL、BRAM、DSP 等资源连接起来,实现各类资源的相互通信。借助内部大量的可编程逻辑块,FPGA 可以实现任意一款逻辑芯片的功能,如 ASIC、DSP 甚至 CPU 等,因此 FPGA 也被称为"万能芯片"。

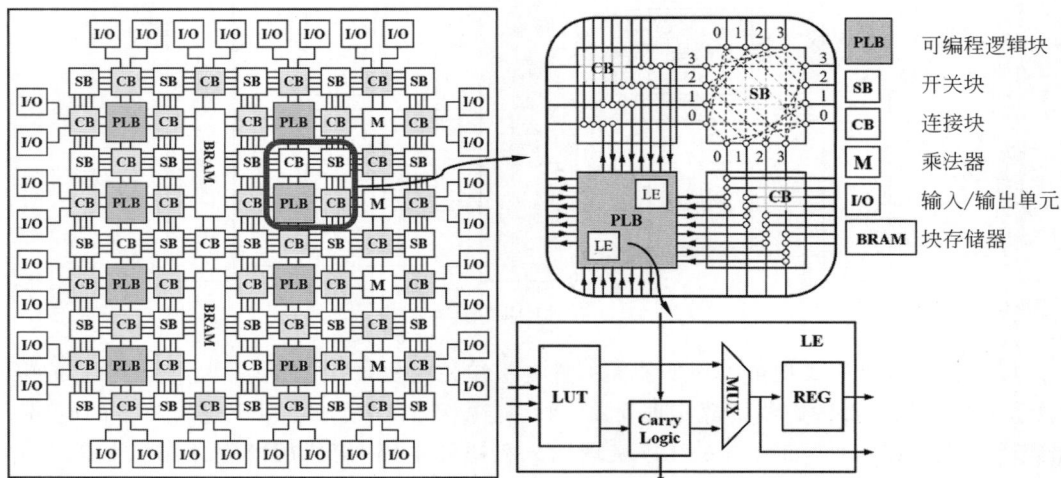

图 1.7　FPGA 基本结构

与 PLD 采用与-或阵列实现逻辑功能不同,FPGA 是通过 PLB 中的查找表(Look Up Table,LUT)来实现可编程的。LUT 的基本思想是:将逻辑函数全部输入组合对应的输出值存入一个由存储器构成的表中,用输入变量的值作地址,从表中取出的值即为对应的逻辑结果。图 1.8(a)是一个四输入 LUT 的逻辑符号,如果用该结构实现四人表决器,内部结构如图 1.8(b)所示。数据存在 16×1 的 RAM 中,根据 A、B、C、D 的输入控制多路选择器,即可取出对应的逻辑值。当用一个 LUT 无法实现逻辑功能时,可通过进位逻辑将多个 LUT 相连,实现更复杂的逻辑。理论上,LUT 的输入个数越多性能越强,但考虑到所占用的面积、延迟及工艺水平,目前商用 FPGA 中的 LUT 多使用 4~6 个输入。

采用传统门电路设计数字电路时,输入逻辑变量的个数越多,逻辑函数的组合和变化就会更多,电路的复杂度相应增加,逻辑门和传输线带来的延迟就不可忽略,这有可能导致时序方面的问题,而 LUT 的本质是一个 RAM,每一次查找的延迟是固定的,因此不会存在这个问题。

目前主流 FPGA 都是基于 SRAM 工艺的,通过烧写文件来改变查找表内容,从而实现对 FPGA 的重复配置,但 SRAM 掉电后数据会丢失,通常需要外加一片专用配置芯片,上电时通过该芯片把数据加载到 FPGA 中,这些数据决定了查找表的内容、各模块之间以及模块与 I/O 间的连接方式,最终决定了 FPGA 所实现的功能。配置时间通常较短,不会影响系统的正常工作。

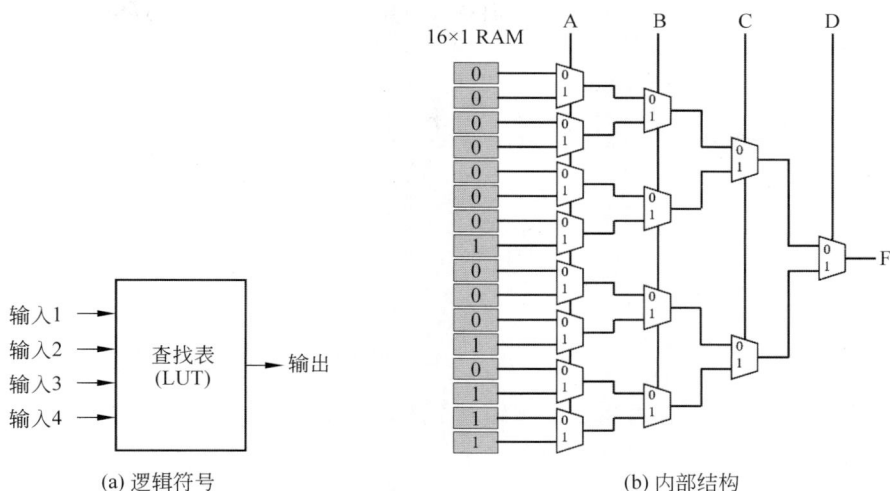

图 1.8　四输入 LUT 实现的四人表决器

进入 21 世纪,电子技术的发展使得 CPLD 和 FPGA 之间的界限越来越模糊,一些厂商将传统 CPLD 非易失、瞬间接通的特性和 FPGA 中的查找表结构相结合,推出了新型的CPLD,突破了传统宏单元器件的成本和功耗限制,逻辑单元数大大增加,工作速度也得到很大的提升。还有一些厂商,针对某些特定场合,推出了基于反熔丝或 Flash 工艺的FPGA,使得 FPGA 不再需要外加专用的配置芯片。

由于 FPGA 具有配置灵活、可重构的特点,在一个芯片内就可以实现包括逻辑电路、时序电路、存储器等在内的各种数字电路,且可以根据设计需求进行定制和优化,使设计和开发更加高效和便捷,因此本书基于 FPGA 进行数字逻辑电路的设计。

1.2　主流 FPGA 平台概述

FPGA 产业兴起于 20 世纪 80 年代,1983—1985 年,Lattice、Altera、Xilinx 和 Actel 陆续成立,经过 20 多年的发展,到 2010 年 Xilinx 和 Altera 两家公司成为市场和技术的领头羊,占据了 80% 以上的市场份额,剩余份额大部分被 Lattice 和 Actel 瓜分。从 2010 年开始,随着半导体行业对 FPGA 的重视加大,Microchip、Intel 和 AMD 等半导体行业巨头开始收购与整合 FPGA 业务,其中 Intel 收购 Altera、AMD 收购 Xilinx 更是强强联合,形成了"CPU+FPGA"的集合优势。我国 FPGA 产业起步和发展较晚,复旦微电子自 2004 年开始进行 FPGA 研发,布局相对较早,安路科技和紫光同创于 2011 年和 2013 年相继成立。目前活跃在市场的国产 FPGA 产品以中低密度产品为主,中高密度 FPGA 的技术水平与国际厂商相比仍有差距,但已经有所突破,形成追赶态势,如图 1.9 所示。

1.2.1　Intel FPGA 产品概况

Intel FPGA 主要有 5 个系列,分别为 MAX、Cyclone、Arria、Stratix 和 Agilex。MAX和 Cyclone 系列侧重低成本应用,容量中等,性能可以满足一般的逻辑设计要求,其中 MAX系列采用独特的非易失性架构,不需要额外添加配置芯片,具有较高的性价比。Arria 系列

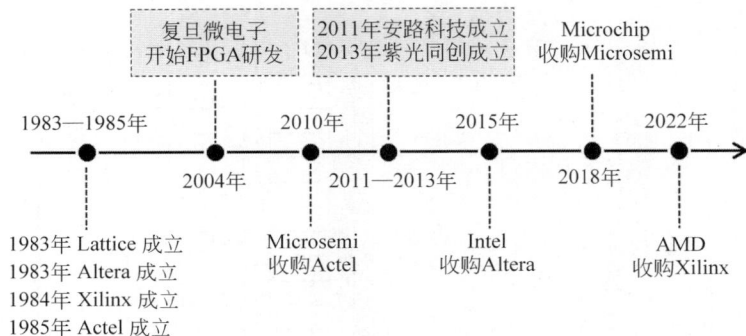

图 1.9 FPGA 厂商的创立与并购

内置 ARM Cortex-A9 核,拥有丰富的逻辑、存储器和数字信号处理(DSP)及传输速率高达25.78Gbps 的收发器,适用于中端市场。Startix、Agilex 系列属于高端产品,容量大、性能强,能满足各类高端应用。

可编程逻辑块(PLB)是 FPGA 中基本的编程单元,Intel FPGA 中的 PLB 称作逻辑阵列块(Logic Array Block,LAB),一个 LAB 包括多个可编程逻辑单元(Logic Element,LE)以及 LE 之间的进位链、LAB 控制信号、局部互联、LUT 级联链、寄存器级联链等资源。LE由查找表、多路选择器和寄存器构成,查找表完成组合逻辑功能,寄存器完成时序逻辑功能。以 Cyclone Ⅳ 系列为例,一个 LAB 包括 16 个 LE,每个 LE 中包含一个四输入查找表,如图 1.10 所示。

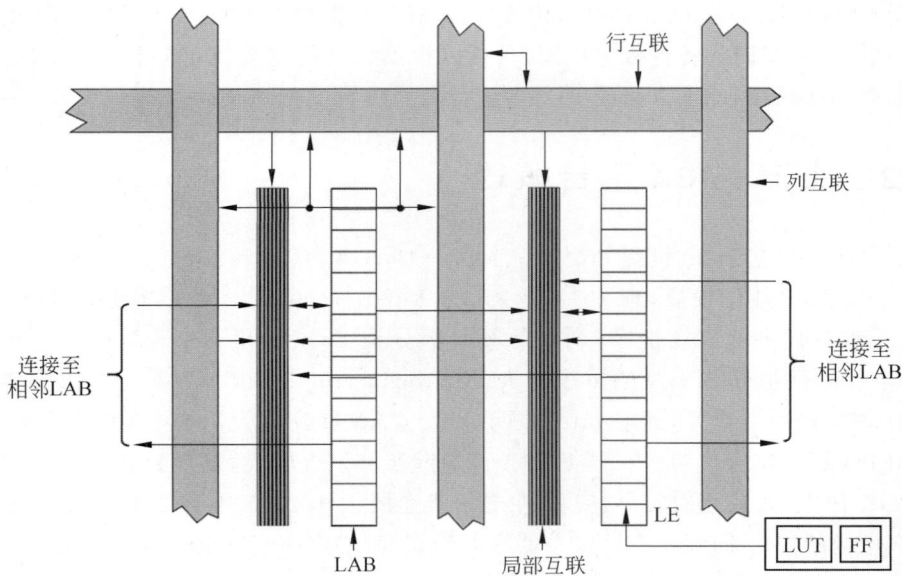

图 1.10 Intel Cyclone 架构

芯片表面都会有一行或多行由字母、数字组成的字符串,用以表示芯片的相关信息,用户可通过其了解芯片的生产厂家、产品系列、性能、容量等相关参数。不同厂商对产品都有自己的命名方式,Intel FPGA 命名规则如图 1.11 所示,用户可以根据设计需求选择合适的产品。表 1.1 列出了 Intel Cyclone 系列部分型号 FPGA 资源对比,厂商的数据手册中有更详细的信息,在器件选型时可以进行对比,从中选择适合自己的产品。

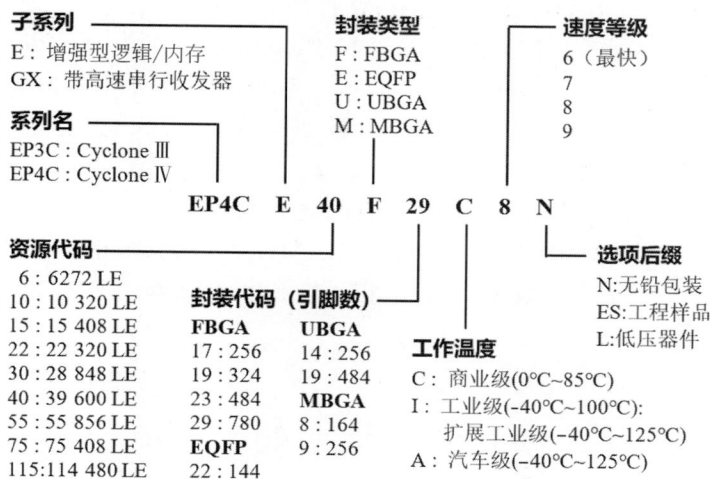

子系列
E:增强型逻辑/内存
GX:带高速串行收发器

系列名
EP3C:Cyclone Ⅲ
EP4C:Cyclone Ⅳ

封装类型
F:FBGA
E:EQFP
U:UBGA
M:MBGA

速度等级
6(最快)
7
8
9

EP4C　E　40　F　29　C　8　N

资源代码
6:6272 LE
10:10 320 LE
15:15 408 LE
22:22 320 LE
30:28 848 LE
40:39 600 LE
55:55 856 LE
75:75 408 LE
115:114 480 LE

封装代码(引脚数)
FBGA
17:256
19:324
23:484
MBGA
8:164
EQFP
22:144
UBGA
14:256
19:484
9:256

工作温度
C:商业级(0℃~85℃)
I:工业级(-40℃~100℃):
　扩展工业级(-40℃~125℃)
A:汽车级(-40℃~125℃)

选项后缀
N:无铅包装
ES:工程样品
L:低压器件

图 1.11　Intel FPGA 命名规则

表 1.1　Intel Cyclone 系列部分型号 FPGA 资源对比

性 能	Cyclone Ⅲ			Cyclone Ⅳ		
器件	EP3C5	EP3C55	EP3C120	EP4CE6	EP4CE55	EP4CE115
逻辑单元	5136	55 856	119 088	6272	55 856	114 480
存储器位数	423 936	2 396 160	3 981 312	270k	2340k	3888k
18×18 乘法器	23	156	288	15	154	266
锁相环	2	4	4	2	4	4
全局时钟网络	10	20	20	10	20	20
最大 I/O 数	182	377	531	179	374	528

1.2.2　Xilinx FPGA 产品概况

Xilinx 是全球最大的 FPGA 厂商之一,推出的 FPGA 系列产品性能优异,市场占有率很高,主要分为 FPGA 和 SoC 两个大类。

FPGA 产品内部无处理器,只包含可编程逻辑部分,如常见的 Spartan 系列、Artix 系列、Kintex 系列和 Virtex 系列。每一系列根据制造工艺和架构又分为 6 系列(45nm)、7 系列(28nm)、UltraScale(20nm)和 UltraScale＋(16nm),可提供不同的性能。其中 Spartan 系列是入门级产品,该系列器件价格实惠,逻辑规模相对较小。Artix 系列在 Spartan 系列基础上增加了串行收发器和 DSP 功能,逻辑容量增大,作为低端 Spartan 和高端 Kintex 的过渡产品,适合逻辑稍微复杂的中低端应用。Kintex 和 Virtex 系列为 Xilinx 的高端产品,包含 7、UltraScale 和 UltraScale＋三个子系列,具有更大的容量,支持更多的协议和接口,主要用于通信、信号处理、IC 验证等高端领域。

SoC 是将 FPGA、处理器以及常见外设封装在一起,集成到单颗芯片中。Xilinx 的 SoC

产品命名为 ZYNQ,该产品系列将处理器的软件可编程性与 FPGA 的硬件可编程性结合起来,提供了更高的系统性能,增强了设计的灵活性与可扩展性。

  Xilinx FPGA 中的 PLB 被称为可配置逻辑块(Configurable Logic Block,CLB),实际数量和特性会依器件的不同有所变化。以 7 系列为例,CLB 内部基本结构如图 1.12 所示,每个 CLB 包含两个逻辑片(Slice),每个 Slice 包含 4 个 6 输入的查找表(LUT)、8 个触发器(FF)、进位链和多个数据选择器。Slice 又分为 SliceM 和 SliceL 两种结构,M 表示Memory,L 表示 Logic,区别在于 SliceM 中有能把 LUT 资源重新整合为 RAM 或 ROM 的逻辑,构成所谓的分布式存储器(Distributed RAM,DRAM),具备存储和移位的功能,而SliceL 无此功能。一个 CLB 通常由两个相同的 SliceL 或者一个 SliceL 和一个 SliceM构成。

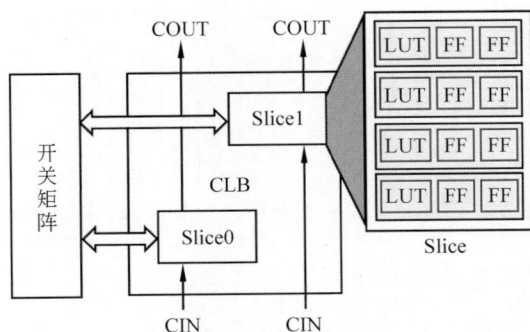

图 1.12 Xilinx FPGA 中 CLB 的内部结构

  Xilinx FPGA 命名规则如图 1.13 所示,表 1.2 给出了 SPARTAN 7 和 ARTIX 7 部分型号的主要资源,厂商的数据手册中有更详细的信息,在器件选型时可以进行对比,从中选择适合自己的产品。

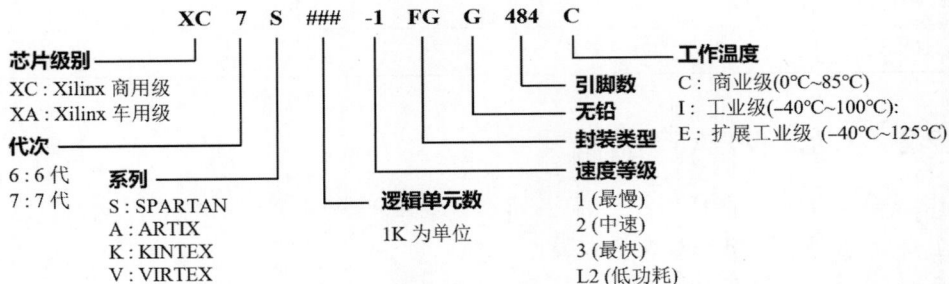

图 1.13 Xilinx FPGA 命名规则

表 1.2 Xilinx 7 系列部分型号 FPGA 资源对比

性　　能	SPARTAN 7			ARTIX 7		
器件	XC7S6	XC7S50	XC7S100	XC7A12T	XC7A50T	XC7A100T
逻辑单元	6000	52 160	102 400	12 800	52 160	101 440
逻辑片(Slice)	938	8150	16 000	2000	8150	15 850

续表

性　　能	SPARTAN 7			ARTIX 7		
触发器(FF)	7500	65 200	128 000	16 000	65 200	126 800
分布式存储器 DRAM(Kb)	70	600	1100	171	600	1188
块存储器 BRAM(Kb)	180	2700	4320	720	2700	4860
时钟管理单元	2	5	8	3	5	6
单端 I/O 数	100	250	400	150	250	300
差分 I/O 数	48	120	192	72	120	144
DSP	10	120	160	40	120	240

1.3　FPGA 开发软硬件平台

1.3.1　硬件平台选择

FPGA 厂家和芯片型号众多,对于一个有经验的设计者或团队,在开发过程中,特别是推出新产品时,往往面临 FPGA 选型。FPGA 选型的好坏决定了产品的成本、项目研发效率、产品上市时间、产品生命周期等诸多方面。选型时通常会考虑项目成员对技术的熟练程度或偏好,如成员均使用过 Intel 或 Xilinx 的 FPGA 器件,可以在这两个厂商中选择,如需要高可靠性,Microchip 的 FPGA 也可以考虑。FPGA 厂商针对不同应用领域都有相应的产品,每一系列在规模、成本、I/O 电压、性能及应用目标方面有一定的差异,可以根据项目需求、技术要求和项目预算做出权衡。一旦确定器件的系列,就要收集并仔细阅读厂商相关技术资料,选择合适的型号,主要考虑逻辑资源规模、器件成本、速度、功耗、I/O 数量、内部PLL 数量、嵌入式 RAM 数量、DSP 资源等。尽可能选择产品成熟度高的器件,并评估所选型号的可用性、产品生命周期、技术难点等。此外,器件封装也是需要考虑的因素,这涉及器件的可移植性,有些厂商会提供不同资源、封装和引脚完全兼容的器件,便于产品的升级换代。

对于一个初学者来说,只需关注所选平台的通用性。作为学习工具,Intel 或 Xilinx 的FPGA 产品市场占有率高,学习资源丰富,任选一款平台就可以。选择一款合适的 FPGA开发板对于学习和开发 FPGA 应用非常重要,重点考虑开发板上的外设资源是否丰富,资源越多就能提供更多的学习机会。市场上有许多不同类型和规格的 FPGA 开发板可供选择,可根据自己的需求和预算选择合适的开发板。

1.3.2　软件开发平台

一旦选好硬件平台,软件开发平台基本上就确定了,每个厂商针对自己的 FPGA 产品都提供专用的开发平台。这种开发平台在电子行业里被称为 EDA(Electronic Design Automation)软件,它作为一种计算机辅助工具广泛应用于电子设计领域,为电路设计和芯片设计提供必要的支持。面向 FPGA 的 EDA 软件通常包括原理图设计、硬件描述语言编码、仿真、综合、布局布线及下载等操作,可充分发挥 FPGA 特性,实现复杂的数字电路。

Intel FPGA 芯片的开发工具是 Quartus,该软件自带综合器以及仿真器,支持原理图、VHDL、Verilog HDL 及 AHDL 等多种设计输入形式,完成 FPGA 从设计输入到硬件配置的全部流程。目前最新版是 Quartus Prime,是 Intel 收购 Altera 后在 Quartus Ⅱ 基础上推出的升级版,支持 Cyclone Ⅳ 及以上型号的芯片,官网提供 Pro、Standard、Lite 三个版本,其中 Lite 版可免费使用,支持部分中低端芯片,适合初学者。Quartus Prime 不支持一些旧型号的芯片,如 Cyclone Ⅲ 之前的系列,因此使用这些系列时需要下载安装 Quartus Ⅱ 13.0 之前的版本,Intel 官网提供订阅版和 Web 版两种版本,其中 Web 版不需要许可文件就可以免费使用。

Xilinx FPGA 的开发工具是 ISE 和 Vivado,其中 ISE 只支持 7 系列及以下的芯片,且官方已经不再升级 ISE 版本,目前以 Vivado 设计为主,该软件是 Xilinx 公司 2012 年推出的集成设计环境,支持 7 系列及以上的芯片,包括 Zynq、UltraScale、UltraScale＋等高端器件。Vivado 还支持片上系统开发、高层次综合(High-level Synthesis,HLS)等高级特性。

总的来说,以上 FPGA 开发工具在市场上均有广泛的应用,用户可根据所用的硬件平台选择对应的开发工具。

1.4 基于 FPGA 的数字逻辑实验

在确定了开发所用的 FPGA 平台后,就可以开展数字逻辑电路的设计了。下面分别就如何进行预习、实验和总结提出一些看法或建议,供读者参考。

1.4.1 实验预习

实验预习是指在正式实验之前,对相关知识和操作的预习,做好预习有助于理解实验的目的和原理,熟悉实验的操作方法、步骤及可能遇到的问题,这样实验才能有条不紊地进行,遇到问题也可以从容地去解决。因此,充分的预习是有效开展实验的前提,也是实验能力和科学素养得到提升的基本要素。

1. 基础实验的预习

基础实验是对基本理论、基本方法和基本技能的训练,预习可以采用"3W＋1H"的思路,即 What(做什么)、Why(为什么做)、How(如何做)和 Where(用在哪),如图 1.14(a)所示。这四个问题分别代表了实验的目标、目的、实现和用途,回答好这几个问题可以更好地理解实验的要求,同时增强学习的动力,提高设计能力,最终做到学以致用。

"做什么"是实验的目标,即要实现什么电路? 功能是什么? 涉及哪些理论知识? 回答了这些问题才能讨论如何去完成这个目标。

"为什么做"是实验的目的,通过这个实验可以学到什么? 是为了加强某个理论知识的理解,学习某个

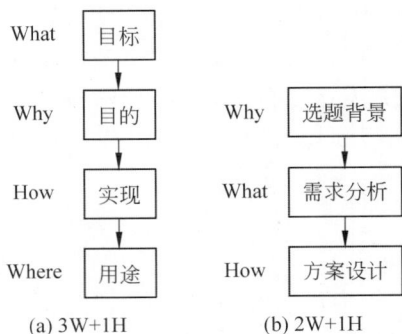

图 1.14 实验预习思路

设计方法,还是为了学习软件的某个功能? 思考这些问题可以激发完成实验的动力,也可以在实验结束后检验是否达到了这个目的。

"如何做"是实验的实现方式,这需要了解该实验属于哪种类型的实验,是验证型的还是设计型的? 如果是验证型实验,教学目标是掌握基本的实验方法和实验技能,这类实验的实验步骤和实验结果是已知的,需要提前熟悉这些内容,以免"手生"影响实验进程。如果是设计型的实验,教学目标是针对要解决的问题设计实验方案,同时还要对不同方案进行评价,以便做出优化。与基础型实验相比,设计型实验更强调设计,"如何设计"比"如何做"有更高的要求,设计类实验是对实验知识的灵活运用,题在课外,理在课内,在熟练掌握课内基本原理和实验技能、技巧的基础上,认真审题,寻找与之对应的原理和方法,这样才能设计出最优的解决方案。

"用在哪"是实验的用途,学习知识是为了解决问题,不要为学而学,要知道学的东西用在哪以及如何运用。对于每一个实验,预习时要去了解它的基本用途,实验完成后更要去思考什么时候能够用到它,可以通过查阅资料进一步去了解书本中未提及的应用场景,在后面的实验中尝试去应用。只有不断地输出,不断地实战,学到的知识才能牢固,当面临更复杂的设计时,平时积累的"素材"就越容易激发设计灵感。

2. 综合设计的预习

综合设计是在基础实验完成的情况下开设的,很多基础性的问题在基础实验环节已经得到了解答,此时预习可以采用"2W+1H"的思路,即 Why(为什么做)、What(做什么)和 How(如何做),如图 1.14(b)所示。这三个问题分别代表了题目的选题背景、需求分析和方案设计。

(1) 选题背景(Why)。

在众多题目中选择一个自己感兴趣的题目非常重要,要说清做这个项目的原因,想解决什么问题,甚至会有什么应用前景等,回答了这些问题就能更好地发挥自己的主动性。

(2) 需求分析(What)。

所谓"需求分析"是指对要解决的问题进行详细的分析,弄清楚问题的要求,从而确定系统必须做什么的过程。这可以从功能设计和交互设计两方面进行思考。功能设计是根据用户的需求和产品定位,列出核心功能和附加功能,要注意功能的合理性、可行性和易用性。交互设计关注作品的输入/输出、操作流程和使用体验,要注意交互的一致性、简洁性和直观性。

以交通灯控制器的设计为例,首先,要弄清楚整个项目运行的环境状态。例如该控制器是针对"十字路口""丁字路口"或"环岛"哪一个场景设计的,是否考虑左转、右转、非机动车、行人等行车指示,这些需要提早确定,因为关系到下一步设计方案的制定。其次,要确定输入/输出有什么;信号灯用什么显示,是一个三色 LED 还是三个单色 LED;倒计时用数码管还是 LED 点阵;声音用什么外设;等等。最后,尽量详尽列举细节需求,这也是项目需求中重要的一环,细节需求越完备,后续方案制定时才能考虑得越全面,如数码管用几位显示,倒计时时长是多少,报警提示何时响,响多长时间等。

(3) 方案设计(How)。

方案设计是设计中的重要阶段,在完成需求分析的基础上,首先将整个 FPGA 设计按照功能进行划分,明确每个功能模块的输入和输出,并用系统框图说明各个功能以及彼此之间的联系。其次,针对每一个功能模块,编写出设计思路,可以用文字、原理框图、真值表、公式、算法、逻辑推论等方式进行说明。最后,根据每一个功能模块的设计思路给出详细的实现说明,可以采用文字、流程图、状态图、状态表等方式进行描述。

1.4.2　实验过程

尽管在实验前已经做好充分准备,实验过程中也仔细操作,但实验结果依然有可能不满足设计要求。因此,在实验过程中时必须认真记录各种非正常现象,并对记录结果进行分析,找出故障原因,寻找解决的方法。

产生故障的原因通常有下面几种:

(1) 电路设计或程序设计有错。

(2) 器件选择错误,引脚约束错误。

(3) 实验台连接错误或模式选择错误等。

(4) 操作错误等。

为了培养独立思考、分析问题和解决问题的能力,实验中如果出现故障,要按照设计流程,逐级查找。在排除故障和错误的过程中,应对错误现象、查找错误的方法、修改后的设计方案等做出详细记录。

此外,为了培养团队合作能力、安全意识等,实验时还要做到:

(1) 独立完成设计,不互相复制工程文件。

(2) 实验过程中同组同学互相配合,积极思考、认真操作,如实记录实验结果。

(3) 不带电连线,以免造成人身伤害或损坏实验设备。

(4) 实验结束后,将实验台收拾整齐,经教师检查后再离开实验室。

1.4.3　实验报告

实验完成后需要对已做的实验内容进行归纳、分析和总结,写出实验报告。实验报告是科学研究中重要的一环,要体现出设计者的设计思想、分析问题及解决问题的方法以及对实验现象的观察和记录,最后还要给出必要的总结。总结内容包括电路调试中遇到的问题及解决方法、故障分析、收获体会、意见及建议等。

以下是实验报告的具体内容。

1. 封面部分

按照教师指定的实验报告封面格式,认真填写课程名称、实验名称、实验组号、组员姓名、学号、实验日期等信息。

2. 正文部分

报告正文部分,尽量格式、字体统一,减少不必要的空行。各部分要有相应的文字描述,不能只有图没有文字。内部包括以下内容:

(1) 实验目的。

(2) 实验环境。

(3) 实验任务和要求。

(4) 设计思路。

用文字描述如何实现该电路,并给出电路的总体框图。

(5) 详细设计。

根据总体框图进行设计,如涉及有关真值表、化简、状态图等内容需要列出,并给出文字性描述,在此基础上给出完整的设计电路或代码。

(6) 仿真测试。

对详细设计给出的电路进行仿真验证,解释波形,说明电路设计的正确性。波形图测试向量尽量完备,按测试功能在图上做出标识且图中数据要清晰。

(7) 下载测试。

列出引脚分配信息,说明输入/输出引脚分别连接到实验台上的哪些部件或信号端口,下载后根据操作过程记录观察到的现象。

(8) 遇到的故障和解决方法。

列出电路设计、硬件调试中遇到的问题,并说明是如何解决的。

第 2 章

Verilog HDL 基础

Verilog HDL 是一种硬件描述语言,可以从行为级、寄存器传输级、门级对数字电路进行描述。本章主要介绍 Verilog HDL 的程序结构、基本语法规则、仿真验证以及编程规范。

2.1 Verilog HDL 简介

硬件描述语言(Hardware Description Language,HDL)是一种用形式化方法来描述数字电路和系统的语言。利用这种语言,设计者可以从顶层到底层逐层描述自己的设计思想,并结合 EDA 工具,逐层进行仿真验证,经自动综合工具转换成门级电路网表后,利用专用集成电路(ASIC)或现场可编程门阵列(FPGA)的自动布局布线工具,把网表文件转换为具体的电路布线结构。

Verilog HDL 作为一种高级的硬件描述编程语言,有着类似 C 语言的风格,但 C 程序的执行和 Verilog HDL 程序执行有本质的区别。C 程序是按顺序执行的,CPU 按照顺序依次执行各语句,即使对于多线程和多核的 CPU,它们在整体上也是按照程序的顺序执行的。而由 Verilog HDL 实现的硬件电路是由多个模块构成的,加电后所有模块持续得到输入信号并产生输出信号,是全并行执行的。

Verilog HDL 语言发展简要历程如下:

20 世纪 80 年代,Verilog-XL 诞生;

1989 年,Cadence 公司购买 Verilog 版权;

1990 年,Verilog HDL 公开发表,Verilog HDL 的权力移交 OVI 组织;

1995 年,制定 Verilog HDL 的 IEEE 标准,即 IEEE Std 1364-1995;

2001 年,IEEE 推出新版 Verilog HDL 标准,即 IEEE Std 1364-2001;

2005 年,IEEE 更新 Verilog HDL 标准,即 IEEE Std 1800-2005。

目前 Verilog HDL 有三个版本,分别是 1995 版、2001 版及 2005 版。2001 版相对于 1995 版是一次较大的飞跃,而 2005 版与 2001 版差别不大。

2.2　Verilog HDL 基本结构

2.2.1　模块定义

Verilog HDL 的基本设计单元是模块。一个模块由两部分组成,一部分描述接口,另一部分描述逻辑功能。设计数字电路时通常会将电路划分成不同功能的模块,各模块之间通过端口进行连接。图 2.1 是一个加 1 计数器的结构图,由一个加法器(组合逻辑)和一个寄存器(时序逻辑)组成,该计数器的 Verilog 程序如下。

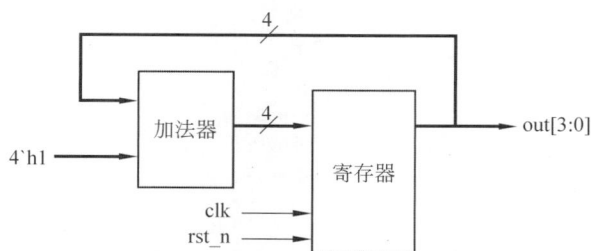

图 2.1　加 1 计数器结构图

```
module add(clk, rst_n, out);
  //参数定义
  parameter DATA_W = 4;
  //输入信号声明
  input clk;
  input rst_n;
  //输出信号声明
  output [DATA_W-1:0] out;
  reg [DATA_W-1:0] out;
  //内部信号声明
  reg [DATA_W-1:0] out_tmp;
  //组合逻辑电路
  assign out_tmp = out + 1'b1;
  //时序逻辑电路
  always @ (posedge clk or negedge rst_n)
  begin
    if (rst_n == 1'b0)
      out <= 0;
    else
      out <= out_tmp;
  end
endmodule
```

从以上代码可以看出 Verilog HDL 程序的书写形式有以下特点:

(1)程序由模块构成,模块的定义以关键词 module 开始,以关键词 endmodule 结束。

(2)模块由端口定义、信号定义及功能定义组成。

(3)除 endmodule 等少数语句外,每条语句以分号结束。

(4)通过"/＊…＊/"和"//…"对 Verilog HDL 程序进行注释。

图 2.2 是 Verilog HDL 模块的基本结构,下面分别对结构中各部分进行说明。

图 2.2　Verilog HDL 模块的基本结构

1. 模块声明

模块声明部分说明模块的名称及与外界交互的接口,格式如下:

```
module 模块名(端口名 1,端口名 2,端口名 3,...);
```

其中端口名由模块的输入和输出端口组成。例如:

```
module add(clk,rst_n,out);
```

2. 端口声明

对外部环境而言,模块内部是不可见的,对模块的调用只能通过端口进行,端口分为输入、输出和双向端口,分别用关键字 input、output 和 inout 表示,格式如下:

```
input [信号位宽-1:0] 端口名;
output [信号位宽-1:0] 端口名;
inout [信号位宽-1:0] 端口名;
```

例如:

```
input        clk;
input        rst_n;
output [3:0] out;
```

3. 信号声明

模块中的信号分为端口信号和内部信号,位于端口列表中的是端口信号,其他为内部信号。所有信号都需要定义数据类型,如果没有定义,默认是 wire 型。input 和 inout 类型的端口信号不能定义为 reg 型。信号声明格式如下:

```
reg [width-1:0] r 变量 1, r 变量 2, ...;
wire [width-1:0] w 变量 1, w 变量 2, ...;
```

例如:

```
  reg [3:0] out;                       //声明端口信号 out 的数据类型
  reg [3:0] out_tmp;                   //声明内部信号 out_tmp 的数据类型
```

Verilog-1995 和 Verilog-2001 在模块定义上有不同的风格，Verilog-2001 允许将端口类型(input、output、inout)与数据类型(wire、reg)放在一条语句中描述，如加 1 计数器中使用两种风格定义，分别是：

```
//verilog-1995
module add (clk,rst_n,out);
  input clk;
  input rst_n;
  output [3:0] out;                    //先声明端口类型
  reg [3:0] out;                       //再声明数据类型
  ...
endmodule
//verilog-2001
module add (clk,rst_n,out);
  input clk;
  input rst_n;
  output reg [3:0] out;                //端口类型和数据类型在一条语句中出现
  ...
endmodule
```

此外，Verilog-2001 标准中还允许将端口类型和数据类型放在模块列表内，这与 ANSI C 声明方式类似。例如：

```
//verilog-2001
module add (
  input wire clk,
  input wire rst_n,
  output reg [3:0] out
);
  ...
endmodule
```

4. 功能定义

功能定义是模块的核心，用来实现模块的逻辑功能，功能定义通常涉及三类语句。

(1) 使用 assign 语句。

```
assign a = b & c;                      //描述了一个两输入与门
assign out_tmp = out + 1'b1;           //描述了一个加 1 逻辑
```

(2) 使用 always 语句。

```
always @ (posedge clk or negedge rst_n)   //时钟上升沿触发,异步复位
```

(3) 实例化语句。

```
and u1(q, a, b);              //元件名为 and ,实例名为 u1,输入端为 a、b,输出为 q
add u2(clk,rst_n,out);        //加 1 计数器实例化
```

2.2.2 模块实例化

一个数字系统往往由多个模块组成,其中一个是顶层模块,其他是功能子模块。顶层模块对功能子模块进行调用,调用时需要进行实例化,并以端口映射的方式实现连接。

模块实例化的语法格式如下:

> 模块名 参数列表 实例名(端口连接);

其中,模块名是已定义的模块名称;参数列表是模块中用 parameter 定义的参数,调用时可根据需要在此修改参数值,如果模块中未定义参数,该项可省去。实例名是已定义模块的实例化名称,如果同一模块被多次实例化,实例名要有所区别。端口连接是指接入信号与模块内定义的信号是如何对应的,通常有两种形式,一种是位置关联,另一种是名字关联。

位置关联不标明原模型定义时所规定的端口名,严格按照模块定义中的端口顺序来引用。名字关联是在引用时标明原模型定义的端口名,并在原端口名前加上"."符号。这种方式不需要严格按端口定义的顺序传入信号,便于阅读程序及移植。需要注意的是,以上两种方式不允许混合使用。

图 2.3 为四位全加器的结构图,该全加器由 4 个一位全加器组成,设计时可以分为两个模块,其中顶层模块为 adder4,通过实例化调用 adder 模块。

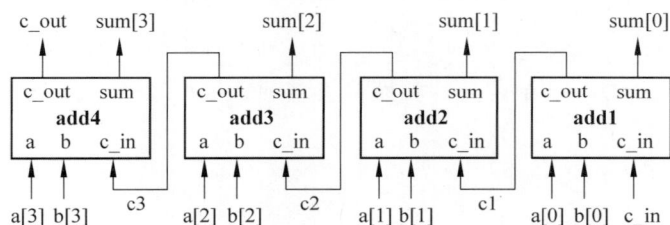

图 2.3 四位全加器的结构图

一位全加器的 Verilog 代码如下:

```verilog
module adder (a,b,c_in,sum,c_out);
  input a;
  input b;
  input c_in;
  output sum;
  output c_out;
  wire c_out;

  assign sum   = a ^ b ^ c_in;
  assign c_out = (a & b) + ((a ^ b) & c_in);

endmodule
```

采用位置关联方式对模块 adder 进行实例化,顶层模块 adder4 代码如下:

```verilog
module adder4 (a,b, c_in, sum, c_out);
  input [3:0] a;
  input [3:0] b;
```

```
    input c_in;
    output [3:0] sum;
    output c_out;
    wire c_out;
    wire c1, c2, c3;

    adder add1 (a[0],b[0],c_in,sum[0],c1);
    adder add2 (a[1],b[1],c1,sum[1],c2);
    adder add3 (a[2],b[2],c2,sum[2],c3);
    adder add4 (a[3],b[3],c3,sum[3],c_out);

endmodule
```

如果采用名字关联,实例化(以 add1 为例)代码如下:

```
adder add1 (
    .a(a[0]),
    .b(b[0]),
    .c_in(c_in),
    .sum(sum[0]),
    .c_out(c1)
);
```

除关联方式外,实例化时还需要注意以下几点。

(1) 悬空端口的处理。

实例化时可能会有一些端口没用到,可采用空白处理,例如:

```
DFF d1(
    .Q      (QS),
    .Qbar   (),            //该端口悬空
    .Data   (D) ,
    .Preset (),            //该端口悬空
    .Clock  (CK)
);
```

输入端口悬空时,该端口输入为高阻 Z;输出端口悬空时,该端口废弃不用。

(2) 端口长度不一致的处理。

当端口和连接信号宽度不一致时,通过无符号数的右对齐或截断方式进行匹配,例如:

```
full_adder4  u_adder4(
    .a  (a[1:0]),          //模块中声明为 input a[3:0]
    .b  (b[5:0]),          //模块中声明为 input b[3:0]
    .c  (1'b0),
    .so (so),
    .co (co)
);
```

模块 full_adder4 中端口 a 和端口 b 的位宽都为 4,则代码实例化后,相当于将{2'bzz, a[1:0]}传入 a,b[3:0]传入 b。

2.3 Verilog HDL 语言要素

2.3.1 标识符

标识符用来给模块、端口、信号、变量、常数、参数等命名,Verilog HDL 中的标识符由字母、数字、"$"和下画线组合而成,但第一个字符必须是字母或下画线,且对大小写敏感,例如:

```
//以下为合法的标识符:
cnt   CNT   R12_34   phone$          //cnt 与 CNT 是两个不同的标识符
//以下为非法的标识符:
12_cnt   temp*
```

2.3.2 关键字

Verilog HDL 定义了一系列保留字,也称关键字,用户定义标识符时不要与关键字冲突。Verilog HDL 中所有关键字采用小写,例如,标识符 assign 是关键字,但 ASSIGN 不是关键字。Verilog HDL 中的关键字见附录 B,通常关键字在编辑器会以高亮的形式显示,无须特意记忆。

2.3.3 注释

注释可以增强代码的可读性,Verilog HDL 中有两种注释方式:
(1) 单行注释。
使用"//"符号,从"//"符号开始到该行结束为注释。
(2) 多行注释。
使用"/*"和"*/"符号,从"/*"符号开始到"*/"结束,之间的文字均为注释。

2.3.4 常量

常量是在程序中不能被改变的量,包括逻辑值、数值、参数等。

1. 逻辑值

逻辑值包括 0、1、X 和 Z。

其中,0 代表逻辑 0 或"假";1 代表逻辑 1 或"真";X 代表未知值;Z 代表高阻状态。当"X"用作信号状态时表示未知,用作条件判断时(casex 或 casez)表示不关心;"Z"表示高阻状态,即没有任何驱动,通常用来对三态总线进行建模。此外,X 值和 Z 值不分大小写,即 0x1z 与 0X1Z 相同。

2. 整数常量

整数有四种进制:二进制数(b 或 B)、十进制数(d 或 D)、十六进制数(h 或 H)和八进制数(o 或 O)。整数型常量可以采用基数表示法表示。

基数表示法格式:

```
<位宽> <`进制> <数值>
```

位宽是换算成二进制后的总长度。<位宽>比<数值>实际位数多时,自动在<数值>的左边补足 0,如果位数少,则自动截断<数值>左边超出的位数,推荐使用这种表示方式,例如:

```
8'b0110_0010,8'd98,8'h62,8'o142      //四个数虽然表示方式不同,但表示的值相同
```

如果不指明位宽,格式为<进制><数值>,采用默认位宽,至少 32 位,例如:

```
'o123           //与 32'o123 等价
```

如果不指明位宽和进制,格式为<数值>,默认为十进制整数。例如,直接写 10,表示位宽为 32bit 的十进制数 10。

其他需要注意的内容如下:

(1)较长的数字可用下画线分开,但下画线不能用作首字符,例如:

```
16'b1010_1011_1010_1011            //合法格式
8'b_0100_1010                      //非法格式
```

(2)对于负数,只需在位宽表达式前加一个减号,例如:

```
-8'd15   //定义了-15 的二进制补码,位宽为 8 位。用二进制补码表示至少需要 5 位
         //即 1_0001,最高一位为符号位,完整的 8 位是 1111_0001
```

(3)数字中间不能有空格,但在表示进制的字母两侧可以有空格。

2.3.5   参数

Verilog 支持使用参数来表示某些特殊含义的常量,如信号的宽度、延时、寄存器位数、计数器的最大计数值、状态机的状态等,这样可以根据需要灵活地改变参数值而不用修改设计代码,增强了模块的通用性和可维护性。

1. 参数定义

Verilog HDL 中可以使用 parameter、localparam 和`define 宏定义三种方式定义参数。

(1) parameter。

parameter 参数定义的格式为

```
parameter 参数名 1=表达式 1,参数名 2=表达式 2,...,参数名 n=表达式 n;
```

Verilog-1995 和 Verilog-2001 标准对参数的定义有不同的规定,前者要求在模块内声明,而后者要求在模块名后声明,例如:

```
//verilog-1995
module adder (sum,cout,cin,ain,bin);
  parameter MSB = 31, LSB = 0;                //模块内声明
  input [MSB:LSB] ain, bin;
  input cin;
  output [MSB:LSB] sum;
  output cout;
......
endmodule

//verilog-2001
module adder #(parameter MSB = 31,LSB = 0)     //模块名后声明
(
```

```
    input wire [MSB:LSB] ain,bin,
    input wire         cin,
    output reg [MSB:LSB] sum,
    output reg         cout
);
......
endmodule
```

（2）localparam。

localparam 定义的参数仅限于在本模块内使用，不能进行参数传递，不能被重定义，常用于状态机中各状态的定义，例如：

```
localparam  S0 = 8'd0;   //状态 0
localparam  S1 = 8'd1;   //状态 1
```

（3）`define。

`define 是一种宏定义，即用一个标识符来表示一个字符串，可通过这种方式实现参数的定义。例如，在 VGA 显示模式为 $640 \times 480@60$ 时，行时序的各参数定义如下：

```
//行同步参数定义
`define    H_SYNC     10'd96     //行同步
`define    H_BACK     10'd40     //行时序后沿
`define    H_LEFT     10'd8      //行时序左边框
`define    H_VALID    10'd640    //行有效数据
`define    H_RIGHT    10'd8      //行时序右边框
`define    H_FRONT    10'd8      //行时序前沿
`define    H_TOTAL    10'd800    //行扫描周期
```

`define 定义的参数，在引用时需要在参数前加符号"`"，如"`H_SYNC"。在稍微复杂的工程设计中，推荐将宏定义写入一个文件，需要使用参数时，使用"`include"引用该文件即可。

2. 参数重载

当一个模块被另一个模块引用实例化时，高层模块可以修改低层模块中用 parameter 定义的参数值。这样编译时可以将不同的参数传递给多个名字相同的模块，而不用因参数不同再新建文件。

Verilog-1995 中有两种参数重载的方法。第一种是使用 defparam 语句对参数进行显式重定义；第二种是在模块实体调用时使用"#"符号进行隐式重定义。例如，定义一个 mem 模块，其声明部分代码如下：

```
module mem (addr, w_data, r_data);
  input [addr_width -1:0] addr;
  input [data_width-1:0] w_data;
  output [data_width-1:0] r_data;
......
  parameter data_width = 4;
  parameter addr_width = 3;
......
endmodule
```

（1）使用 defparam 语句实现参数重载。

在模块调用时用关键字 defparam 改写低层模块 u_mem1 的参数值。

```
mem u_mem1(addr, w_data, r_data);
defparam u_mem1.data_width=8;
```

（2）使用"#"符号实现参数重载。

模块实例化时，将新的参数值写入模块实例化语句，从而改写原模块的参数值。与模块端口实例化一样，参数重载时，可以不指定原参数名，按顺序进行例化，如实例化代码：

```
mem #(8,4)u_mem2(addr, w_data, r_data);
```

u_mem2 被例化为宽度为 8，长度为 16 的存储器。

在 Verilog-2001 中增加了一种显式重载参数的方法，代码如下：

```
mem #(.data_width (8), .addr_width (4))u_mem2(addr, w_data, r_data);
```

2.3.6 变量

变量是程序运行过程中值可以改变的量，Verilog HDL 中有两种常用的变量类型。

（1）wire 型。

wire 型数据常用来表示电路间的物理连接，在可综合的逻辑中会被映射成一根真实的物理连线。在 Verilog HDL 程序中，输入/输出信号的默认类型是 wire 型。注意：凡在 assign 语句中被赋值的变量（赋值号左边的变量）一定是 wire 型变量。

（2）reg 型。

寄存器是对数据存储单元的抽象，数据类型用 reg 表示，reg 型的数据只能在 always 语句和 initial 语句中被赋值。如果该过程语句描述的是时序逻辑，则该寄存器变量与触发器对应；如果描述的是组合逻辑，则该寄存器变量对应为硬件连线。

reg 型和 wire 型的区别在于 reg 型保持最后一次的赋值，而 wire 型是连续驱动。

对于 reg 型变量的初始化，Verilog-1995 实现方法如下：

```
reg data;
initial data = 0;
```

Verilog-2001 允许在声明变量时对其进行初始化赋值，例如：

```
reg data = 0;
```

2.3.7 运算符

Verilog HDL 语言包含 30 多个运算符，常用的运算符如表 2.1 所示。

Verilog HDL 语言中运算符所带的操作数个数不尽相同，可分为以下三种。

（1）单目运算符：带 1 个操作数，操作数放在运算符的右边。

（2）双目运算符：带 2 个操作数，操作数放在运算符的两边。

（3）三目运算符：带 3 个操作数，分别用三目运算符隔开。

表 2.1　Verilog HDL 常用的运算符

运算符类型	运 算 符	操　　作	操 作 数
算术运算符	+	加	2个
	−	减	2个
	*	乘	2个
	/	除	2个
	%	取模	2个
	**	乘幂	2个
逻辑运算符	&&	逻辑与	2个
	||	逻辑或	2个
	!	逻辑非	1个
位运算符	~	取反	1个
	|	按位或	2个
	^	按位异或	2个
	&	按位与	2个
	^~	按位同或(异或非)	2个
缩减运算符	&	与缩减	1个
	|	或缩减	1个
	^	异或缩减	1个
关系运算符	<	小于	2个
	>	大于	2个
	<=	小于或等于	2个
	>=	大于或等于	2个
等式运算符	==	逻辑相等	2个
	!=	逻辑不等	2个
移位运算符	<<	左移	2个
	>>	右移	2个
拼接运算符	{}	拼接	2个或以上
条件运算符	?:	条件	3个

1. 算术运算符

算术运算符中双目运算符包括加(+)、减(−)、乘(*)、除(/)、乘幂(**)、取模(%)。其中,加和减也可以作为单目运算符来使用,表示操作数的正负性,例如:

```
2 + 9 = 11
2 - 9 = -7
```

```
9 - 2 = 7
2 * 9 = 18
2 / 9 = 0
9 / 2 = 4
2 ** 2 = 4
9 % 2 = 1
9 % -2 = 1
-9 % 2 = -1
```

相关说明如下。

（1）取模运算符"％"两侧均为整型数据。

（2）整数除法运算时，结果值略去小数部分，只取整数部分；取模运算时，结果值的符号位采用模运算式中第一个操作数的符号位。

（3）算术运算时，如果某一个操作数有不确定的值 x，则整个结果也为不定值 x。

（4）Verilog-2001 增加了乘幂运算，运算符是"**"，如果其中一个操作数是 real 型，返回值将是 real 型。仅当两个操作数都是 integer 型时，才返回 integer 型。

2. 逻辑运算符

逻辑运算符连接多个关系表达式，可实现更复杂的逻辑判断。逻辑运算符中"!"是单目运算符，"&&"和"||"是双目运算符，使用方法如表 2.2 所示。

表 2.2　逻辑运算符的使用方法

运算符	使用方法	说　明
!	!a	逻辑非，对 a 取反。如果 a 为 0，则 !a 为 1
&&	a && b	逻辑与，a 与 b。如果 a 和 b 都为 1，a&&b 结果才为 1，表示真
||	a || b	逻辑或，a 或 b。如果 a 或者 b 有一个为 1，a||b 结果为 1，表示真

例如：

```
(a==3) && (!b)          //当 a=3 并且 b=0 时，表达式返回值为 1
```

3. 位运算符和缩减运算符

位运算符对操作数的相应位进行逻辑运算，操作数与运算结果位数相同。位运算符中除了"～"是单目运算符以外，均为双目运算符。表 2.3 为位运算符实例。

表 2.3　位运算符实例

a	b	～a	a|b	a^b	a&b	a^～b
0	1	1	1	1	0	0
011	001	100	011	010	001	101

两个长度不同的数据进行位运算时，系统会自动将二者按右端对齐，位数少的操作数的高位用 0 填满，两个操作数按位进行操作。

缩减运算符将操作数按位从左到右执行相应操作，得到一位的运算结果。缩减运算符均为单目运算符。表 2.4 为缩减运算符实例。

表 2.4 缩减运算符实例

a	&a	|a	^a
011	0	1	0

"&"作单目运算符时表示"与"缩减,作双目运算符时表示按位与,"|""^""^～"做单目或双目运算时类似,例如:

```
&4'b1101 = 1&1&0&1 = 1'b0
4'b1101 & 4'b1111 = 4'b1101
```

4. 关系运算符和等式运算符

关系运算符有大于(>)、小于(<)、大于或等于(>=)和小于或等于(<=)。关系运算符的结果为真(1)或假(0),例如:

```
a = 4'b0100;
b = 4'b0011;
a > b;            //返回值为 1,逻辑真
a >= b;           //返回值为 1,逻辑真
a < b;            //返回值为 0,逻辑假
a <= b;           //返回值为 0,逻辑假
```

常用的等式运算符有等于(==)和不等与(!=)两种。等式运算符的结果为真(1)或假(0),例如:

```
a = 4'b0100;
b = 4'b0011;
a == b;           //返回值为 0,逻辑假
a != b;           //返回值为 1,逻辑真
```

5. 移位运算符

常用移位运算符有逻辑左移(<<)和逻辑右移(>>)两种。移位运算符是双目运算符,符号左边是要进行左移或右移运算的操作数,右边表示要移动的位数。移动后产生的空位补 0,例如:

```
a = 4'b1100;
b = 4'b1100;
a >> 2;           //右移两位,结果为 4'b0011
b << 1;           //左移 1 位,结果为 4'b1000
```

6. 拼接运算符

拼接运算符用花括号"{}"表示,可将多个操作数拼接成一个新的操作数,操作数之间用逗号隔开。操作数可以是整个信号或部分信号,也可以是数值,但需指明位宽。此外,位拼接可以用重复法来简化表达式,也可嵌套使用。

```
reg [3:0] out1;
reg [15:0] out2;
reg [10:0] out3;
in = 1'b1;
a = 4'b0100;
```

```
out1 = {a[3:1],in};          //4 位 out 信号由信号 a 的高 3 位和 1 位信号 in 拼接而成
                             //等于{a[3],a[2],a[1],in}即 0101
out2 = {4{a}};               //重复 4 次,等于{a,a,a,a}即 0100_0100_0100_0100
out3 = {in,{2{a,1'b0}}};     //嵌套使用,等于{in,a,1'b0,a,1'b0}即 1_0100_0_0100_0
```

7. 条件运算符

条件运算符是三目运算符,它可以根据条件表达式的值来选择不同的操作,与 if-else 语句功能相同,格式为

条件表达式? 语句 1:语句 2;

如果条件表达式为真(即为 1),执行语句 1;如果条件表达式为假(即为 0),执行语句 2,例如:

assign out = en ? in1:in0;   //当 en 为 1 时输出 in1,当 en 为 0 时输出 in0

条件运算符可以嵌套使用,以实现更复杂的条件判断。

assign max = (a > b)?((a > c)?a:c):((b > c)?b:c);   //求 a,b,c 中最大值

各运算符具有不同的优先级,优先级高的运算符先于优先级低的运算符执行,表 2.5 列出了 Verilog 中运算符从高至低的优先级顺序。在一些复杂的运算中,为避免因优先级引起的歧义,可使用括号明确指定运算的顺序。

表 2.5　运算符优先级

运算符类型	运算符	优先级
单目运算	＋　－　！　～	
乘、除、取模	＊　／　％	
加减	＋　－	最高
移位	＜＜　＞＞	
关系	＜　＜＝　＞　＞＝	
等价	＝＝　！＝　＝＝＝　！＝＝＝	
缩减	＆　～＆	
	＾　～＾　＾～	
	｜　～｜	
逻辑	＆＆	
	｜｜	最低
条件	?:	

2.4　Verilog HDL 基本语句

2.4.1　赋值语句

Verilog HDL 有两种赋值语句,分别是连续赋值语句和过程赋值语句。

1. 连续赋值语句——assign 语句

连续赋值语句是 Verilog 采用数据流方式建模的基本语句,使用 assign 关键字对 wire 型变量赋值,语法格式为

> **assign** 线网型信号名 = 运算表达式;

连续赋值语句总是处于激活状态,任意一个操作数发生变化,运算表达式会被立即重新计算,并将结果赋给等式左边的变量,因此它具有组合逻辑电路的特点,是组合逻辑电路常用的实现方式,例如:

> **assign** a = b;　　　　//a 必须为 wire 类型,b 可以是 wire 类型也可以是 reg 类型

2. 过程赋值语句——"="和"<="赋值

过程赋值在 initial 或 always 语句块里使用,赋值对象是寄存器、整数、实数等类型。这些变量被赋值后,值保持不变,直到被重新赋予新值。与连续赋值不同,过程赋值只在语句执行时起作用。

过程赋值包括阻塞赋值和非阻塞赋值两种。

(1) 阻塞赋值。

阻塞语句使用"="赋值,其特点是:计算完"="右边的值之后,立刻更新"="左边的值;begin-end 语句块中的各条阻塞赋值语句按顺序依次执行,下一条语句的执行会被当前语句阻塞,只有当前语句执行完后才能执行下一条语句。

(2) 非阻塞赋值。

阻塞语句使用"<="赋值,其特点是:非阻塞赋值只能对 reg 型变量赋值,用在 initial 和 always 等过程块中。所有过程块中的非阻塞赋值语句,在块语句执行结束后整体进行更新。

2.4.2　always 块语句

always 块可以用来描述组合逻辑和时序逻辑。其语法格式为

> **always** <时序控制> <语句>

其中时序控制包含事件控制和时延控制两种。

1. 事件控制

事件控制是为行为语句的执行指定触发方式,可分为边沿触发和电平触发。事件控制在电路建模中使用较多,格式为

> **always**@ (敏感事件列表)

敏感事件列表是触发 always 块内语句执行的条件,可以是边沿信号(上升沿或下降沿),也可以是电平信号,如果列表中有多个信号,可以用"or"或","分开。

(1) 边沿触发。

敏感事件列表中的信号是边沿触发的,该代码描述的多为时序逻辑电路。上升沿信号前加 posedge 关键字,下降沿信号前加 negedge 关键字。以下代码实现一个同步复位的 D 触发器,采用上升沿触发。

```
always @ (posedge clk) begin                //单个沿触发的时序逻辑
  if (!rst)
     q <= 0;
  else
     q <= d;
end
```

代码中,当 clk 上升沿到来时,判断 rst 是否为 0,若为 0 则将 q 清 0。rst 信号未列在敏感列表中,在时钟上升沿到来时读取该信号值,因此此处 rst 为同步清 0。如果将 rst 信号放入敏感列表,并检测该信号的下降沿,代码为

```
always @ (posedge clk or negedge rst) begin    //多个沿触发的时序逻辑
  if (!rst)
     q <= 0;
  else
     q <= d;
end
```

当 rst 信号从 1 变为 0 时,always 语句块被执行,此处 rst 为异步清 0。需要注意的是,逻辑块内信号的逻辑应与敏感列表中的信号电平一致。如 rst 为高电平清 0,代码为

```
always @ (posedge clk or posedge rst) begin    //多个沿触发的时序逻辑
  if (rst)
     q <= 0;
  else
     q <= d;
end
```

(2) 电平触发。

敏感事件列表中的信号是电平触发的,综合后生成组合逻辑电路,例如:

```
always @ (in)                //敏感事件列表是一个电平信号

//verilog-1995
always @ (sel or a or b or c or d)    //敏感事件列表是多个电平信号,用 or 分开
  case (sel)
    2'b00: y = a;
    2'b01: y = b;
    2'b10: y = c;
    2'b11: y = d;
  endcase

//verilog-2001
always @ (sel, a, b, c, d)    //敏感事件列表是多个电平信号,用,分开

//verilog-2001
always @ ( * )               //用 * 表示全部敏感信号
```

组合逻辑电路的敏感事件列表中可以使用"*"代表逻辑块中所涉及的全部信号。

2. 时延控制

always 中的时序控制可采用时延方式,常用于代码验证,格式为

```
always #时间 <语句>
```

产生一个周期为 10 个时间单位的时钟信号，代码如下：

```
always #5 clk = ~clk;        //每 5 个时间单位完成一次时钟反转
```

代码中描述的 clk 信号，可在电路验证时作为时钟激励信号。always 语句具有重复执行的特性，因此不要遗漏语句中的"时间"，否则仿真时会不断触发，造成死锁。

使用 always 语句时还需要注意：

（1）一个模块中可有多个 always 块，各 always 块是并行工作的。

（2）不要在同一个 always 块内同时使用阻塞赋值（=）和非阻塞赋值（<=）。

（3）不要在不同的 always 块内对同一个变量赋值，某一信号的所有产生条件应放在同一个 always 块内。

（4）使用 always 块描述组合逻辑时使用阻塞赋值（=），描述时序逻辑时使用非阻塞赋值（<=）。

（5）always 块内被赋值的变量必须是 reg 型。

（6）always 的敏感列表中可以同时包括多个电平敏感事件，也可以同时包括多个边沿敏感事件，但不能同时出现电平和边沿敏感事件。

（7）不能在 always 中使用 assign 语句。

2.4.3　initial 块语句

initial 块语句是面向仿真的语句，不能被综合成逻辑电路。initial 块语句没有触发条件，只会被执行一次，常用于仿真时给寄存器赋初值或生成激励波形。

1. 寄存器初始化

仿真开始时所有信号的值都是未知的，如果要产生有效输入，就需要赋初值，initial 块语句可以用来初始化信号和变量，例如：

```
initial
  begin
    clk = 1'b0;
    rst_n = 1'b1;
    reg1 = 0;
  end
```

该例中的各变量在仿真一开始就被初始化，即 clk 初始为 0，rst_n 初始为 1，reg1 初始为 0。

2. 生成激励波形

如果在语句前使用"#<delay>"，仿真进程不会立即执行该语句，而是要延迟到<delay>所指定的延迟时间之后才开始执行该语句，因此利用 initial 块语句可以在测试时生成所需的激励波形，例如：

```
reg x,y;
initial begin
  x = 1'b0;
  y = 1'b0;
```

```
    #10 x = 1'b0;
    y = 1'b1;
    #10 x = 1'b1;
    y = 1'b0;
    #10 x = 1'b1;
    y = 1'b1;
    #10 $stop;
end
```

仿真波形如图 2.4 所示。

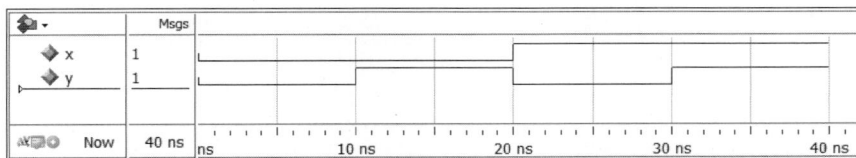

图 2.4　initial 语句实例仿真波形图

以 y 为例,0ns 时为 0,保持该值;到 10ns 时该值被修改为 1 并保持;再过 10ns 后,即 20ns 时,该值又被修改为 0,保持 10ns;在 30ns 时该值被修改为 1;10ns 后,即 40ns 时结束。可以看出语句 ♯<delay>中的时间是以上一条语句作为参考的。

如果一个模块中包括多个 initial 块,则所有 initial 块从仿真 0 时刻开始并发执行,且每个 initial 块是独立执行的。

2.4.4　条件语句

Verilog HDL 中的条件语句有 if 语句和 case 语句,这两个语句必须在 initial、always 过程块中使用。

1. if 语句

if 语句用来判断所给条件是否满足,并根据判断结果(真或假)决定下一步的操作。Verilog HDL 语言提供了三种形式的 if 语句。

(1) if 语句。

```
if(条件表达式)
    begin
    <逻辑语句>
    end
```

(2) if…else 语句。

```
if(条件表达式)
    begin
    <逻辑语句 1>
    end
else
    begin
    <逻辑语句 2>
    end
```

（3）if…else if…else 语句。

```
if(条件表达式 1)
    begin
        <逻辑语句 1>
    end
else if(条件表达式 2)
    begin
        <逻辑语句 2>
    end
else
    begin
        <逻辑语句 3>
    end
```

如果条件表达式 1 的值非零,则逻辑语句 1 被执行。如果条件表达式 1 的值为 0、x 或 z,则逻辑语句 1 不执行,继续判断条件表达式 2。如果条件表达式 2 的值非零,则逻辑语句 2 被执行,如果条件表达式 2 的值为 0、x 或 z,则执行 else 分支。

if 语句有优先级,第一个 if 语句优先级最高,最后一个 else 优先级最低。编写代码时要根据信号之间的优先级关系合理安排其在分支中的位置。

例如一个带同步清 0 和同步置数功能的计数器,其主要代码如下:

```
always@ (posedge clk)
begin
    if(!clear)              //clear 为 0 时执行此语句
        q<=4'b0000;
    else if(!load)          //load 为 0 时执行此语句
        q<=data;
        else
        q<=q+4'b0001;       //其他情况执行此语句
end
```

代码中,清 0 优先级高于置数功能,当 clear 信号和 load 信号同时为低电平时,计数器被清 0。

使用 if 语句时还需要注意以下两点。

（1）每一个 if 总是与最近的 else 配对,当有多条分支语句且分支中语句行数较多时,需要使用 begin…end 块语句组织代码,同时要厘清各分支之间的关系,避免出现语法正确但逻辑错误的问题。

（2）除时序逻辑外,if 语句需要有 else 语句。若没有 else 语句,综合后会产生一个锁存器,由于锁存器不依赖时钟信号,因此易产生毛刺,例如:

```
if (T) Q = D;
```

当 T 为 1(真)时,D 被赋值给 Q;当 T 为 0(假)时,因没有 else 语句,电路保持 Q 以前的值,这样就会形成一个锁存器,设计时应尽量避免这种情况的发生。

2. case 语句

与 if-else 语句不同,case 语句可用于描述多个分支的电路,如译码器、数据选择器、状态机等。case 语句的使用格式如下:

```
case(判断变量)
    <取值 1>：<逻辑语句 1>
    <取值 2>：<逻辑语句 2>
        ...
    <取值 n>：<逻辑语句 n>
    default：<逻辑语句 n+1>
endcase
```

执行时对判断变量求值，然后依次与各分支值进行比较，与判断变量值相匹配的分支中的语句被执行。如果都不匹配，则执行 default 语句。

使用 case 语句实现一个 2-4 译码器，主要代码如下：

```
case(data)
    2'b00:          result = 4'b1110;
    2'b01:          result = 4'b1101;
    2'b10:          result = 4'b1011;
    2'b11:          result = 4'b0111;
    default:        result = 4'b1111;
endcase
```

同 if 语句一样，case 语句中必须有缺省项，以免产生锁存器。

2.4.5　循环语句

Verilog HDL 循环语句有 4 种类型，分别由 for、while、repeat 和 forever 语句实现。循环语句只能在 always 或 initial 块中使用，可以包含延迟表达式。大多数综合器都支持 for 语句，但会占用一定的硬件资源，设计电路时中不建议使用，循环语句更多用于模块测试中。

1. for 循环

for 循环格式为

```
for(<变量名>=<初值>；<判断表达式>；<变量名>=<新值>)
begin
    <逻辑语句>
end
```

<判断表达式>为结束条件，判断表达式为假时，立即跳出循环。<变量名>＝<新值>用来改变控制变量，通常对循环变量做增/减计数。

以下为测试模块中使用 for 语句的实例。

```
`timescale 1ns/1ns
module test;
  reg [3:0] counter;
  integer i;
  initial begin
    counter = 'b0;
    for (i = 0; i <= 9; i = i + 1) begin
      #10;
      counter = counter + 1'b1;
    end
```

```
      #10 $stop;
   end
endmodule
```

这段代码为变量 counter 形成激励波形,counter 值每 10ns 加 1,共循环 10 次,for 语句实例仿真波形图如图 2.5 所示。

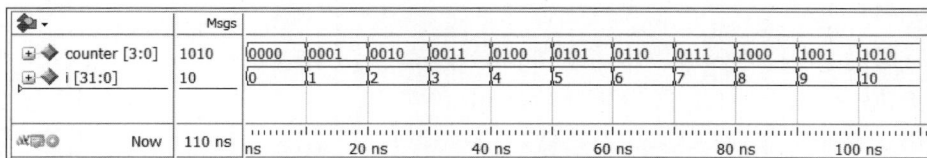

	Msgs										
⊞ ◆ counter [3:0]	1010	0000	0001	0010	0011	0100	0101	0110	0111	1000	1001	1010
⊞ ◆ i [31:0]	10	0	1	2	3	4	5	6	7	8	9	10
﹏⊡⊙ Now	110 ns	ns	20 ns	40 ns	60 ns	80 ns	100 ns

图 2.5 for 语句实例仿真波形图

2. while 循环

while 循环格式为

```
循环变量赋初值;
while (循环条件)
begin
    <逻辑语句>
    <循环变量增值>
end
```

循环条件为假时,终止循环。如果开始执行时 while 循环条件已经为假,那么循环语句一次也不会执行。将上一实例中 for 语句部分修改为 while 语句实现,代码如下:

```
initial begin
  counter = 'b0;
  while (counter <= 9) begin
    #10;
    counter = counter + 1'b1;
  end
end
```

3. repeat 循环

repeat 循环格式为

```
repeat (循环次数)
begin
    <逻辑语句>
end
```

repeat 用来执行固定次数的循环,与 while 语句通过逻辑表达式来确定是否继续循环不同。repeat 循环的次数必须是一个常量、变量或信号。如果循环次数是变量或信号,则循环次数是开始执行时变量或信号的值。即使执行期间变量或信号发生了变化,循环次数也不会改变。将上一实例中的 for 语句部分修改为 repeat 语句实现,代码如下:

```
reg [3:0] counter;
initial begin
  counter = 'b0;
  repeat (10) begin          //重复 10 次
```

```
        #10;
        counter = counter + 1'b1;
    end
end
```

4. forever 循环

forever 循环格式为

```
forever
begin
    <逻辑语句>
end
```

forever 语句表示无限循环,不包含任何条件表达式,一旦执行便永久执行下去,通过系统函数 $finish 可退出 forever。forever 语句通常用于时序控制。例如,使用 forever 语句产生一个时钟,代码如下:

```
reg clk;
initial begin
    clk = 0;
    forever begin
        clk = ~clk;
        #10;
    end
end
```

2.4.6 任务和函数

如果程序中有一段代码需要多次执行,可以将这段代码定义为任务或函数,编写程序时只需在相应的地方调用即可,这样可以使整体程序结构变得清晰简洁,提高了代码的维护性和重用性。

1. 任务

任务支持多种目的,可以产生多个计算结果,使用 output 和 inout 类型的参数获得返回值。任务中可以包含时间控制,如♯delays、@、posedge、wait 等。

(1) 任务的定义。

定义任务使用 task 关键字,有两种定义格式。

格式 1:

```
task 任务名;
    input    <端口列表>;
    inout    <端口列表>;
    output   <端口列表>;
    <语句>;
endtask
```

例如,将计算两数之和作为一个任务,代码如下:

```
task sum_task;
    input [7:0]a, b;
    output [7:0]c;
```

```
    begin
        c = a+b;
    end
endtask
```

格式 2：

```
task 任务名(input <端口列表>,inout <端口列表>,output <端口列表>);
    <语句>;
endtask
```

例如：

```
task sum_task(input [7:0] a,b,output [7:0]c);
    begin
        c = a+b;
    end
endtask
```

（2）任务调用。

任务调用是通过任务名和参数列表实现的,语法格式如下：

```
<任务名>(<端口列表>);
```

如果对任务 sum_task 进行调用,代码如下：

```
sum_task(x, y, z);
```

任务调用时传入的参数 x、y、z 与任务定义中的参数 a、b、c 一一对应。当任务启动时,x 和 y 的值分别传递给 a 和 b,任务完成后,将 c 的值传递给 z。

2. 函数

Verilog 中的函数用于执行特定的操作或计算,只有 input 参数,没有 output 参数,可返回一个值。模块中定义的函数只能在模块中应用,模块外定义的函数可以在整个设计中应用。

（1）函数的定义。

定义函数使用 function 关键字,有两种定义格式。

格式 1：

```
function <返回值的类型或范围>函数名;
    <端口列表>
    <变量类型声明语句>
    begin
        <阻塞赋值语句>
    end
endfunction
```

格式 2：

```
function <返回值的类型或范围>函数名 (<端口列表>);
    <变量类型声明语句>
    begin
```

```
        <阻塞赋值语句>
    end
endfunction
```

函数定义须嵌入在关键字 function 和 endfunction 之间，其中 function 标志着函数定义的开始，endfunction 标志着函数定义的结束。<返回值的类型或范围>项可选，如缺省则返回值为一位 reg 型数据。"函数名"除表示被定义的函数名称外，在函数体内还代表一个内部变量，通过该变量将返回值传递给调用语句。

（2）函数的调用。

将函数作为表达式中的操作数可实现函数的调用，格式如下：

```
待赋值变量=函数名(<端口列表>);
```

以下代码定义了一个阶乘运算函数，并进行了调用。

```
`timescale 1ns/1ns
module tryfact;
  //定义函数
  function automatic integer factorial;
    input [31:0] operand;
    integer i;
    if (operand >= 2) factorial = factorial(operand - 1) * operand;
    else factorial = 1;
  endfunction

  //测试函数
  integer result;
  integer n;
  initial begin
    for (n = 0; n <= 7; n = n + 1) begin
      result = factorial(n);
      $display("%0d factorial=%0d", n, result);
    end
  end
endmodule
```

打印结果如下。

```
0 factorial=1
1 factorial=1
2 factorial=2
3 factorial=6
4 factorial=24
5 factorial=120
6 factorial=720
7 factorial=5040
```

关键字 automatic 用来对函数进行说明，表明此函数在调用时可自动分配新的内存空间，也可以理解为是可递归的。

函数和任务的区别如表 2.6 所示。

表 2.6　函数和任务的区别

函数（function）	任务（task）
至少有一个输入信号	可以有任意多个输入信号或无输入
只有一个返回值，没有输出（output）和双向（inout）信号	无返回值，可通过输出和双向信号传递多个值
不能包含任何延迟、事件等时序控制声明语句	能包含延迟、事件等时序控制声明语句
能调用其他函数，但不能调用任务	能调用其他任务和函数
只能与主模块共用同一个仿真时间单位	可以定义自己的仿真时间单位

2.5　Verilog HDL 验证

利用硬件描述语言描述完一个电路后，并不能代表设计已结束，还需要编写测试代码来验证电路在功能及性能上是否符合预期。编写 Testbench 就是验证电路的一种手段，设计者通过软件环境将 Testbench 产生的激励信号施加到模块的输入端口，经模块运算后将产生的输出与期望结果进行对比，从而验证设计是否满足要求。一些 EDA 软件提供图形方式绘制测试信号的功能，如 Quartus Ⅱ 软件中可采用绘制.vwf 文件进行仿真，这种方法直观且容易入门，但 Testbench 与之相比有更突出的优势。

（1）功能覆盖率高。

Testbench 采用语言方式描述激励源，容易进行高层次的抽象，便于产生各种激励波形，可以达到较高的功能测试覆盖率。而图形方式只能产生有限的输入，无法产生复杂的激励，仅适用于测试电路的极少数功能。

（2）可实现验证自动化，容易定位错误。

电路规模较大时，仿真往往会占用很长的时间，如果不能进行有效验证，会浪费大量的研发时间。Testbench 能够深度介入测试过程，对仿真结果做比较、监视变量值、显示数据状态等，还可加入断言等技术，做到快速定位错误，而这些功能是图形方式难以做到的。

（3）便于重用和移植。

如果日后需要升级或改进电路，必须重新进行验证，使用 Testbench 只需在原有代码基础上修改就可以产生新的测试程序，能够有效提高验证效率，而图形方式则需要重新绘制，会耗费大量的人力及时间成本。Testbench 采用工业标准语言编写，即使更换设计平台，几乎不需要修改，而图形方式则无法实现平台间兼容。

2.5.1　Testbench 文件的基本格式

一个完整的 Testbench 的结构如图 2.6 所示，图中的激励模块用于生成测试信号，待测模块就是需要验证的电路，输出检测模块用于检测输出是否与设计预期相同。

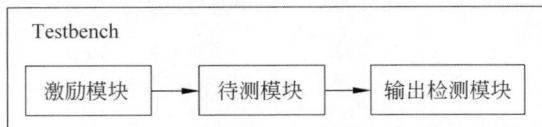

图 2.6　完整的 Testbench 结构

编写测试文件的过程如下：

（1）产生模拟激励（波形）。

（2）将产生的激励加入被测试模块中并观察其响应。

（3）将输出响应与期望值比较。

Testbench 代码格式如下：

```
`timescale 时间单位/时间精度
module module_name_tb()      //简单的测试模块没有输入/输出
    信号定义                  //定义输入/输出信号,输入信号为 reg 型,输出信号为 wire 型
    使用 initial 或 always 语句块产生相应的激励信号
    实例化被测试模块
    监视和比较输出响应
endmodule
```

`timescale 设定时间单位及时间精度,时间单位定义了仿真中所有时间相关量的计时单位。时间精度决定了时间相关量的精度及仿真时显示的最小刻度。时间单位和时间精度由值 1、10 和 100 以及单位 s、ms、μs、ns、ps 和 fs 组成,时间单位不能小于时间精度,例如：

```
`timescale   1ns/1ps           //正确
`timescale   100ns/100ns       //正确
`timescale   1ps/1ns           //错误
```

仿真中使用"♯数字"表示延时多少个时间单位,例如,时间单位为 1ns,♯10 表示延时 10 个单位的时间,即 10ns。时间精度是能观察到的最小时间精度,时间精度为 1ps 表示能看到 0.001ns 时对应的信号值,如果时间精度为 1ns,就无法看到 0.001ns 时的值。

2.5.2 时钟激励产生

1. 用 always 语句

```
//用 always 产生一个周期为 10 个单位时间的时钟
parameter PERIOD = 10;
reg clk;
initial clk = 0;                              //将 clk 初始化为 0
always #(PERIOD / 2) clk = ~clk;
```

2. 用 initial 语句

```
//用 initial 产生一个周期为 10 个单位时间的时钟
parameter PERIOD = 10;
reg clk;
initial begin
  clk = 0;
  forever #(PERIOD / 2) clk = ~clk;
end
```

如果同时存在 initial 和 always 块语句,则从仿真的一开始就并行执行。由于 initial 语句只执行一次,如果希望 initial 块里的语句能多次运行,可在 initial 语句里加入循环语句。以上两种写法产生的波形如图 2.7 所示(`timescale 1ns/1ns)。

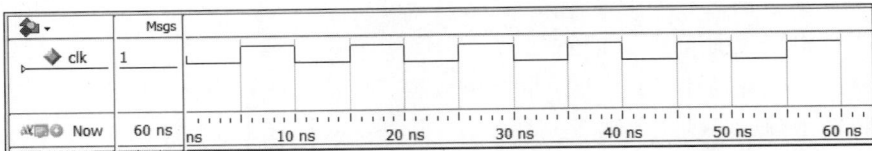

图 2.7 周期为 10 个单位时间的时钟波形图

如果需要产生固定数目的时钟脉冲,可在 initial 语句中使用 repeat 语句,例如:

```
parameter PulseCount = 4, PERIOD = 10;
reg clk;
initial begin
  clk = 0;
  repeat (PulseCount) #(PERIOD / 2) clk = ~clk;
end
```

该代码可生成 2 个高电平的时钟波形图,如图 2.8 所示。

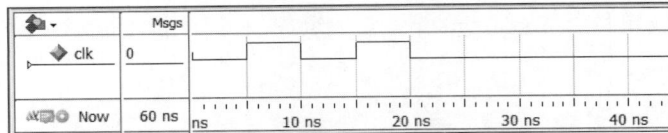

图 2.8 2 个高电平的时钟波形图

2.5.3 复位信号设计

1. 异步复位信号的产生

复位信号不是周期信号,通常通过 initial 语句产生的值序列来描述,例如:

```
parameter PERIOD = 10;
reg rst_n;
initial begin
  rst_n = 1;
  #PERIOD rst_n = 0;
  #(5 * PERIOD) rst_n = 1;
end
```

rst_n 低电平有效,启动时将 rst_n 置 1,10 个时间单位后置 0,复位持续 50 个时间单位。

2. 同步复位信号的产生

```
reg rst_n;
reg clk;
parameter PERIOD = 10;
initial clk = 0;
always #(PERIOD / 2) clk = ~clk;
initial begin
  rst_n = 1;
  @(negedge clk);                    //等待时钟下降沿
```

```
    rst_n = 0;
    #30;
    @(negedge clk);
    rst_n = 1;
end
```

该代码首先将 rst_n 初始化为 1,在第一个 clk 的下降沿开始复位,延时 30 个时间单位,在下一时钟的下降沿时取消复位,复位的产生和取消均避开了时钟的上升沿,仿真波形如图 2.9 所示。

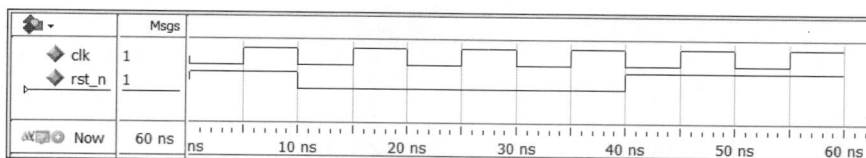

图 2.9 异步复位仿真波形图

2.5.4 数据信号的产生

除时钟和复位信号外,模块中更多的是数据信号。验证时对于数据信号往往需要提供初始值和一些典型值,可通过以下两种形式实现:一种是数据的初始化和生成均在同一个 initial 语句中完成;另一种是在 initial 语句进行初始化,在 always 语句块生成典型测试数据。第一种形式适用于数据数列不规则且时长较短的场合,第二种形式适用于数据数列规律变化且时长不限的场合。

如果需要生成一个位宽为 4 的质数序列,并重复两次,可使用 initial 语句产生序列,代码如下:

```
reg[3:0] data;
parameter PERIOD = 10;
parameter CNT=2;
initial
begin
    data=0;
    repeat(CNT)
    begin
        #PERIOD data=1;
        #PERIOD data=2;
        #PERIOD data=3;
        #PERIOD data=5;
        #PERIOD data=7;
        #PERIOD data=11;
        #PERIOD data=13;
    end
end
```

如需产生 3-8 译码器的输入序列,由于该序列规律明显,使用 always 语句较方便,代码如下:

```verilog
reg [2:0] in;
wire [7:0] out;
parameter PERIOD = 10;
initial
  in=0;
always #PERIOD in=in+1;
```

以下是一个完整的 Testbench 实例,用来测试全加器模块 adder4。

```verilog
`timescale 1ns / 1ns
module adder4_tb ();
  //inputs
  reg [3:0] a;
  reg [3:0] b;
  reg c_in;
  //outputs
  wire c_out;
  wire [3:0] sum;
  //DUT 例化
  adder4 i1 (
      .a(a),
      .b(b),
      .c_in(c_in),
      .c_out(c_out),
      .sum(sum)
  );
  //初始化变量
  initial begin
    a = 4'b0000;
    b = 4'b0000;
    c_in = 0;
  end
  initial begin
    repeat (16) #10 a = a + 1;
  end
  initial begin
    repeat (16) #10 b = b + 1;
  end
  always #5 c_in = ~c_in;
endmodule
```

仿真结果如图 2.10 所示。

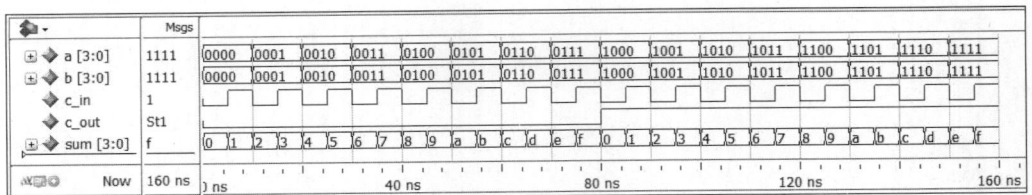

图 2.10　全加器模块仿真波形图

2.5.5 系统函数和系统任务

Verilog HDL语言中预先定义了一些特殊功能的任务和函数,被称为系统任务和系统函数,这些函数大多只能用于Testbench仿真,以提高验证的便利性。

系统任务和系统函数一般在initial或always过程块中调用,以"$"为起始符,如$monitor、$readmemh等("$"与函数名/任务名之间无空格),不同的仿真工具中,系统任务和系统函数在使用上可能存在差异,可根据需要查看使用手册。

常用的系统函数和系统任务如下。

1. $finish/ $stop

$finish表示结束当前仿真,退出仿真器,一般用在仿真的结尾处。

$stop表示暂停当前仿真,在仿真环境下给出一个交互式的命令提示符,将控制权交给用户。在命令提示符后面输入run -all或单击"继续仿真"按钮,则会继续进行仿真。

格式如下:

```
$stop;
$stop(n);
$finish;
$finish(n);
```

n可以取0、1、2,其中0表示不输出任何信息,1表示输出当前仿真时间和模拟文件的位置,2表示输出当前仿真时间和模拟文件位置及一些运行统计数据。

2. $display/ $monitor

$display用来显示被观察信号的当前值。

$monitor用来监控指定的信号,仅当信号数值发生变化时在屏幕上显示。

格式如下:

```
$display("格式控制符",输出变量名列表);
$monitor("格式控制符",输出变量名列表);
```

常用格式控制符如表2.7所示,转义字符如表2.8所示。

表2.7 常用格式控制符

参数	描述
%h 或 %H	以十六进制的形式输出
%d 或 %D	以十进制的形式输出
%o 或 %O	以八进制的形式输出
%b 或 %B	以二进制的形式输出
%c 或 %C	以ASCII码字符的形式输出
%l or %L	显示模块的库信息
%v or %V	显示标量线网型数据的逻辑值和强度
%m or %M	显示模块的层次信息

续表

参　　数	描　　述
%s 或 %S	以字符串的形式输出
%t 或 %T	以当前时间格式输出,通常与 $time 配合使用
%u or %U	二值类型,不区分 x 和 z 数据,并将其映射为 0
%z or %Z	四值类型,严格区分 x 和 z 数据,并将其分别映射为 x 和 z

表 2.8　转义字符

参数	描　　述
\n	换行
\t	相当于按一个 Tab 键
\\	反斜杠字符\
\"	双引号字符 "
\ddd	表示由 1～3 个八进制数字表示的字符。d 为八进制数字。例如,\130,130 是八进制数,转换为十进制是 88,88 在 ASCII 码对应的字符是 X,如果 ddd 大于 377 会报错。注:377＝d255
%%	百分符号%

$display 实例如下:

```
reg [7:0] data_out;
initial begin
  data_out = 0;
  $display("Simulation Start...");
  data_out = 1;
  $display("data_out:%d", data_out);        //以十进制形式打印 data_out
  #100;
  $display("Simulation Stop");
  $stop;                                      //暂停仿真
  $display("Simulation continue...");
end
```

执行结果如下:

```
VSIM 3>run
#Simulation start...
#data_out:1
#Simulation Stop
#Break in Module operators
VSIM 4>run -all
#Simulation continue...
```

$monitor 实例如下:

```
reg [7:0] cnt;
initial begin
  cnt = 1;
```

```
    #100 cnt = 2;
    #100 cnt = 3;
    #100 cnt = 4;
  end
  initial $monitor("The count is =%d", cnt);
```

执行结果如下：

```
VSIM 5> run -all
#The count is = 1
#The count is = 2
#The count is = 3
#The count is = 4
```

3. $time 与 $realtime

当这两个函数被调用时，返回从仿真开始到当前语句所用的时间。不同的是，$time 函数返回的是 64 位整数值，$realtime 函数返回的是实数型数据。

```
`timescale 1ns / 10ps
initial begin
  #1.5;
  $display("time=", $time);
  #1.2;
  $display("time=", $time);
  #1.5;
  $display("realtime=", $realtime);
  #1.2;
  $display("realtime=", $realtime);
end
```

执行结果如下：

```
VSIM 6> run -all
#time = 2
#time = 3
#realtime = 4.2
#realtime = 5.4
```

time=2：1.5 乘以时间单位，四舍五入到最接近的整数。

time=3：(1.5+1.2)乘以时间单位，四舍五入到最接近的整数。

4. $random

使用 $random()系统函数可产生测试激励数据，每次调用 $random()时，返回一个 32 位带符号的随机整数。将 $random()放入{ }内，可得到非负整数。

```
integer i;
reg [7:0] data;
initial begin
  for (i = 0; i < 4; i = i + 1) begin
    data = {$random} % 256;        //产生 0~255 的数据
    $display("data:%d", data);
    #100;
  end
end
```

执行结果如下：

```
VSIM 7> run
#data:36
#data:129
#data:9
#data:99
```

5. $readmemh 和 $readmemb

从外部文件读取数据放入存储器中，$readmemh 读取十六进制数据，$readmemb 读取二进制数据。

格式如下：

```
$readmemh("<数据文件名>",<存储器名>,<起始地址>,<结束地址>);
$readmemb("<数据文件名>",<存储器名>,<起始地址>,<结束地址>);
```

其中，起始地址和结束地址可以省略，如果省略起始地址，表示从存储器的首地址开始存储；如果省略结束地址，表示存储至存储器末地址时结束。

定义一个宽度为 8 位，长度为 256 位的存储器 memdata，代码如下：

```
reg [7:0] memdata [0:255];
//将 mem.txt 文件中的数据读入起始地址为 0 的存储器中
initial $readmemh("mem.txt",memdata);
```

6. $fopen/ $fclose/ $fwrite

$fopen 用于打开一个文件，$fclose 用于关闭一个文件，$fwrite 用来向文件中写入数据。

```
integer file_pointer=$fopen(file_name,mode);      //打开文件
$fclose (file_pointer);                            //关闭文件
```

模式 mode 有以下几种选择。

（1）"r"：打开文件并从文件头开始读取，如文件不存在则报错。

（2）"w"：打开文件并从文件头开始写入，如文件不存在则创建文件。

（3）"a"：打开文件并从文件的末尾开始写入，如文件不存在则创建文件。

（4）"r+"、"r+b"、"rb+"：打开文件并从文件头开始读写，如文件不存在则报错。

（5）"w+"、"w+b"、"wb+"：打开文件并从文件头开始读写，如文件不存在则创建文件。

（6）"a+"、"a+b"、"ab+"：打开文件并从文件的末尾开始读写，如文件不存在则创建文件。

以下给出一个文件读写实例，代码如下：

```
`timescale 1ns / 1ps
module readfile_tb ();
  reg [3:0] binarydata[0:9];
  integer handle1;
  integer i = 0;
  initial begin
    $readmemb("d:/binarynum.txt", binarydata);
    handle1 = $fopen("d:/decimalnum.txt", "w");
```

```
    repeat (10) begin
        $fwrite(handle1, "%d\n", binarydata[i]);
        i = i + 1;
    end
    $fclose(handle1);
  end
endmodule
```

该代码功能为读取文件中的二进制数,转换成十进制数后另存。

2.6　Verilog 代码规范

良好的代码规范是编写高质量、可维护和可扩展代码的基础,有助于降低开发过程中的错误率,提高团队协作效率,减少项目维护的成本,并确保代码符合行业标准。因此,无论是个人开发者还是团队,都应该重视并遵循代码规范。

2.6.1　命名规范

采用统一、有序的命名规范便于代码的查错和验证,有利于系统的整合和移植。

1. 命名原则

（1）使用有意义的名字。

使用有意义的名字,使设计者更容易理解信号的意义及模块的功能,也便于发现并修改设计中的错误,同时还方便成员交流。

（2）使用规范的缩写。

信号名过长会给编写代码带来麻烦,采用缩写方式可以使代码看起来更简洁、清晰。所有缩写应尽可能表明本词的含义,常见的信号缩写如表 2.9 所示。

表 2.9　常见的信号缩写

全　称	缩　写	中文含义	全　称	缩　写	中文含义
acknowledge	ack	应答	grant	gnt	同意
address	addr	地址	increase	inc	加一
arbiter	arb	仲裁	input	in	输入
check	chk	校验	output	out	输出
clock	clk	时钟	read enable	rden	读使能
configuration	cfg	配置	read	rd	读
control	ctrl	控制	ready	rdy	准备好
counter	cnt	计数器	receive	rx	接收
data in	din	数据输入	request	req	请求
data out	dout	数据输出	reset	rst	复位
decrease	dec	减一	transmit	tx	发送
error	err	错误	valid	vld	有效
enable	en	使能	write enable	wren	写使能
generate	gen	生成	wite	wr	写操作

（3）使用规范的大小写。

宏定义（使用 define）、参数定义（使用 parameter）用大写字母表示；端口、信号、变量、函数名、模块名用小写字母表示，例如：

```
input din;
parameter PERIOD = 10;
```

（4）避免使用关键字。

（5）同一信号在不同层次应保持一致。

2. 主要标识符命名建议

（1）模块名。

尽可能使用能表达模块功能的英文单词命名，多个单词之间可以用下画线分割。如果名称过长，可采用易识别的缩写形式替代。一个模块为一个文件，且模块名与文件名要保持一致，例如：

```
module seg7_decoder;            //七段译码器
```

对于一些标准模块，可以用缩写的形式，例如：

```
module ALU;        //Arithmetic Logical Unit
module CPU;        //Central Processing Unit
```

（2）时钟信号。

时钟信号以 clk 开头，如果存在多个不同频率的时钟信号，可在 clk 后面添加相应的频率值以示区分，例如：

```
wire clk_50MHz;            //定义一个 50MHz 的时钟信号
```

（3）复位和置位信号。

复位信号一般以 rst 或 reset 开头，置位信号以 st 或 set 开头。

```
wire reset;
wire st_counter;
```

（4）系统信号名。

系统信号是输送到各个模块的全局信号，以字符串 sys 或 syn 开头，例如：

```
wire sys_clk,sys_reset;        //全局时钟,全局复位
wire syn_read;                 //同步读
```

（5）低有效信号名后加"_n"。

```
wire clear_n;          //低有效的清 0 信号
```

（6）总线命名规则。

总线宽度的语句必须用[N:0]，而不能用 [0:N]，标记 0 表示 LSB，标记 N 表示 MSB。

2.6.2 编码规范

1. 每个文件最多只能包含一个模块。该模块的测试文件必须用另外一个文件表示。

2. 顶层模块应只是内部模块间的互连，不允许顶层模块出现带逻辑功能电路。

3. 采用组合和时序电路分开原则，时序电路在 always 块中完成，组合逻辑推荐采用

assign 语句完成,如果采用 always 语句表达组合逻辑,注意敏感列表的完备性。

4. 模块中每行代码应限制在 80 个字符以内,以保持代码的清晰美观和层次感,如果超出 80 个字符则要换行,行尾不要有多余的空格。

5. 缩进处理能使层次性更加明显,代码可读性更强,更容易发现和避免错误。在每个功能块中,如 always、assign 语句,子层代码在其上一层上使用 Tab 键或空格进行缩进,每加深一层,缩进 1 个 Tab 或 2 个空格。每一层须有 begin…end,对于一层只有一行语句的代码可以灵活处理。每个功能块独立处理一个信号,完成一个特定的功能,每个功能块之间尽量用一行或多行空格进行隔离。

6. 对输入、输出端口和信号进行声明时,尽量将每个信号放在独立的一行,必要时在端口、信号后添加注释。

2.6.3　注释规范

注释是对代码的解释和说明,目的是方便别人和自己对代码进行理解。注释分为模块文件的注释、程序各部分的注释、单条语句的注释。每一个模块应在开始处注明文件名、功能描述、设计者、设计时间及版权信息等。勤写注释是一个很好的习惯,但不用每条语句都写,关键的语句、不易理解的语句一定要写注释。

第 3 章

基于 FPGA 和 EDA 的
数字逻辑电路设计

随着大规模可编程逻辑器件(PLD)和电子设计自动化(EDA)的发展,数字电路的设计也发生了很大的变化。本章主要介绍基于 FPGA 和 EDA 技术的数字逻辑电路设计流程,以一个简单的四人表决电路为例,介绍数字逻辑电路传统与现代的设计方法,以及该电路在 Quartus 和 Vivado 环境中的实现过程。

3.1 FPGA 设计流程

典型 FPGA 的开发流程如图 3.1 所示,包括功能定义、设计输入、功能仿真、综合、布局和布线、时序仿真、编程配置等步骤。

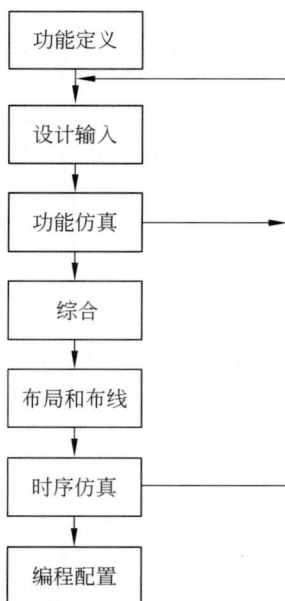

图 3.1 典型 FPGA 的开发流程

1. 功能定义(Functional Definition)

在 FPGA 项目设计之初,需要根据任务要求和系统功能,对工作速度、器件资源、功耗、成本等进行综合考虑,在此基础上选择合适的设计方案和器件类型,并根据功能需求确定整个项目的系统结构,以框图形式说明各部分功能及彼此间的联系,明确每个功能模块的主要输入/输出及它们之间的接口关系,并针对每一个子功能,写出设计思路和实现方案。

2. 设计输入(Design Entry)

设计输入是将设计的电路按规定的格式输入给 EDA 工具,包括原理图和硬件描述语言两种方式。原理图方式采用图形符号将电路连接起来,最大的优势是直观,但效率低、不易维护、可移植性差,当芯片升级或更换平台后,原理图可能需要作一定的改动,甚至废弃。实际开发中多采用 HDL 语言输入,这种方式的特点是设计语言与芯片工艺无关,输入效率高,便于模块的划分与移植。当然,也可以将二者结合起来,采用 HDL 为主、原理图为辅的混合设计方式,充分发挥各自的优势。

3. 功能仿真(Functional Simulation)

功能仿真的目的是确定设计的电路是否实现了预定的功能,是一种非常重要的验证手段,尽早发现设计中存在的问题和错误,可以减少后期的调试和修改。功能仿真没有考虑电路的延迟信息,只对逻辑功能进行检测,不能保证上板运行正确。

不应将功能仿真看作一个独立的环节,应该将其与功能设计交织在一起,当功能仿真发现问题时,需要返回设计环节进行修改,然后通过功能仿真确认修改是否正确,直到不再有问题出现。不要采取整个项目完成后再进行功能仿真的策略,否则很难定位问题所在。建议每完成一个模块的设计就对其进行功能仿真,完成若干相关模块的设计和仿真后,可对该子系统进行功能仿真,以此类推,直到完成顶层仿真。

4. 综合(Synthesis)

综合是指将 HDL 语言、原理图等设计输入翻译成由与门、或门、非门、触发器等基本逻辑单元组成的逻辑连接,即生成网表文件,并与 FPGA 硬件资源进行匹配。由于 FPGA 是基于 LUT 结构的器件,最终 EDA 软件会综合出一个基于 LUT 的网表文件。

5. 布局和布线(Place & Route)

将综合生成的网表配置到具体 FPGA 芯片上的过程称作布局布线。布局是将已连接好的 LUT 合理地适配到 FPGA 内部的固有硬件结构上,布局的优劣对最终的实现结果影响很大。布线是指根据布局的拓扑结构,利用 FPGA 内部的各种连线资源,将现有的模块连接起来,这涉及一个线路分布求最优的问题,由于器件厂商最了解器件的内部结构,所以布局和布线时通常会选用器件厂商提供的工具。在 Intel FPGA 的开发流程中,布局和布线也称作适配(Fitting),Xilinx 的开发流程中,布局和布线也称作实现(Implementation)。

6. 时序仿真(Timing Simulation)

时序仿真是指将布局布线的时延信息反标注到设计网表中所进行的仿真,也称作后仿真。布局布线之后生成的仿真时延文件包含的时延信息最全,不仅包含门延时,还包含实际布线延时,所以布线后仿真最准确,能较好地反映芯片的实际工作情况。

7. 编程配置(Program & Configuration)

编程配置是通过专门的编程工具将布局和布线产生的数据文件(如比特流文件)下载到芯片的过程。下载后,开发人员可以利用 FPGA 开发板和测试设备对设计的电路进行验证和测试。通常将基于 EEPROM 等非易失结构的 CPLD 器件的下载称为编程,将基于 SRAM 工艺结构的 FPGA 器件的下载称为配置。

FPGA 芯片有三种常用配置方法,分别是主动配置模式、被动配置模式和 JTAG 配置模式。

(1) 主动配置模式。

配置用的数据存储在片外 Flash 存储器中,FPGA 掉电后从片外 Flash 中加载配置数据,整个过程由 FPGA 控制,通过产生的时钟和控制信号将配置数据读入 SRAM 中,从而实现内部结构映射。

(2) 被动配置模式。

微处理器、控制器或其他终端提供配置所需的时序,实现配置数据的下载。由于 FPGA 芯片在配置过程中作为从设备,处于被动状态,所以叫被动配置模式。

（3）JTAG 配置模式。

JTAG(Joint Test Action Group)是联合测试工作组的简称,其最初成立的目的是为芯片制定测试标准,该标准于 1990 年被 IEEE 批准为国际标准测试协议(IEEE 1149.1),标准中规定了实现边界扫描所需要的硬件和软件。随着时间的推移,JTAG 的应用领域已经扩展到了调试和编程,如今 JTAG 代表了一种用于测试、调试和编程集成电路的标准接口和协议。

大多数较复杂的芯片都支持 JTAG 标准,如 ARM、DSP、FPGA 等,通过嵌入含 JTAG 接口的专用测试电路可实现对芯片的在线调试。Intel 公司的 SignalTap 工具、Xilinx 的 ChipScope 和 ILA 工具都是利用 JTAG 接口对其 FPGA 芯片进行在线调试的。此外,JTAG 标准的另一个重要功能是对芯片进行在线编程（In System Programming,ISP）,只需将 PC 的串口、并口或 USB 等接口与 FPGA 芯片上的 JTAG 接口相连,在系统上电的情况下,利用 PC 上的集成开发环境随时可以对 FPGA 芯片重新配置,因此在系统开发调试阶段使用 JTAG 模式配置较方便。

以上这些步骤在 FPGA 设计中并不是一次完成的,可能需要多次迭代,通过反复编译和调试,设计出的产品才能满足项目的要求。

3.2 设计实例——四人表决器

四人表决器是一种用于多人投票决策的电子设备,其功能是遵循少数服从多数原则,当表决人数为多数时,表决通过,否则不通过。

下面给出该电路设计过程,包括传统和现代两种设计方法,既有原理图方式的实现,又有采用硬件描述语言进行行为、数据流以及结构化的描述,该例可以作为设计其他数字逻辑电路的参考。

1. 传统设计方法

（1）逻辑抽象。

设四人的表决意见用变量 A、B、C、D 表示,表决结果用 F 表示。对于四个输入变量,同意为"1",不同意为"0"。对于结果 F,通过为"1",不通过为"0"。根据表决规则可推出,当投赞同票的人数为三人或三人以上时,表决结果为真。

（2）列出真值表。

根据四人表决器的逻辑功能,列出该电路的真值表,见表 3.1。

表 3.1 四人表决器电路的真值表

输　　入				输　　出
A	B	C	D	F
0	0	0	0	0
0	0	0	1	0
0	0	1	0	0
0	0	1	1	0

输　　入				输　　出
A	*B*	*C*	*D*	*F*
0	1	0	0	0
0	1	0	1	0
0	1	1	0	0
0	1	1	1	1
1	0	0	0	0
1	0	0	1	0
1	0	1	0	0
1	0	1	1	1
1	1	0	0	0
1	1	0	1	1
1	1	1	0	1
1	1	1	1	1

（3）写出逻辑表达式。

根据表 3.1，可以得到输入/输出变量之间的逻辑关系，即

$$F = \overline{A}BCD + A\overline{B}CD + AB\overline{C}D + ABC\overline{D} + ABCD = \sum m^4(7,11,13,14,15) \qquad (3\text{-}1)$$

根据式(3-1)，得

$$F = \sum m^4(7,11,13,14,15) = m_7 + m_{11} + m_{13} + m_{14} + m_{15}$$
$$= \overline{\overline{m_7 + m_{11} + m_{13} + m_{14} + m_{15}}} = \overline{\overline{m_7} \cdot \overline{m_{11}} \cdot \overline{m_{13}} \cdot \overline{m_{14}} \cdot \overline{m_{15}}} \qquad (3\text{-}2)$$

由于 4-16 译码器的输出包含了四变量的全部最小项，可以使用 74154 译码器实现，电路结构如图 3.2 所示。

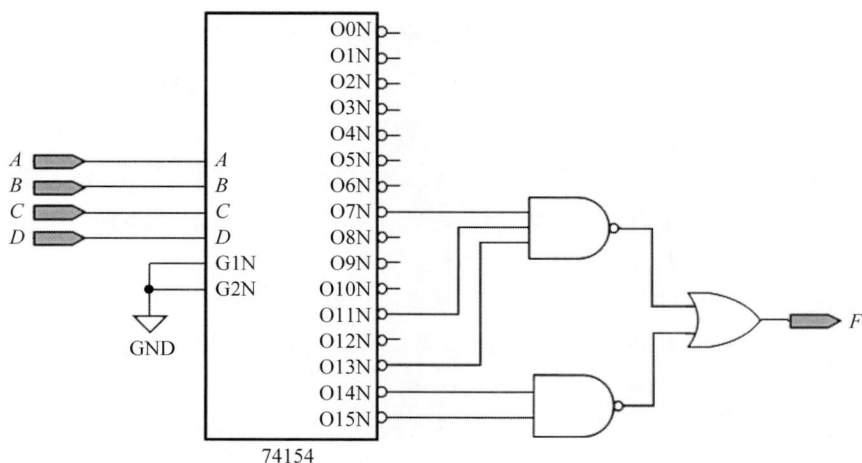

图 3.2　基于 4-16 译码器 74154 实现的四人表决器电路结构

（4）利用卡诺图法化简。

式(3-1)并非最简表达式，可以进一步化简，这里采用卡诺图进行化简，如图 3.3 所示。化简，得

$$F = ABD + ABC + BCD + ACD \tag{3-3}$$

根据式(3-3)，可以采用与门和或门实现，电路结构如图 3.4 所示。

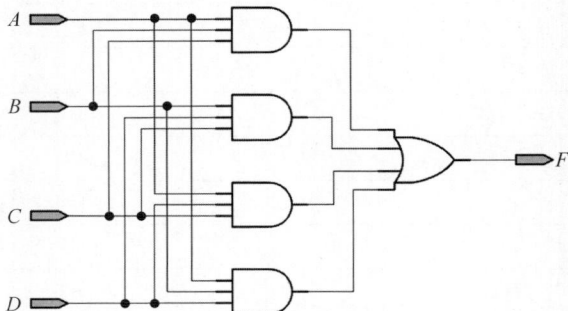

图 3.3　式(3-1)的卡诺图　　　　图 3.4　基于与门和或门实现的四人表决器电路结构

如采用与非门实现，需要对式(3-3)进行变换，变换后为

$$F = \overline{\overline{ABD + ABC + BCD + ACD}} = \overline{\overline{ABD} \cdot \overline{ABC} \cdot \overline{BCD} \cdot \overline{ACD}} \tag{3-4}$$

根据式(3-4)，得到电路如图 3.5 所示，由于只用到与非门电路，可降低设计成本。

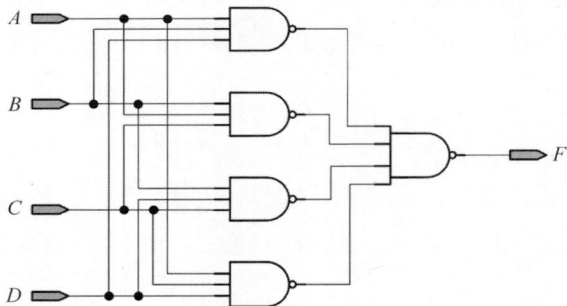

图 3.5　基于与非门实现的四人表决器电路

2. 现代设计方法

随着大规模可编程逻辑器件和电子设计自动化的发展，数字电路的设计也发生了很大的变化，设计时不再需要费力地进行手工化简，只需利用硬件描述语言对电路进行描述，然后将综合、布局布线等工作交给 EDA 软件完成。硬件描述语言的应用使设计者不再受限于门电路或集成器件，其丰富的建模方法大大提高了电路的设计效率。

硬件描述语言建模包括行为描述、数据流描述和结构化描述三种方式。行为描述关注逻辑电路输入、输出的因果关系（行为特性），不关心电路的内部结构，通过 EDA 的综合工具自动将行为描述转换成电路结构；数据流描述是根据信号（变量）之间的逻辑关系，采用持续赋值语句描述逻辑电路的方式；结构化描述就是通过调用逻辑元件，描述它们之间的连接来建立逻辑电路的 HDL 模型。

下面给出不同建模方式实现四人表决器的 Verilog 程序。

（1）采用行为级建模方式。

在逻辑抽象时得出电路的功能是人数大于或等于 3 时表决通过，算法清晰，因此可以用行为方式描述，代码如下：

```verilog
module vote4_1(A,B,C,D,F);
  input A,B,C,D;
  output F;
  reg [2:0] temp;
  reg F;
  always @(A,B,C,D)
  begin
    temp=A+B+C+D;
    if (temp>=3)
      F=1;
    else
      F=0;
  end
endmodule
```

也可根据真值表 3.1，利用硬件描述语言的中的 case 语句实现，这也是一种行为级建模方式，代码如下：

```verilog
module vote4_2(A,B,C,D,F);
  input A,B,C,D;
  output F;
  reg F;
  always @(A,B,C,D)
  begin
    case ({A,B,C,D})
        4'b0000:F=0;
        4'b0001:F=0;
        4'b0010:F=0;
        4'b0011:F=0;
        4'b0100:F=0;
        4'b0101:F=0;
        4'b0110:F=0;
        4'b0111:F=1;
        4'b1000:F=0;
        4'b1001:F=0;
        4'b1010:F=0;
        4'b1011:F=1;
        4'b1100:F=0;
        4'b1101:F=1;
        4'b1110:F=1;
        4'b1111:F=1;
    endcase
  end
endmodule
```

采用行为描述时只需要在逻辑抽象或给出真值表后就可以完成电路的建模。

（2）采用数据流建模方式。

如果能够得出输入/输出之间的逻辑关系，就可以使用数据流方式描述电路，对于式(3-1)，实现代码如下：

```verilog
module vote4_3(A, B, C, D, F);
  input A, B, C, D;
  output F;
  assign F= (~A&B&C&D) | (A&~B&C&D) | (A&B&~C&D) | (A&B&C&~D) | (A&B&C&D);
endmodule
```

对于式(3-3)，实现代码如下：

```verilog
module vote4_4(A, B, C, D, F);
  input A, B, C, D;
  output F;
  assign F= (A&B&D) | (A&B&C) | (B&C&D) | (A&C&D);
endmodule
```

（3）采用结构化建模方式。

对于式(3-3)，采用结构化方式描述，代码如下：

```verilog
module vote4_5(A, B, C, D, F);
  input A, B, C, D;
  output F;
  and(abd, A, B, D);
  and(abc, A, B, C);
  and(bcd, B, C, D);
  and(acd, A, C, D);
  or(F, abd, abc, bcd, acd);
endmodule
```

此处结构化描述依赖卡诺图化简结果，在现代数字逻辑电路设计中这个化简过程已经难觅踪影，通常仅在电路逻辑简单时使用结构化方式描述门级电路，更多的是将这种建模方式用在底层模块的实例化上。这里需要说明的是，本书为了加深对数字逻辑课程中理论知识的理解，少数任务的实现方案中采用了卡诺图化简。

在以上设计的基础上，可以借助 EDA 软件完成后续电路的设计，下面分别介绍基于 Quartus、Vivado 软件实现四人表决器的完整过程。

3.3 基于 Quartus 的数字逻辑电路开发流程

3.3.1 创建工程

创建工程包括设置工程名称、工程路径、顶层实体名称、工程文件、库文件、目标器件等操作。

首先启动 Quartus 软件，打开系统主界面，如图 3.6 所示。在菜单中选择 File→New Project Wizard 命令，弹出"新建工程向导"窗口。

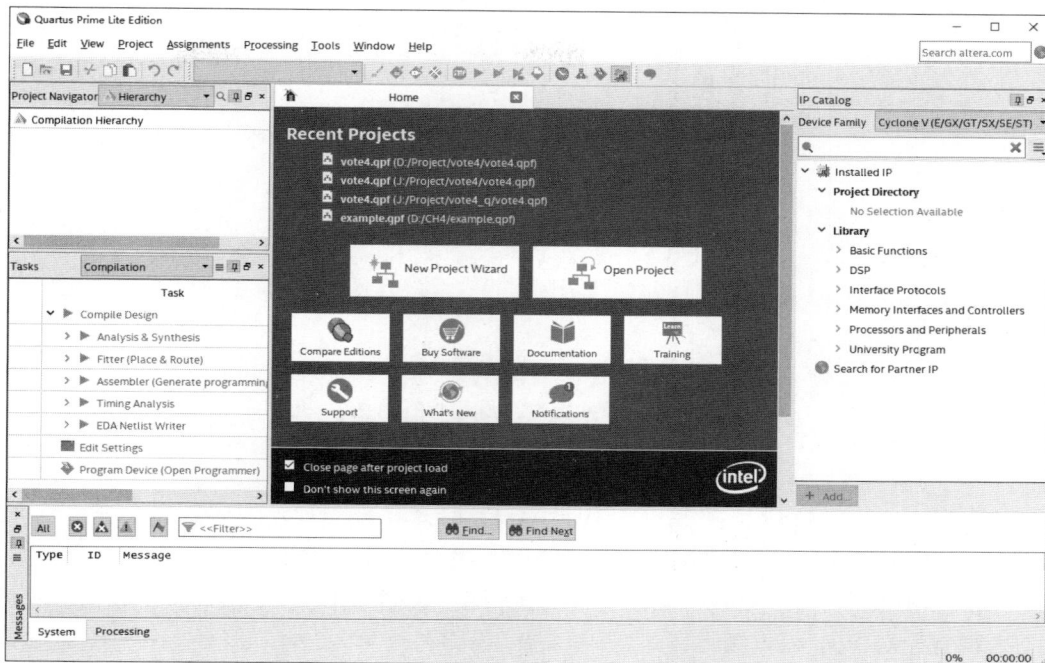

图 3.6　Quartus 软件主界面

　　"新建工程向导"的第一步是设置工程的工作路径、工程名称、顶层实体名称，如图 3.7所示，名称中不要出现中文字符。设置完成后，单击 Next 按钮，进入"工程类型"界面，如图 3.8 所示，此处有两种类型可选，其中，Project template 选项用于从 Quartus 软件或设计商店中选取模板来创建工程，Empty project 选项用于创建一个空工程。这里选择 Empty project，单击 Next 按钮，然后按步骤设置工程文件、库文件、目标器件和 EDA 工具等。

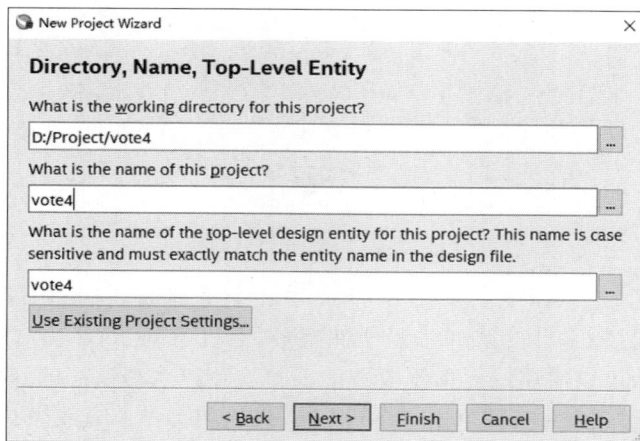

图 3.7　新建工程向导窗口

　　然后添加文件，如图 3.9 所示。如果设计文件已存在，可在这一步完成添加，具体操作是：在 File name 编辑框中输入文件名的完整路径，然后单击 Add 按钮，将文件添加到工程中，或者直接单击"…"按钮，通过选择文件完成添加，推荐后一种方式。此外，还可以将已有

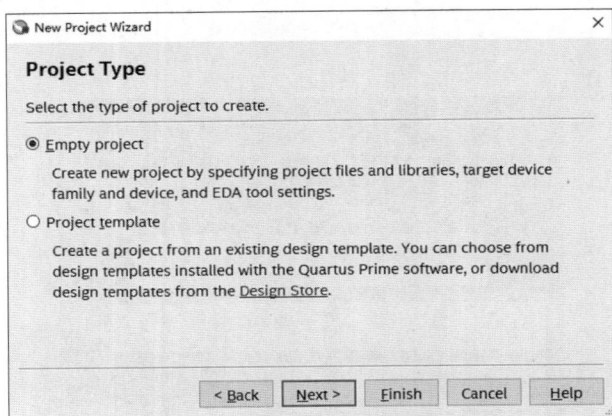

图 3.8 设置工程类型

文件复制到当前工程路径下,然后单击 Add all 按钮,将工程文件夹下所有的文件一次性添加进来。无论哪种方式,所有设计文件应置于同一个工程路径下管理。这样,将来如果需要移动、备份或压缩打包工程,选择顶层文件夹执行相应操作就可以,不会有文件遗漏。这里,我们还没有建立任何文件,因此跳过"添加文件"操作。

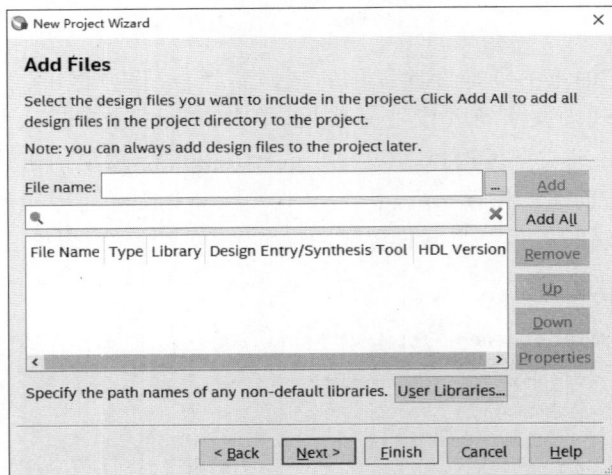

图 3.9 添加文件

　　单击 Next 按钮,进入图 3.10 所示的界面,在此设置工程所用的器件和开发板。其中,Device 页用来选择目标平台的系列号和器件型号,通过系列、封装方式、引脚数目、芯片速度等选项进行筛选,可以快速找到具体型号;Board 页用来选择所用的开发板或开发套件。
　　器件或开发板设置完成后,单击 Next 按钮,进入"EDA 工具设置"界面,如图 3.11 所示,这里可以设置工程开发所需要的各类 EDA 工具,如综合工具、仿真工具、时序分析工具等。设置完成后,单击 Next 按钮,弹出图 3.12 所示的界面,界面显示工程概要信息。核对设置内容是否符合要求,如需修改,单击 Back 按钮返回相应界面修改,检查无误后单击Finish,完成工程创建并关闭"新建工程向导"。

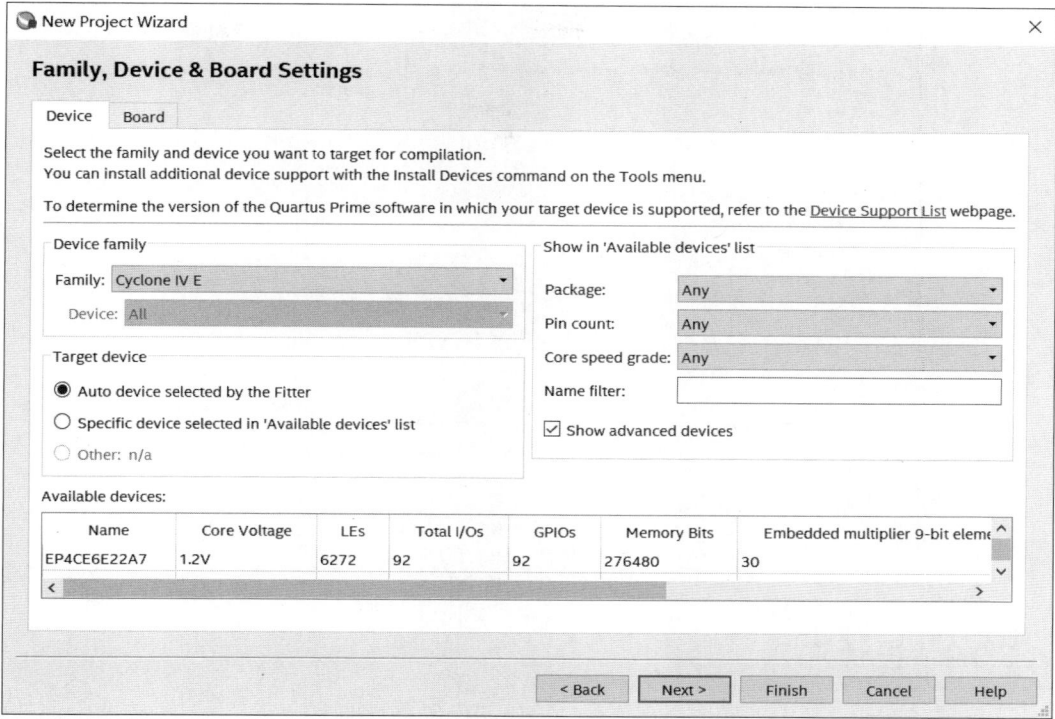

图 3.10　设置器件和开发板

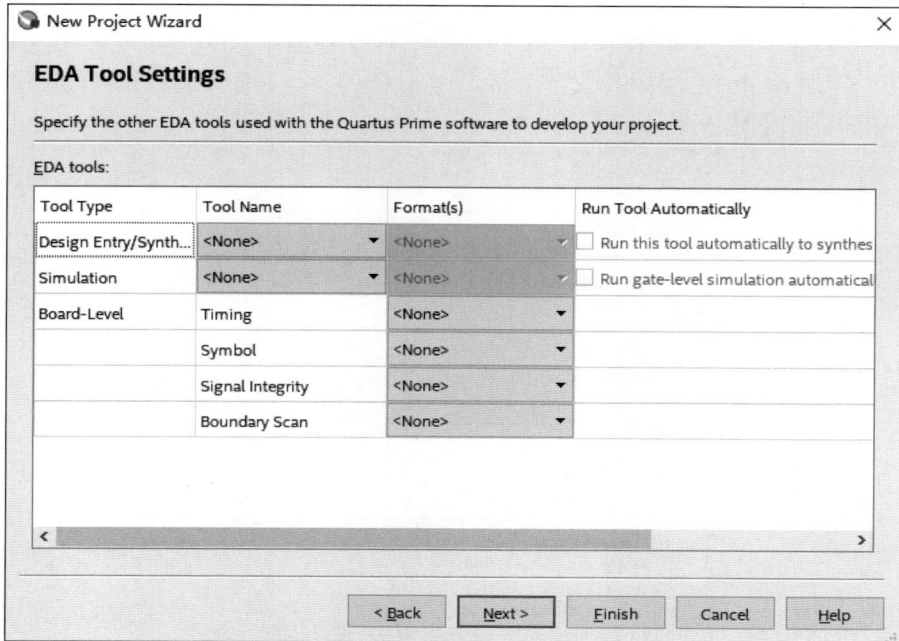

图 3.11　设置 EDA 工具

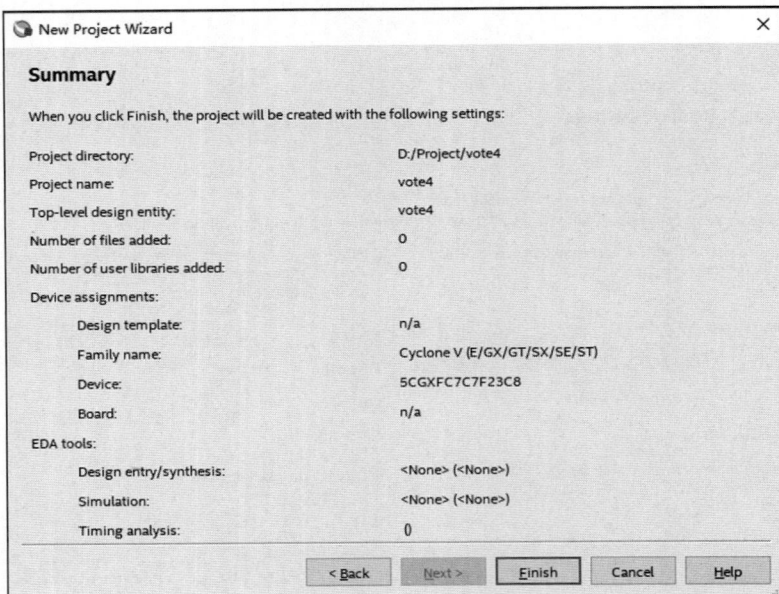

图 3.12　工程概要信息

3.3.2　设计输入

工程创建完成后,用户可以选择文本(Verilog 代码)或图形(原理图)方式来描述自己的电路设计。

1. 文本方式

在 Quartus 主界面,单击菜单中的 File→New 命令,弹出"新建"窗口,如图 3.13 所示,图中对常用选项做了标注。这里选择 Design Files 下的 Verilog HDL File,单击 OK 按钮,启动文本编辑器来创建 Verilog 设计文件。

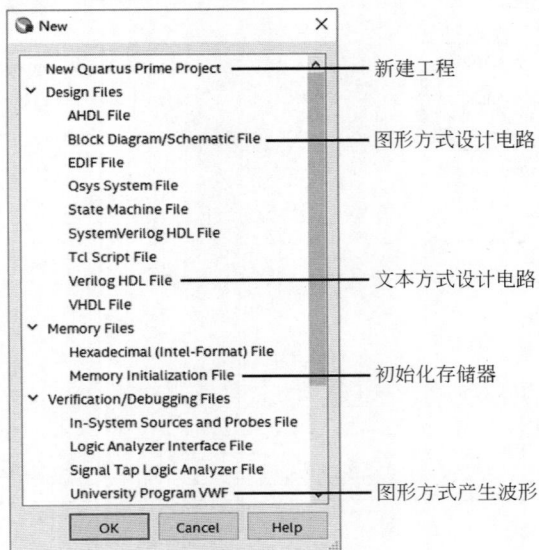

图 3.13　"新建"窗口

文本编辑器窗口如图 3.14 所示,在文本编辑区输入四人表决器的 Verilog 代码,这里选择行为方式描述的 vote4_1 代码。

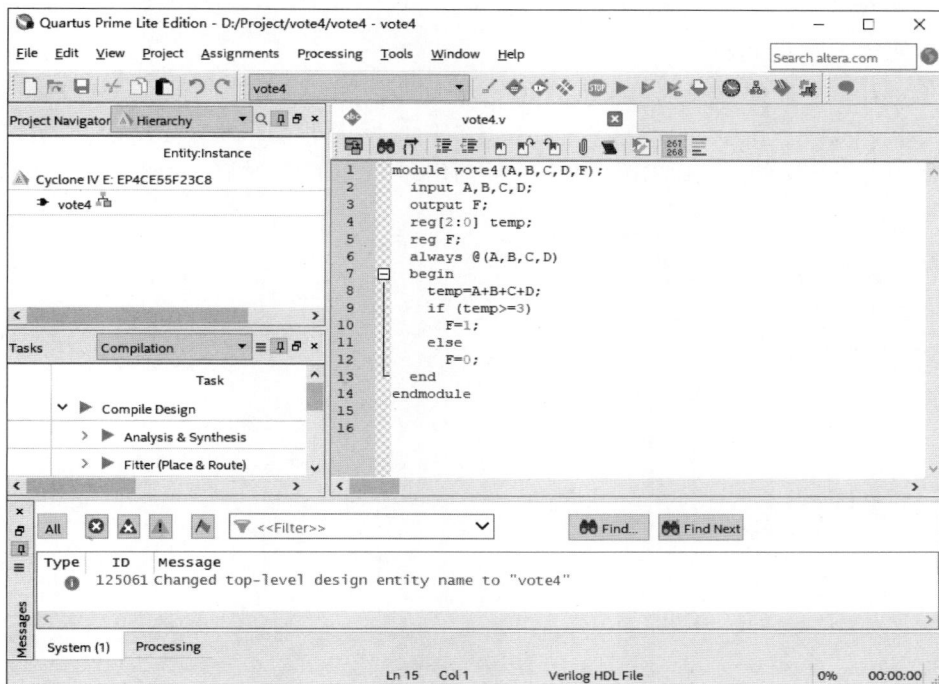

图 3.14 文本编辑器窗口

Quartus 的文本编辑器提供多种编辑工具,可提高编程效率,如插入模板功能,该功能可以根据需要在程序中插入常用的标准化电路、状态机等模式化代码。单击 Edit→Insert Template 或快捷键 ▧,打开"插入模板"窗口,如图 3.15 所示,窗口左侧按语言分类,每种语言均包含若干模块,选中模板后右侧显示对应的代码,单击 Insert 按钮可以将模板代码插入文本编辑器中。

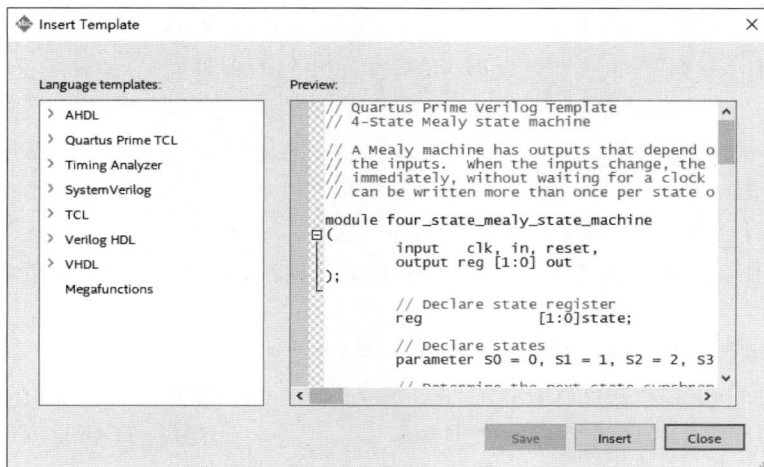

图 3.15 "插入模版"窗口

代码输入后保存文件，文件扩展名为".v"，需要注意的是文件名与源程序中的模块名要一致。

2. 图形方式

（1）创建图形设计文件。

在 Quartus 主界面选择菜单中的 File→New 命令，弹出"新建"窗口，选择 Design File 下的 Block Diagram/Schematic File，单击 OK 按钮，启动图形编辑器，如图 3.16 所示，在该窗口中绘制图形设计文件。下面以图 3.4 中的"4 与门和 1 或门"实现方案为例介绍图形化设计。

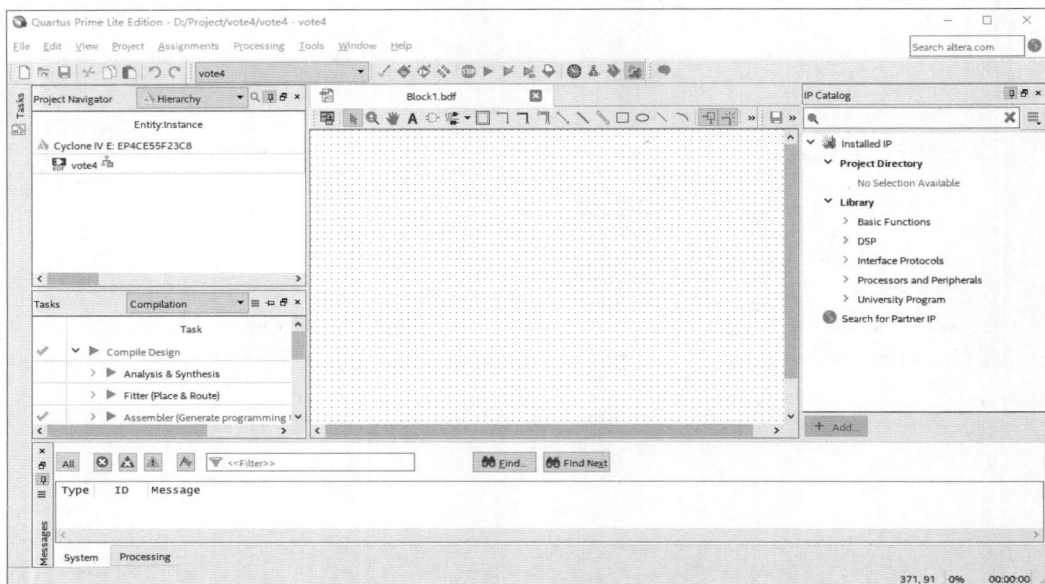

图 3.16　图形编辑器

（2）添加元件符号。

为了方便图形化设计，Quartus 软件提供了常用的元件符号库，包括宏功能模块（Megafunctions）、基本元件（Primitives）和其他元件（Others）三类符号。宏功能模块包括输入/输出（I/O）、运算器（Arithmetic）、门电路（Gates）和存储器（Storage）四类模块，采用参数化设计，设计者根据需要修改参数即可；基本元件分为缓冲器（Buffer）、逻辑门（Logic）、引脚符号（Pin）、存储器（Storage）和其他功能模块（Others）五种类型；其他元件库中提供了与旧版本软件 maxplus2 兼容的元件，包括 74 系列集成电路和一些逻辑电路符号。

用户也可以自定义元件库，这样在设计电路时可以通过模块符号调用自己的 IP 核。具体操作是将设计文件（硬件描述语言编写的源程序 ∗.v、∗.vhd 文件或图形文件 ∗.bdf）及对应的符号文件 ∗.bsf 复制到当前工程所在的文件夹下，Quartus 会自动创建用户元件库（名称为 project）。

在图形编辑区中双击鼠标左键或单击工具栏中的快捷键，弹出 Symbol 对话框，如图 3.17 所示。通过 Symbol 对话框可以查找元件并完成添加。具体操作是在 Libraries 栏的 3 个库文件夹下选择所需元件，或在 Name 文本框中输入元件名来查找，如 and3，当 Symbol 对话框的右侧窗口出现所需元件符号，单击 OK 按钮即可完成元件的添加。

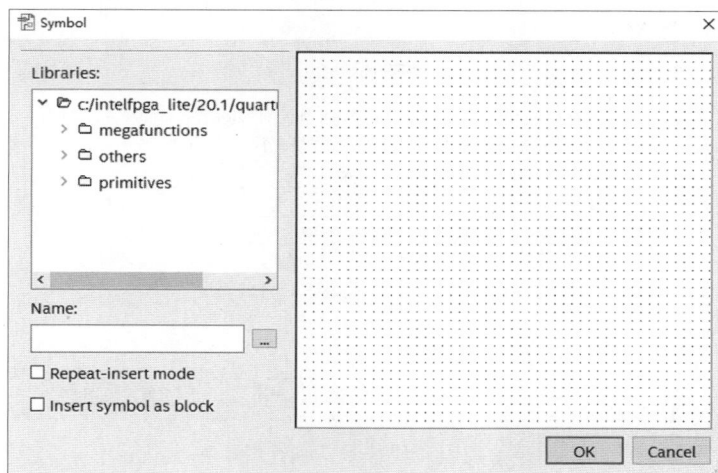

图 3.17　Symbol 对话框

按照上述方法在图形编辑窗口中依次放置 4 个 3 输入与门(and3)、1 个 4 输入或门(or4)、4 个输入端口(input)和 1 个输出端口(output),全部添加后如图 3.18 所示。

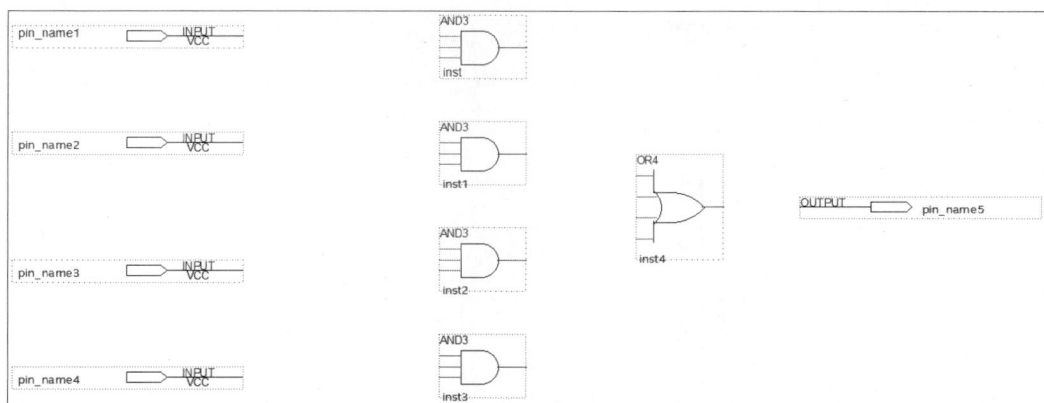

图 3.18　添加元器件

(3) 端口命名。

原理图中输入/输出端口的默认名称为"pin_name * ",该名称不容易区分信号的作用,在后续使用时很不方便,因此需要对其重新命名,通常根据端口的功能命名即可。具体操作如下:在输入/输出端口处右击,在弹出的菜单中选择 Properties,打开图 3.19 所示 Pin Properties 对话框,在 Pin name(s)处输入端口名称,单击 OK 按钮完成命名;也可以双击输入或输出端口的名称,待文本被全选后进行修改,修改后单击 Enter 键即完成命名。读者可参考图 3.4 电路修改端口名。

注意图 3.19 General 页面内的提示,当需要创建多个端口时,可以输入一个总线的名称或一组用逗号分隔的名称,如创建一个 4 位的输入端口 data,端口名应为 data[3..0],而不是 data[3:0]。或者,如本例中有 4 个输入端口 A、B、C、D,可以在图形编辑器里放置 4 个Pin,分别命名,也可以只放置一个 Pin,但命名为"A,B,C,D",这样也可代表 4 个 pin。

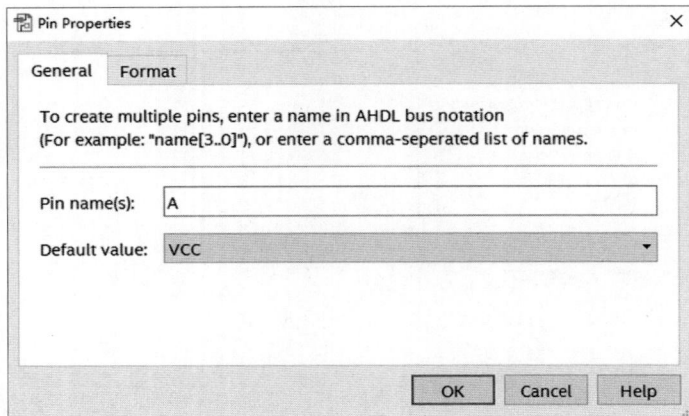

图 3.19　端口命名

（4）连接元件符号。

元器件之间存在着一定的电气连接关系，Quartus Ⅱ 软件中可以方便地实现这种连接，通常采用下面两种方式。

方式一：实线方式。

将鼠标移动到需要连接的元器件的输入或输出端口上，此时鼠标指针自动变为"＋"形状，按下鼠标左键并拖动到另一元器件的输入或输出端口，放开鼠标左键，则完成元器件间的连接，图 3.20 中的输入端 A、B、C、D 与 AND3 之间采用实线连接。

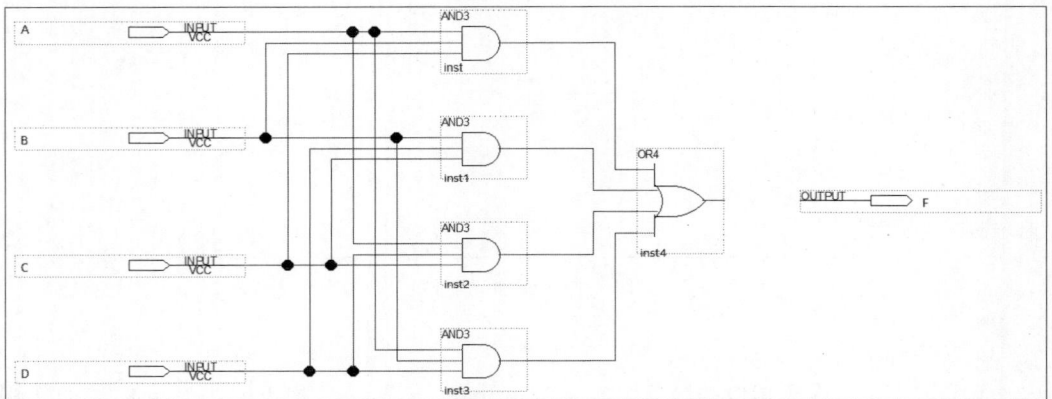

图 3.20　通过实线连接元件符号

方式二：设置网络名的方式。

采用实线连接看起来直观，操作上也简单，但是某些情况下不适宜用实线连接，如信号宽度不同时不允许直接连接，或者当电路复杂或元器件较多时，实线连接会产生较多的交叉，且绘制时容易短接，这时可以采用设置网络名的方式进行连接，具有相同的网络名的节点或端口被看作连在一起。

下面通过设置网络名的方式将图 3.20 中 OR4 的输出与端口 F 相连，具体操作如下：在 OR4 待连接的元件端口处添加部分连线，然后选中该线，右击选择 Properties，弹出"节点属性"对话框，如图 3.21 所示。在对话框 Name 处输入节点名 F，单击 OK 按钮关闭对话框，即完成对该节点的命名,最后完成的电路原理图如图 3.22 所示。节点 F 与输出端口 F 具有相同网络名称,因此,编译时 Quartus 软件会自动建立电气连接。最后,单击 Save 保存文件,文件扩展名为".bdf"。

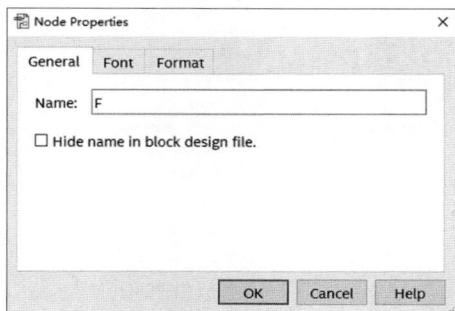

图 3.21　设置网络名

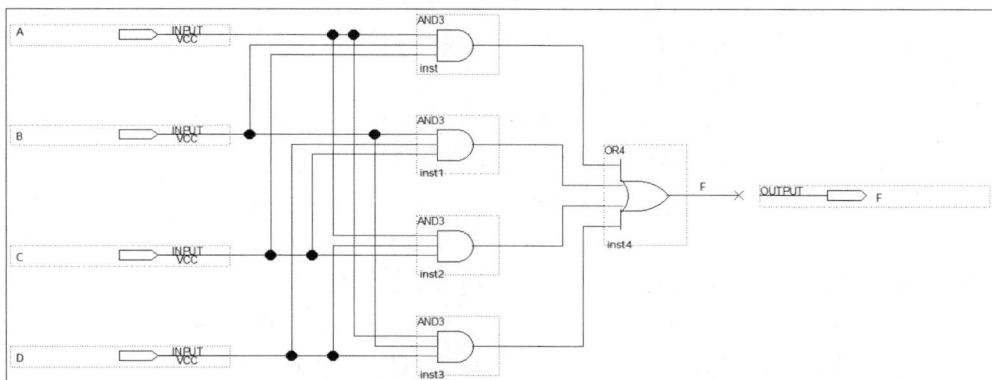

图 3.22　最终完成的电路原理图

3.3.3　编译工程

源文件建立后,应对其进行编译。Quartus 快捷工具栏中有 3 个用于编译的命令 ▶ ▶ ▶,从左到右分别是 Start Compilation、Start Analysis & Elaboration 和 Start Analysis & Synthesis(也可从菜单 Processing 中选择)。命令中的 Analysis 表示检查设计文件的语法和语义错误;Elaboration 表示将设计文件转换成硬件库(与工艺无关)单元的抽象描述,如寄存器、加法器、比较器、选择器等;Synthesis 即综合,表示将执行 Elaboration 后的结果映射到 FPGA 的具体库单元上,如查找表、触发器、锁相环等。因此,以上 3 个命令执行的内容不同,具体区别如图 3.23 所示,图中标注"√"符号表示该步已执行,对比后可以看出,Start Compilation 执行得最完整,包括分析、综合、适配(布局布线)、汇编(生成可编程文件)、时序分析等,称为全编译。如果只需要进行仿真验证,可以选择 Start Analysis & Synthesis,这样可以减少不必要的等待,加快验证速度。

编译过程中,编译信息会显示在 Messages 窗口。如果程序有错,会生成错误报告。双击红色的错误信息,光标指向文本编辑器中的错误代码处,用户可以根据错误提示对程序进行修改,然后重新编译,直至不再产生错误。

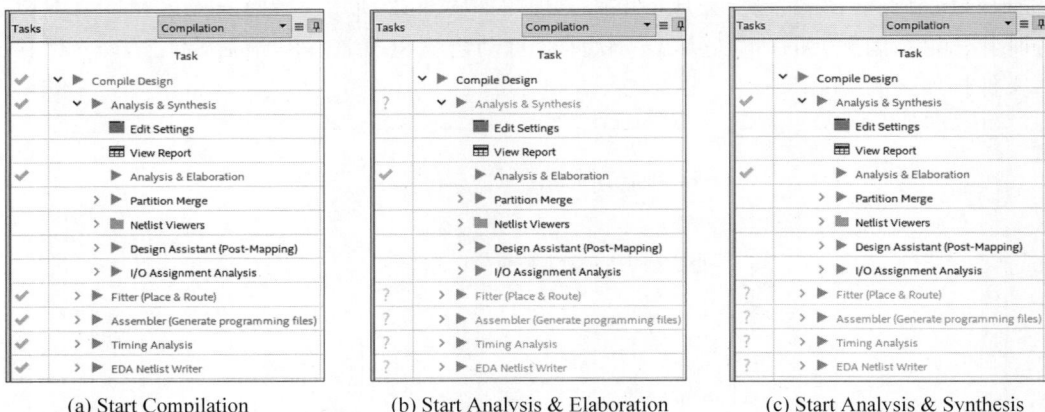

(a) Start Compilation   (b) Start Analysis & Elaboration   (c) Start Analysis & Synthesis

图 3.23   不同编译命令执行内容的具体区别

编译成功后产生编译报告,报告中提供了编译流程和工程基本信息,如流程状态、软件版本、工程名称、顶层实体名称、器件信息及占用资源信息等。用户还可以在 Task 窗口选择查看编译进度及各步所用时间。

综合结束后,设计者通常希望看到综合后的电路结构,以便分析综合结果与设想是否一致,Quartus 提供了 RTL Viewer 和 Technology Map Viewer 两个工具,其中 RTL Viewer 是执行 Elaboration 后的结果,显示的是 RTL 级的电路,与器件无关;而 Technology Map Viewer 是执行 Synthesis 后的结果,由 FPGA 器件的单元库组成。单击 Tools→Netlist Viewers→RTL Viewer,可查看 RTL 级电路结构,图 3.24 为 Vote4 模块对应的 RTL 电路。单击 Tools→Netlist Viewers→Technology Map Viewer,可查看综合后结果,图 3.25 是图 3.24 四人表决器综合后的电路结构,图中 LOGIC_CELL_COMB 代表一个逻辑单元,是一个 4 输入的 LUT。

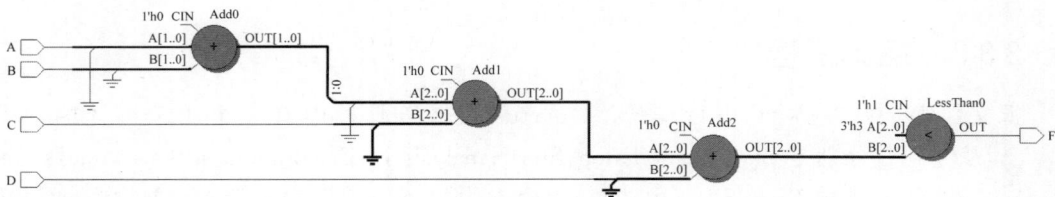

图 3.24   四人表决器 RTL 级电路

3.3.4 波形仿真

编译通过后,可以通过波形仿真验证逻辑电路是否实现了预期的功能。Quartus 软件提供了图形方式和文本方式两种验证方式。

1. 图形方式

图形方式就是利用软件提供的仿真波形编辑器(Simulation Waveform Editor)直接编辑波形,然后调用自带的仿真器(仅限 Quartus 早期版本)或第三方仿真软件进行仿真,如 Modelsim。

在 Quartus 主界面,选择菜单中的 File→New 命令,弹出"新建"窗口,选择 Verification/

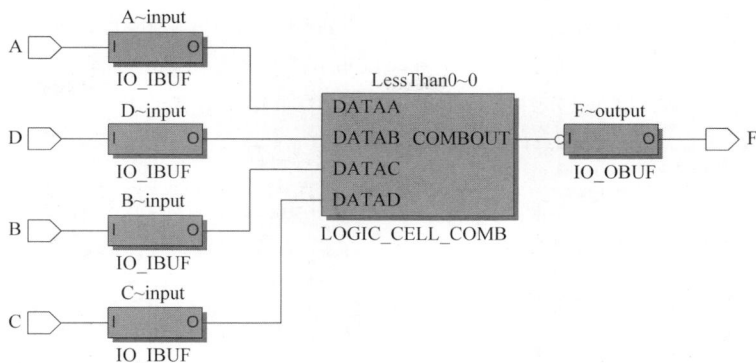

图 3.25　四人表决器综合后电路结构

Debugging Files 下的 University Program VWF，单击 OK 按钮，启动仿真波形编辑器，并创建一个空的仿真波形文件，如图 3.26 所示。

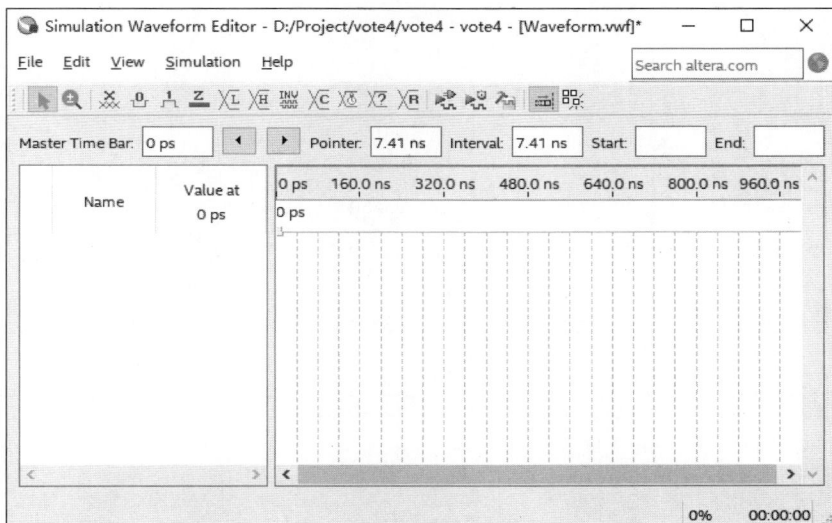

图 3.26　波形编辑器窗口

在打开的波形编辑器上，单击菜单 Edit→Grid Size 可以设置仿真波形的网格尺寸，如图 3.27(a)所示。单击菜单 Edit→End Time 可以设置仿真结束时间，如图 3.27(b)所示。

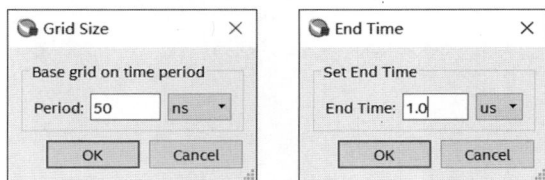

(a) 设置网格尺寸　　　(b) 设置仿真结束时间

图 3.27　仿真波形常用设置

单击菜单 Edit→Insert→Insert Node or Bus，弹出"插入节点或总线"窗口，如图 3.28(a)所示。单击 Node Finder，打开节点查找窗口，如图 3.28(b)所示，通过该窗口可以在仿真波形中添加输入/输出节点或总线,在 Filter 下拉列表中选择 Pin:all,直接单击 List,列出所有输入/输出节点,如图 3.28(c) 所示。单击窗口中间的">>"按钮,将所有输入/输出节点选中,如图 3.28(d)所示。最后单击 OK 按钮,将选中节点添加到仿真波形中,如图 3.28(e)所示。

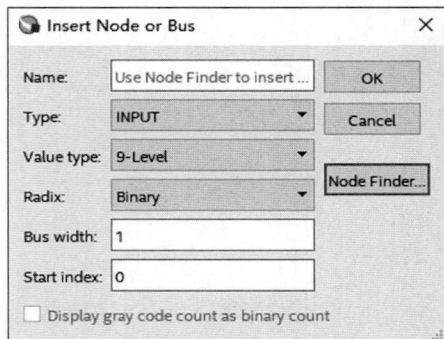

(a) 添加节点窗口

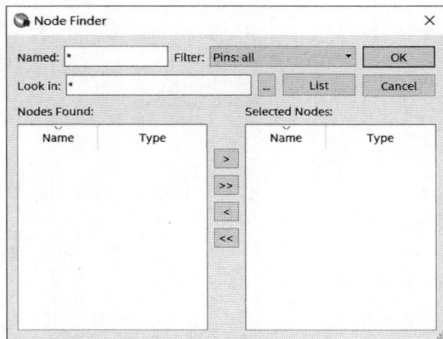

(b) 查找节点窗口

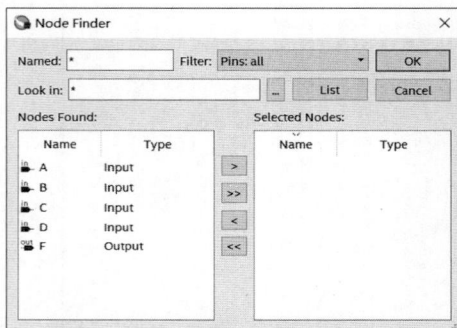

(c) 列出输入/输出节点

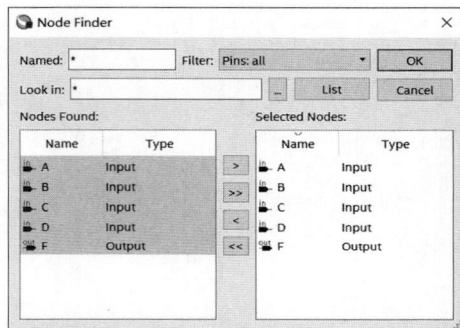

(d) 选择节点

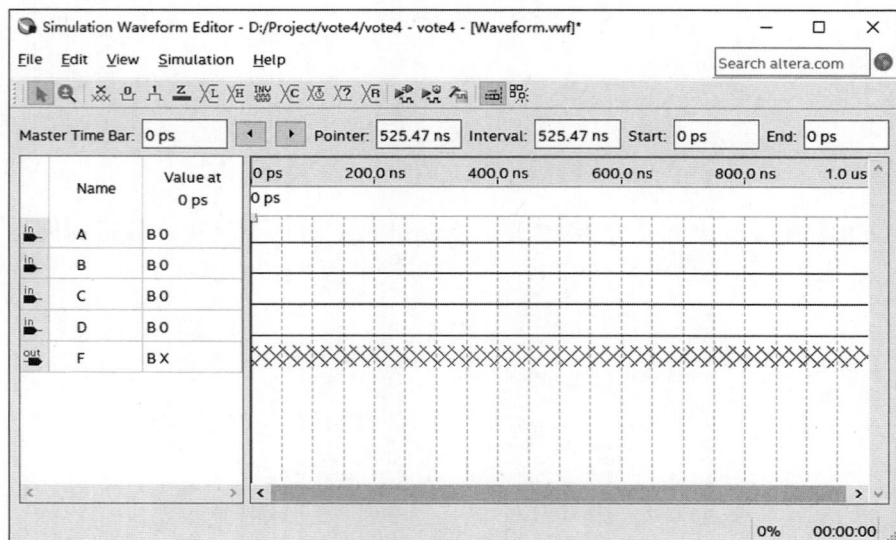

(e) 完成节点添加

图 3.28 仿真波形中添加节点

为了方便赋值或查看信号,可以将相关信号分组,这里选择将四个输入信号进行分组。具体操作是:按下 Ctrl 键的同时单击鼠标左键,依次选中四个输入信号,右击选择 Grouping→Group,如图 3.29(a)所示。弹出"分组"对话框,如图 3.29(b)所示,设置完组名及显示的进制后单击 OK 按钮,完成信号分组。

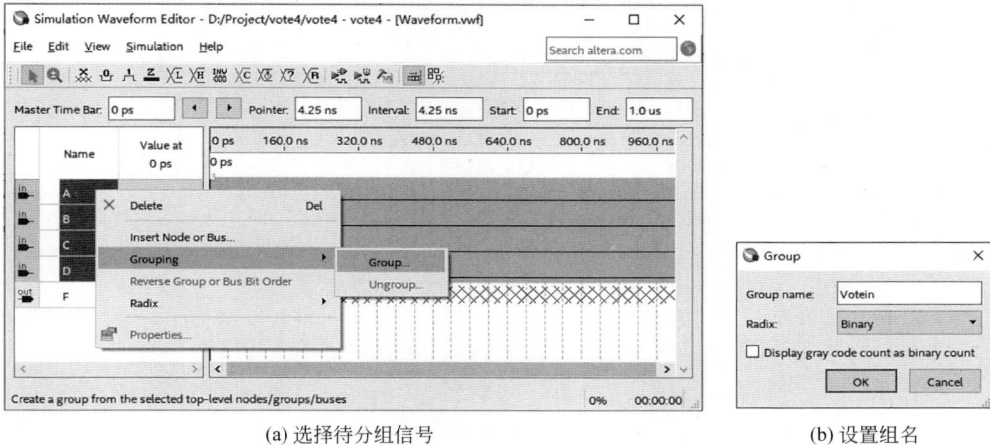

(a) 选择待分组信号　　　　　　　　　　(b) 设置组名

图 3.29　信号分组

列出输入/输出节点后,可以根据仿真需对波形进行编辑。Quartus 软件提供了多种波形编辑工具,如图 3.30 所示,可方便地对输入信号赋值。

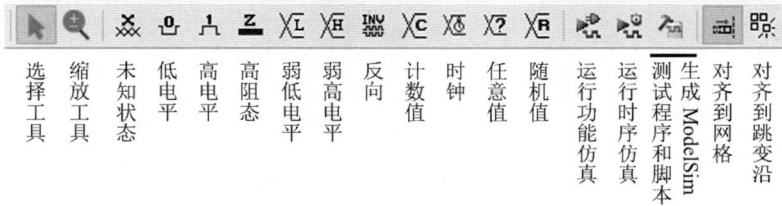

图 3.30　波形编辑工具栏

对单个输入信号赋值,可以用鼠标选中部分或全部时段,再利用工具栏中的低电平、高电平或高阻态等选项设置其状态。

当输入信号需要连续变化时,可利用工具栏中的时钟或计数值进行设置。如给分组后的信号 VoteIn 赋值,先选中 VoteIn 信号,然后单击工具栏上的 Count Value 图标 ,弹出 Count Value 窗口,如图 3.31 所示。在窗口中设置进制、起始值、步进值、编码类型、转换周期等参数,单击 OK 按钮,完成该信号的赋值,波形如图 3.32 所示,可以看到 VoteIn 被定义为时长为 $1\mu s$ 的周期信号,初始值为 0000,每隔 50ns 加 1。

波形编辑完成后,保存波形文件,在菜单 Simulation 下选择功能仿真或时序仿真。仿真时会根

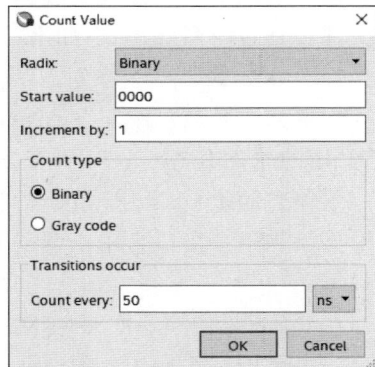

图 3.31　计数值工具窗口

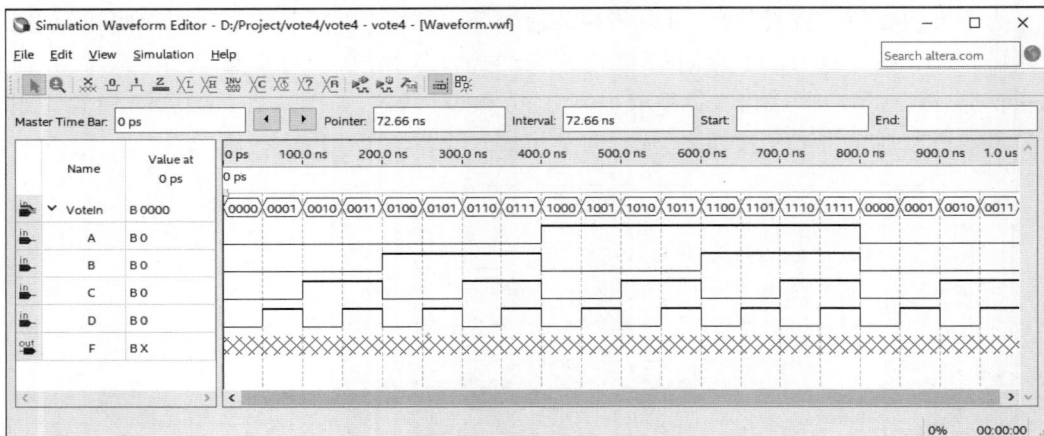

图 3.32　完成计数赋值后的波形

据默认设置自动生成 Testbench 和网表文件,然后自动调用仿真工具进行仿真,仿真结果如图 3.33 所示。

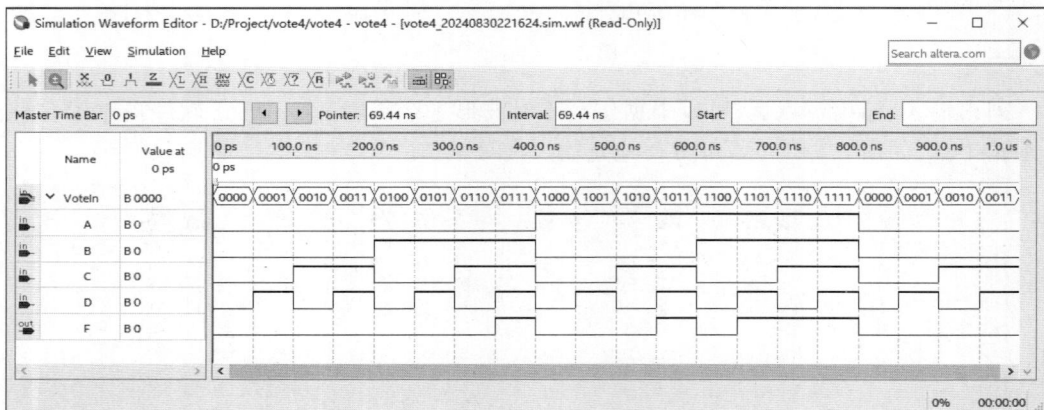

图 3.33　四人表决器仿真结果

单击菜单 Simulation 下的 Simulation Settings,可以修改仿真设置,如选择硬件描述语言。通常情况不需要修改设置,如果波形文件是经过另存得来的,注意各配置参数中的路径及文件名是否与当前一致,如果不一致则需要修改。

2. 文本方式

文本方式是通过编写 Testbench 进行仿真的,在 Quartus 环境中须使用第三方 EDA 软件,常用的软件有 ModelSim,官方安装包里通常已包含该软件。ModelSim 是 Mentor 公司的一款优秀的 HDL 语言仿真软件,编译仿真速度快,编译的代码与平台无关,其个性化的图形界面和用户接口为用户调试电路提供强有力的手段,是 FPGA/ASIC 设计的首选仿真软件。

在 Quartus 中第一次使用 ModelSim,需要在 EDA Tool 中设置安装路径。打开 Tools→Options→General→EDA Tool Options,在 ModelSim-Altera 选项中按照 ModelSim 安装路径设置其可执行文件的路径,路径中最后一级文件夹应为 win32aloem,如图 3.34 所示。

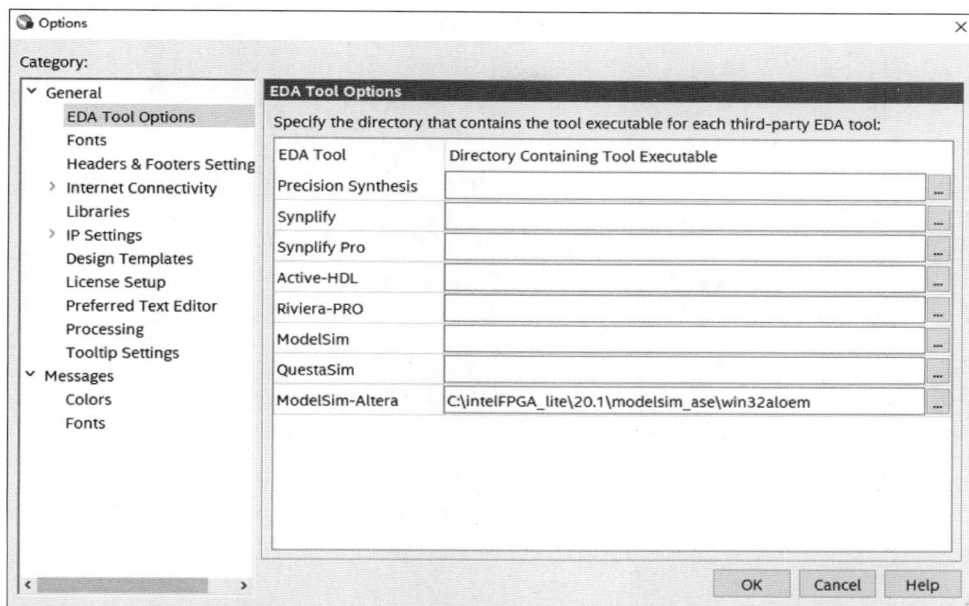

图 3.34　设置 Modelsim 安装路径

设置完成后，单击 Assignments→Settings，在 Simulation 选项卡中按图 3.35 设置仿真参数。设置完成后，单击 OK 按钮，关闭该窗口。

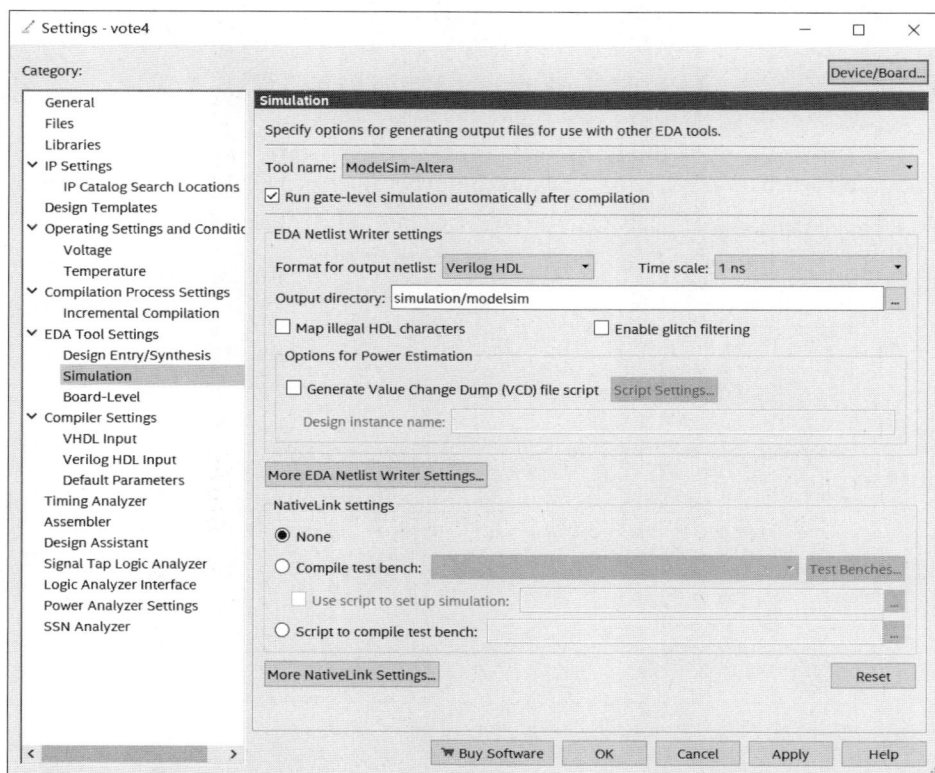

图 3.35　设置仿真参数

单击 Processing→Start→Start Test Bench Template Writer，创建 Testbench 的仿真文件，文件扩展名为".vt"，该文件会自动保存在工程目录下的 simulation/modelsim 文件夹内，用户可以根据测试要求编写相应的测试激励。参考代码如下：

```verilog
`timescale 1ns / 1ps
module vote4_vlg_tst ();
  reg   A;
  reg   B;
  reg   C;
  reg   D;
  wire  F;

  vote4 i1 (
      .A(A),
      .B(B),
      .C(C),
      .D(D),
      .F(F)
  );

  initial begin
    {A, B, C, D} = 4'b0;
    #1000 $stop;
  end
  always begin
    #50{A, B, C, D} = {A, B, C, D} + 1;
  end

endmodule
```

编写完 Testbench 后，再次单击 Assignments→Settings→EDA Tool Settings→Simulation，在 NativeLink settings 一栏选中 Compile test bench，单击 Test Benches 按钮，弹出 Test Benches 窗口，如图 3.36 所示。单击 New... 按钮，弹出如图 3.37 所示的"编辑 Test Bench 设置"窗口，该窗口用来设置仿真用的 Testbench 文件，注意 Top level module in test bench 框内的名称需要与 Testbench 文件中的模块名保持一致，这里为"vote4_vlg_tst"

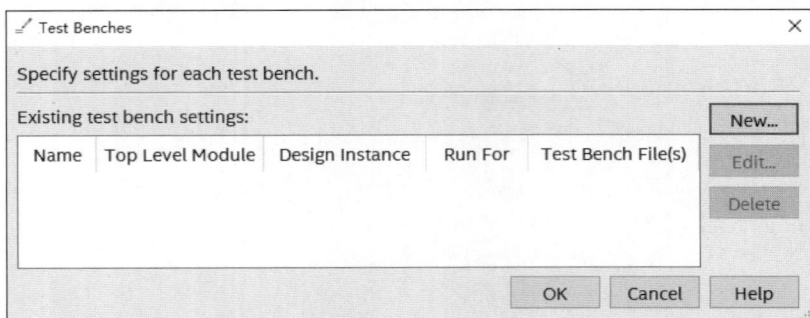

图 3.36　新建 Test Benches 窗口

单击右侧的"..."按钮浏览.vt 文件，选择 vote4.vt，单击 add 将文件加入，再单击 OK 按

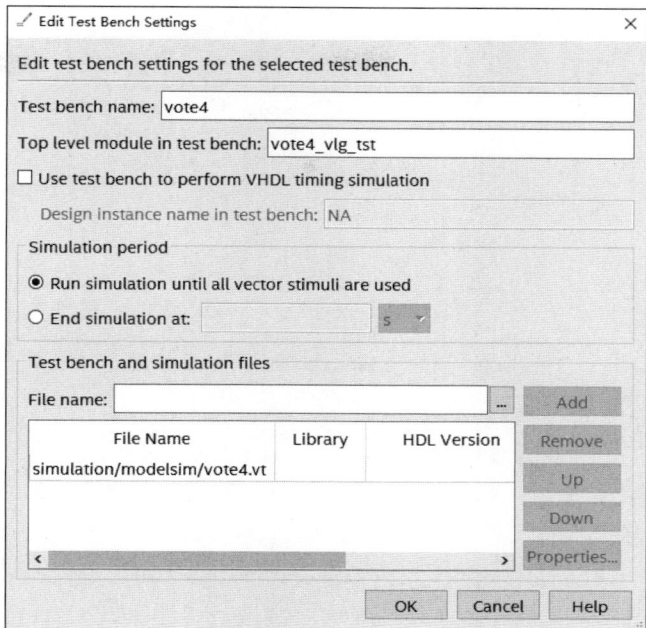

图 3.37　"编辑 Test Bench 设置"窗口

钮完成设置。然后回到图 3.35 所示窗口,在 Compile test bench 的下拉框内选择相应的 Testbench 文件,单击 OK 按钮完成设置,并关闭 Settings 窗口。

单击 Tools→Run Simulation Tools→RTL Simulation,弹出 Modelsim 界面并执行仿真,仿真结果如图 3.38 所示。

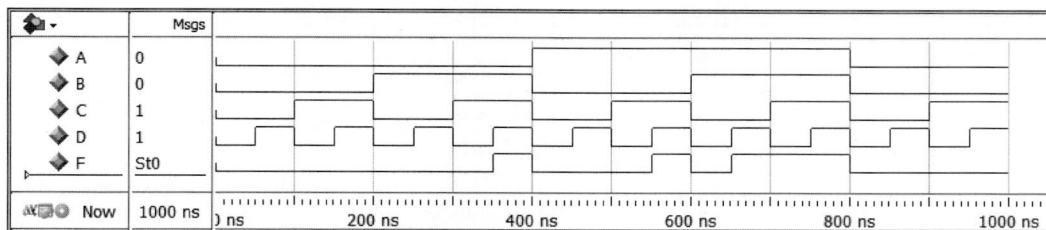

图 3.38　Modelsim 仿真结果

3.3.5　引脚分配

仿真验证通过后,如果还需进行下载测试,需要为输入/输出端口指定引脚编号,Quartus 中可以通过窗口和文本两种方式实现。

1. 窗口方式

在主界面单击菜单 Assignments→Pin Planner,弹出 Pin Planner 窗口,根据开发板厂商提供的引脚配置信息,在引脚列表窗口 Location 一栏输入每个端口对应的引脚编号,如图 3.39 所示,Fitter Location 栏中列出的引脚是工具软件临时分配的,可忽略。

输入完成后,工程目录下的.qsf 文件中即添加了对应的引脚信息。qsf 全称为 quartus setting file,是 Quartus 工程的配置文件,包括工程的软件版本信息、FPGA 器件信息、引脚

Node Name	Direction	Location	I/O Bank	VREF Group	Fitter Location	I/O Standard	Reserved	Current Strength
in A	Input				PIN_H1	2.5 V (default)		8mA (default)
in B	Input				PIN_J3	2.5 V (default)		8mA (default)
in C	Input				PIN_J2	2.5 V (default)		8mA (default)
in D	Input				PIN_H2	2.5 V (default)		8mA (default)
out F	Output				PIN_J1	2.5 V (default)		8mA (default)
<<new node>>								

图 3.39　引脚分配界面

分配、引脚电平分配和编译约束等。该文件中关于引脚分配信息的语句格式如下：

```
set_location_assignment PIN_XX  -to  A
set_location_assignment PIN_XX  -to  B
set_location_assignment PIN_XX  -to  C
set_location_assignment PIN_XX  -to  D
set_location_assignment PIN_XX  -to  F
```

如果工程需要多个配置文件，可以将配置信息导出后保存，导出配置文件的操作如下：在主界面单击菜单 Assignments→Export Assignments，弹出图 3.40 所示对话框，设置好文件名后单击 OK 按钮，即可导出配置文件。

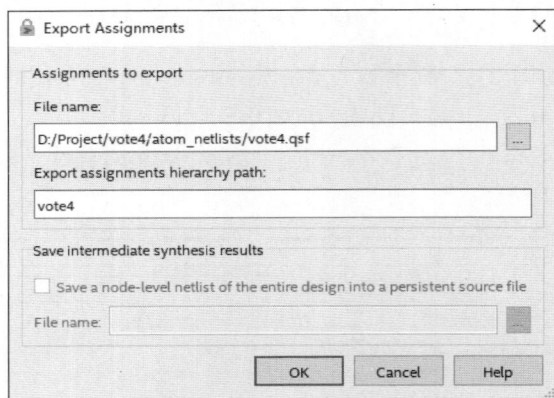

图 3.40　Export Assignments 窗口

2. 文本方式

除了对.qsf 文件中的引脚信息进行编辑外，还可以使用.csv 或.txt 文件，这两种文件的格式如下：

```
to,  location          #to 为端口号，location 为引脚编号
A,  PIN_XX
```

创建.csv 或.txt 文件，用记事本等文本编辑器打开，按照端口与引脚对应情况编辑文件内容，端口与引脚用逗号分隔，编辑后保存。

在主界面单击菜单 Assignments→Import Assignments，打开图 3.41 所示对话框，单击"…"选择包含引脚分配的配置文件（扩展名为.qsf、.csv 或.txt），单击 OK 按钮即导入引脚分配信息。

FPGA 中未使用的引脚也需要进行相应设置，可以将其配置为输入三态或者输出到地。

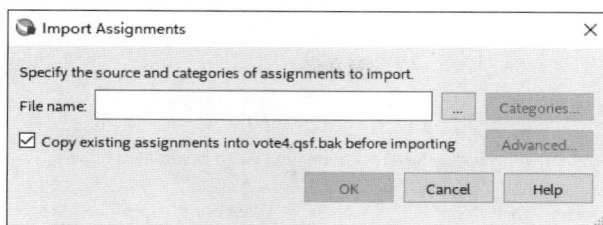

图 3.41　Import Assignments 窗口

在主界面单击菜单 Assignments→Device,单击 Device 窗口中 Device and Pin Options 按钮,打开"器件和引脚选项"窗口,如图 3.42 所示,在弹出的窗口内选择 Unused Pins,将所有未使用的引脚设置为"As input tri-stated",单击 OK 按钮完成配置。

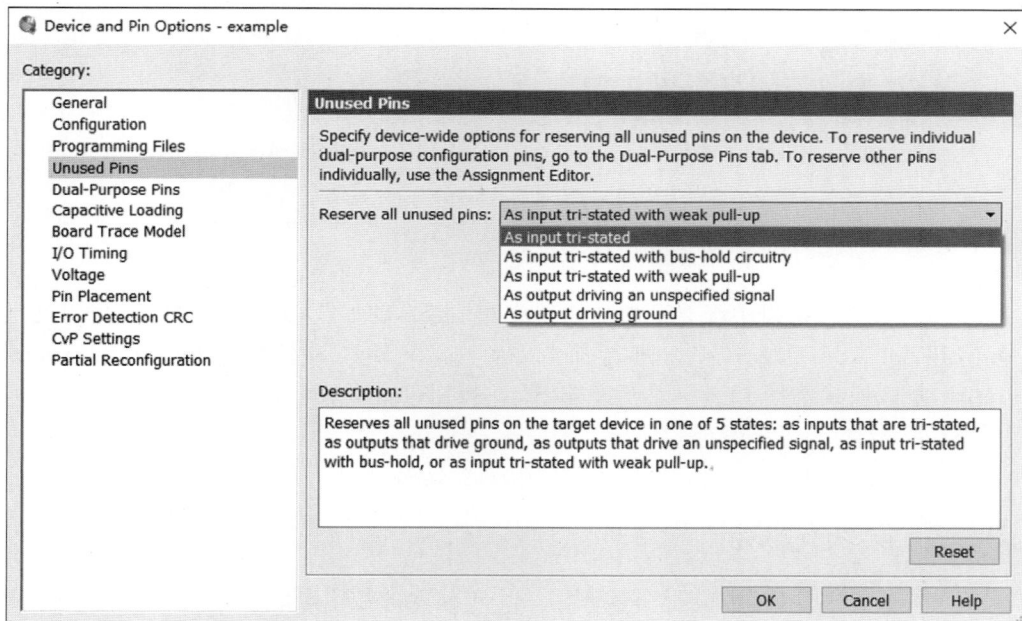

图 3.42　未使用引脚设置

引脚分配完成后需要对工程执行全编译,单击 Start Compilation,Quartus 软件根据所选引脚将综合后的逻辑网表布局到 FPGA 芯片内的物理资源上,并完成内部资源的连线。

3.3.6　编程下载

编译成功后,就可以将生成的".sof"或".pof"文件下载到 FPGA 芯片中运行。下载前,首先检查计算机和 FPGA 板卡是否已通过下载电缆连接。然后,在主界面单击菜单 Tools→Programmer 或工具栏中的快捷键,打开 Programmer 窗口,如图 3.43 所示。如果窗口中 Hardware Setup 右侧显示 No Hardware,则表示没有找到下载电缆,此时单击 Hardware Setup,打开"硬件设置"窗口,单击 Add Hardware 添加硬件,在下拉框中选择已安装的下载器,如 USB-Bluster,选择完成后单击 Close 按钮则关闭窗口。如果没有找到需要的下载器,可以到操作系统的"设备管理器"里查看该设备是否未安装驱动程序,安装后再执行上述操作。

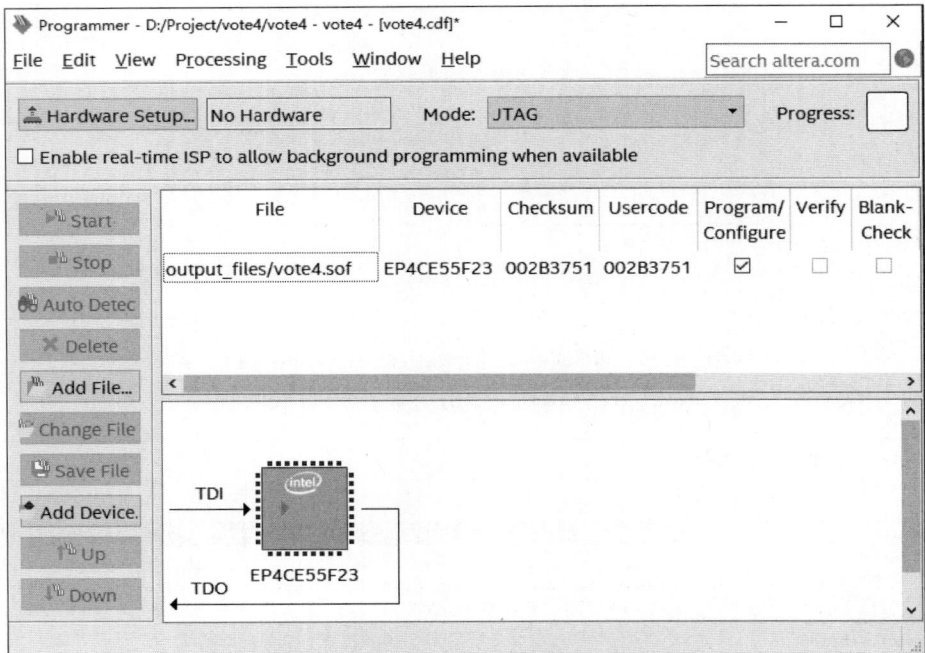

图 3.43　Programmer 窗口

在 Programmer 窗口中查看下载文件和器件是否自动加载，如果没有加载，可以通过左侧 Add File 和 Add Device 按钮进行加载，待下载文件和设备加载后，勾选 Program/Configure，下载模式选择 JTAG，然后单击 Start 按钮进行下载，当右上角进度条变为 100% 时表示下载完成。

下载完成后，操作开发板上的开关或按键，观察运行结果。

3.3.7　层次化设计

至此，本章已利用 Quartus 软件实现了一个单模块的数字电路。然而，对于相对复杂的数字电路，往往需要使用层次化设计方式。下面在四人表决器电路基础上，增加赞同票数显示的功能，通过这个双模块电路的实现，学习基于 Quartus 软件的层次化设计过程。

首先，修改四人表决器电路，将赞同票数输出，代码如下：

```verilog
module vote4 (A,B,C,D,F,N);
  input A, B, C, D;
  output F;
  output [3:0] N;
  reg [3:0] temp;
  reg F;
  assign N = temp;
  always @ (A, B, C, D) begin
    temp = A + B + C + D;
    if (temp >= 3)
      F = 1;
```

```verilog
      else
        F = 0;
    end
endmodule
```

七段数码管显示代码如下:

```verilog
module led (data,a,b,c,d,e,f,g);
  input [3:0] data;
  output a, b, c, d, e, f, g;
  reg a, b, c, d, e, f, g;

  always @(data) begin
    case (data)
      4'b0000: {a, b, c, d, e, f, g} = 7'b0000001;
      4'b0001: {a, b, c, d, e, f, g} = 7'b1001111;
      4'b0010: {a, b, c, d, e, f, g} = 7'b0010010;
      4'b0011: {a, b, c, d, e, f, g} = 7'b0000110;
      4'b0100: {a, b, c, d, e, f, g} = 7'b1001100;
      4'b0101: {a, b, c, d, e, f, g} = 7'b0100100;
      4'b0110: {a, b, c, d, e, f, g} = 7'b0100000;
      4'b0111: {a, b, c, d, e, f, g} = 7'b0001111;
      4'b1000: {a, b, c, d, e, f, g} = 7'b0000000;
      4'b1001: {a, b, c, d, e, f, g} = 7'b0000100;
      default: {a, b, c, d, e, f, g} = 7'bz;
    endcase
  end
endmodule
```

每一个模块在完成输入后均要进行仿真验证,可通过 Project 菜单下的 Set as Top-level Entity 将待验证的设计文件设置为顶层,然后进行编译,最后通过波形编辑器或 Testbench 进行仿真。

底层模块验证通过后,新建一个顶层文件,通过对这些模块调用来实现模块之间的互联,这是一种层次化的设计方式,既可以通过 Verilog 编程实现,也可以通过图形方式进行。

1. 通过 Verilog 实现层次化设计

这种方式需要在顶层设计文件中对底层模块进行实例化,实例化时信号可以采用位置关联或名字关联方式,详见 2.2 节,模块之间的互联通过定义的 wire 型中间信号完成。

位置关联方式实现代码如下:

```verilog
module vote_led(A,B,C,D,F,a,b,c,d,e,f,g);
input A,B,C,D;
output F,a,b,c,d,e,f,g;
wire [3:0] data;

vote4(A,B,C,D,F,data);
led(data,a,b,c,d,e,f,g);

endmodule
```

名字关联方式实现代码如下：

```verilog
module vote_led(A,B,C,D,F,a,b,c,d,e,f,g);
   input A, B, C, D;
   output F, a, b, c, d, e, f, g;
   wire [3:0] data;

   vote4 vote4_inst (.A(A),.B(B),.C(C),.D(D),.F(F),.N(data));
   led led_inst (.data(data),.a(a),.b(b),.c(c),.d(d),.e(e),.f(f),.g(g));

endmodule
```

在编写底层模块的实例化代码时，除了手动输入外，还可以利用 Quartus 提供的工具自动生成。具体操作如下：打开要实例化的模块代码，在主界面单击 File→Create/Update→Create Verilog Instantiation Template Files for Current File，即可生成实例代码，并自动保存在工程目录下，文件名为"模块名_inst.v"。也可以使用第三方软件，如在 VS Code 中安装 TerosHDL 等插件，利用其提供的模板生成、代码格式化等功能，方便地进行代码编辑。

代码输入后，将 vote_led 模块设置为顶层，对整个工程进行编译，编译通过后按同样方式进行仿真验证，仿真结果如图 3.44 所示。图中 data 为赞同票票数，当票数达到 3 票以上时，表决通过，ledout 信号令驱动数码管显示当前赞同票票数。

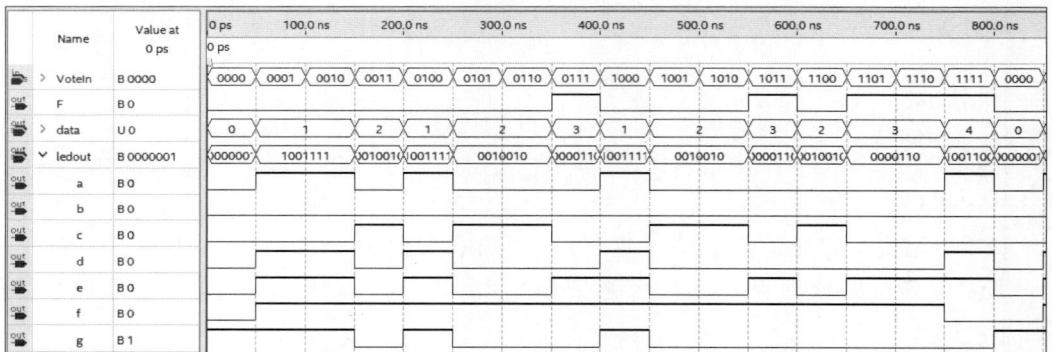

图 3.44　带赞同票数显示的四人表决器仿真结果

2. 通过图形方式实现层次化设计

使用图形方式需要预先将底层模块封装，以产生设计用的模块符号。具体操作是：打开要封装的设计文件，在主界面菜单上单击 File→Create/Update→Create Symbol File for Current File，或者在 Project Navigator 面板里选择"Files"将设计文件列出，选中文件后右击，在菜单中选择 Create Symbol Files for Current File。按上述操作将 vote4.v 和 led.v 文件进行封装，封装后的文件扩展名是".bsf"，与源文件存在同级目录下，并自动在 Symbol 库的 Project 文件夹下添加元件符号，如图 3.45 所示。如果生成的模块用于其他工程，可将.v 和.bsf 文件复制到新工程目录下。

新建一个图形文件，命名并保存，然后将 vote4 和 led 两个自定义模块添加到该图形文件中，定义输入/输出端口并完成连线，最后完成的电路图如图 3.46 所示。由于图形方式下输入/输出引脚大小写不敏感，为了避免和输入引脚名称冲突，图中在输出引脚名称前都加了一个"seg_"。

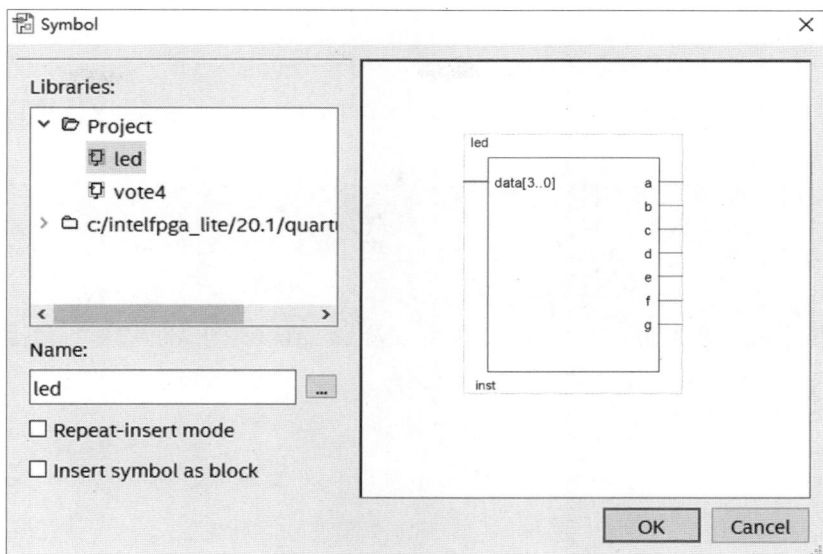

图 3.45　添加元件符号

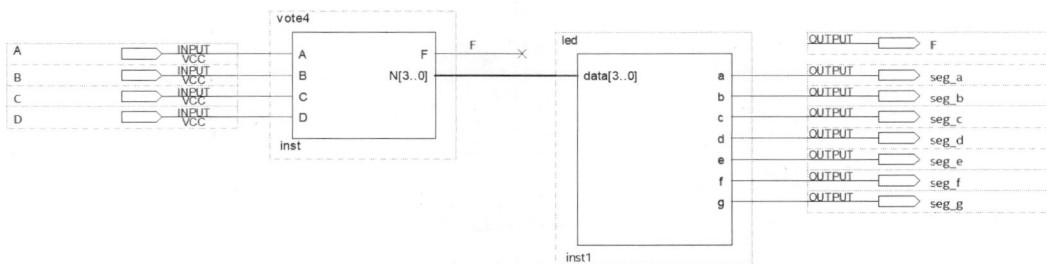

图 3.46　图形方式构成的顶层电路

再次保存文件,编译工程并进行验证。

通过文本或图形方式完成顶层电路设计及验证后,就可以为各输入/输出添加引脚约束,重新编译后将产生的编程文件下载到 FPGA 芯片内进行测试。

至此,本书已经介绍了使用 Quartus 软件进行数字电路设计,读者可在设计过程中逐步去学习软件中的其他功能。

3.4　基于 Vivado 的数字逻辑电路开发流程

3.4.1　创建工程

双击桌面上 Vivado 图标,启动 Vivado 开发环境,弹出的主界面如图 3.47 所示。在主界面 Quick Start 下单击 Create Project 或单击菜单 File→Project→New,弹出"新建工程向导",如图 3.48 所示,该向导将引导用户完成工程的创建。

在"新建工程向导"首页单击 Next 进入下一页,如图 3.49 所示,在这里填写工程名称及存放位置,注意勾选"创建工程子目录"选项。

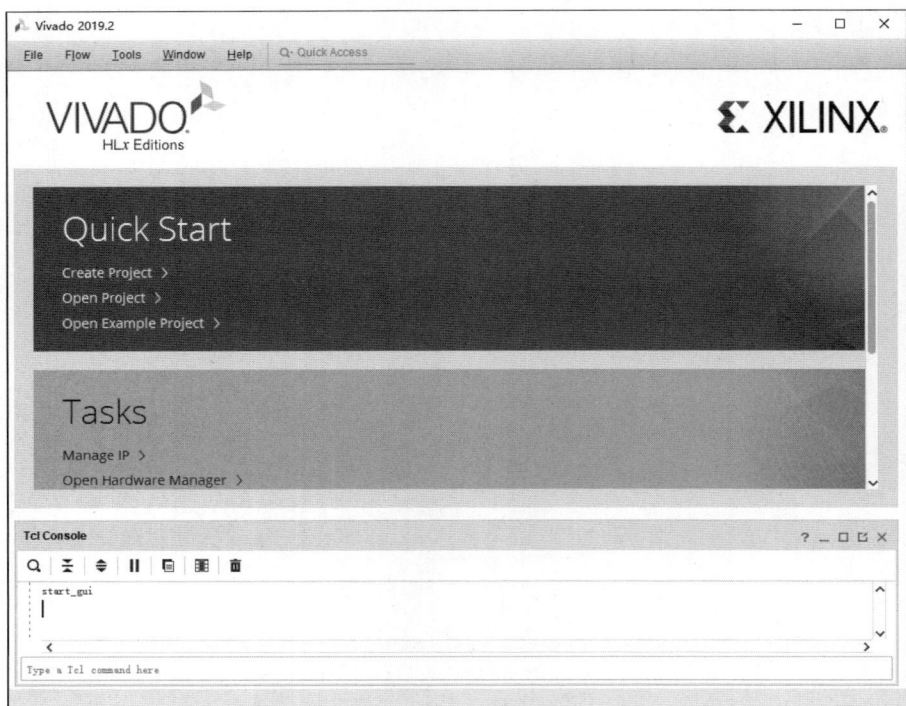

图 3.47 Vivado 主界面

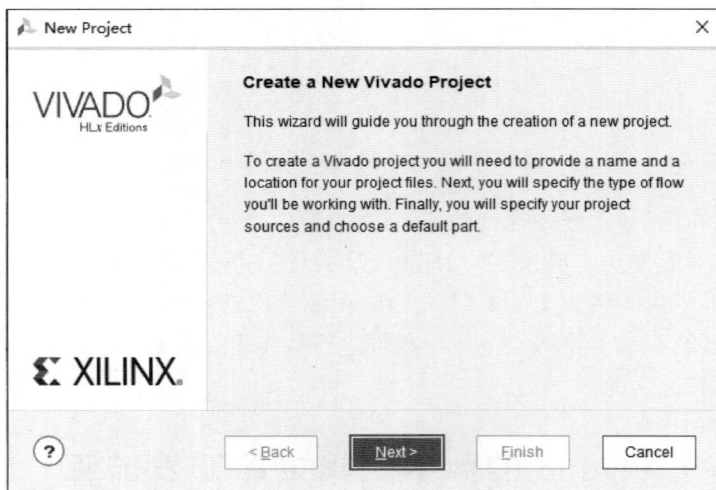

图 3.48 新建工程向导

    填写完成后单击 Next,打开图 3.50 所示界面,从 RTL 工程、已综合工程、I/O 配置工程、导入工程和示例工程五种类型中选择一个来创建工程。这里选择 RTL Project,并勾选 Do not specify sources at this time 选项,该选项表示现在不指定源文件,建完工程后再进行添加。

    设置完工程类型后,单击 Next,打开图 3.51 所示界面,为工程设置器件或开发板,其中

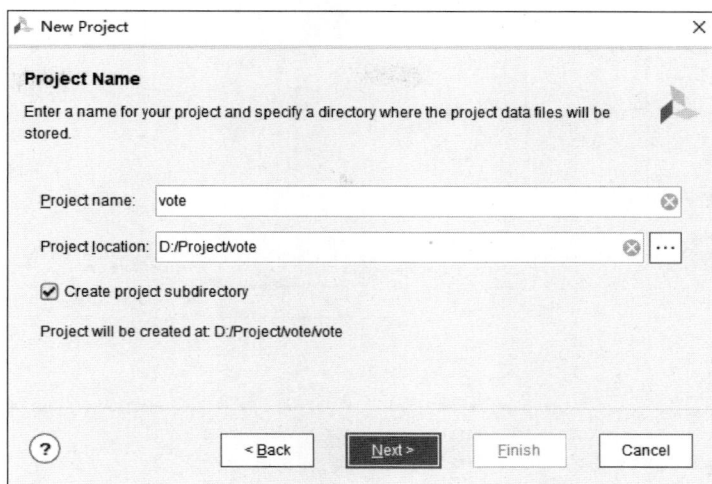

图 3.49　设置工程名称及存放位置

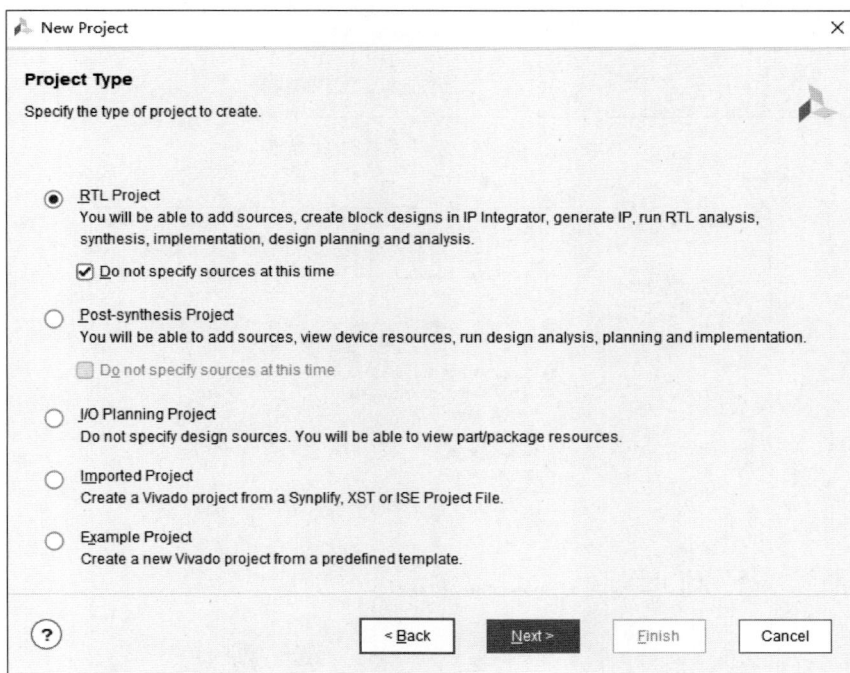

图 3.50　指定工程类型

器件型号可以通过类别、系列、封装、速度等参数进行筛选。设置后,单击 Next 按钮,打开的窗口中显示了新建工程的概要信息,如图 3.52 所示。核对信息,检查各项内容是否符合要求,如需修改,单击 Back 按钮返回相应界面去修改,确认无误后单击 Finish 按钮,完成工程创建并关闭"新建工程向导",随后弹出如图 3.53 所示主界面。

　　主界面左侧的 Flow Navigator 面板显示了该软件的工作流程,顺序为设计、仿真、综合、实现和下载,其中带箭头的操作是主要的运行命令,每个命令执行时依赖前面流程产生

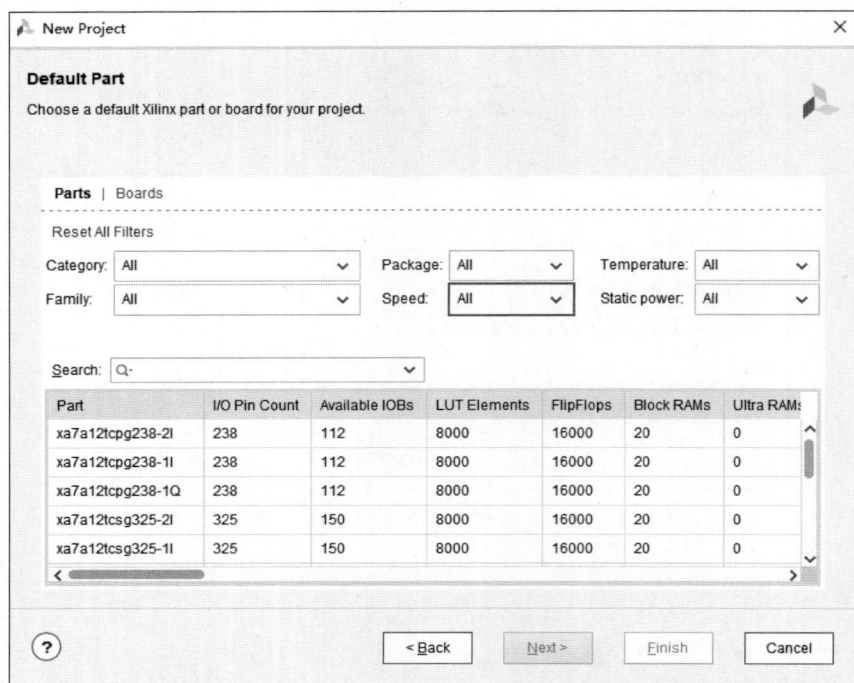

图 3.51　器件或开发板选择界面

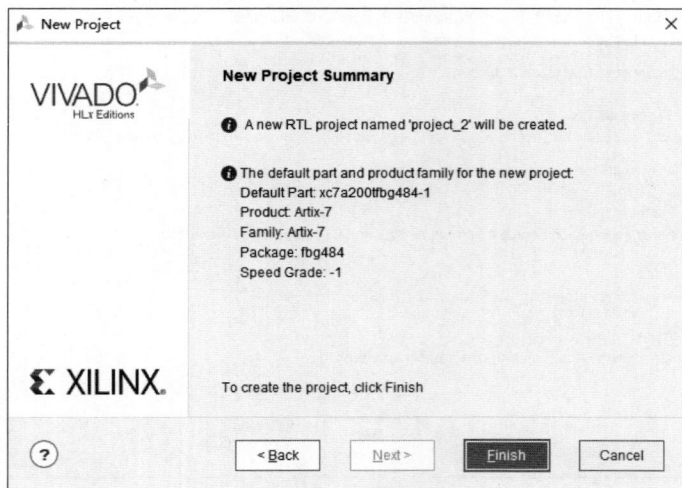

图 3.52　新建工程概要信息

的结果,因此单击后会按序执行其上方的所有命令,再执行当前命令,如单击 Generate Bitstream,先执行综合、实现两个流程,再生成比特流。设计时,如果某一流程改动不大,可以直接单击最后一步命令。

3.4.2　添加设计文件

展开主界面左侧 Flow Navigator 面板内的 Project Manager 项,单击 Add Sources,弹

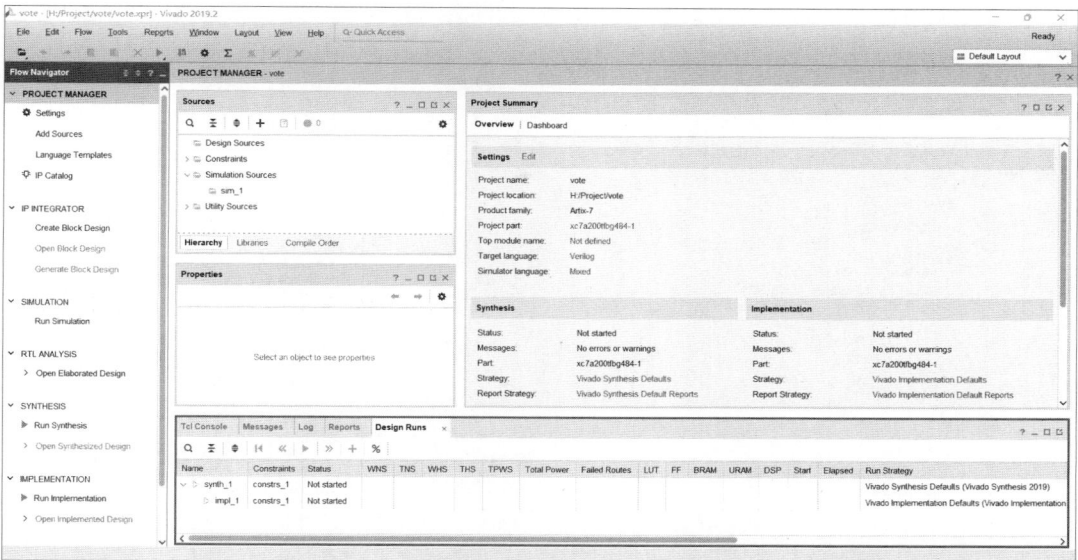

图 3.53　Vivado 主界面

出"添加源文件向导"窗口,如图 3.54 所示,可以通过单击单选框选择待添加或创建的源文件的类型,图中从上到下依次是约束文件、设计文件和仿真文件。

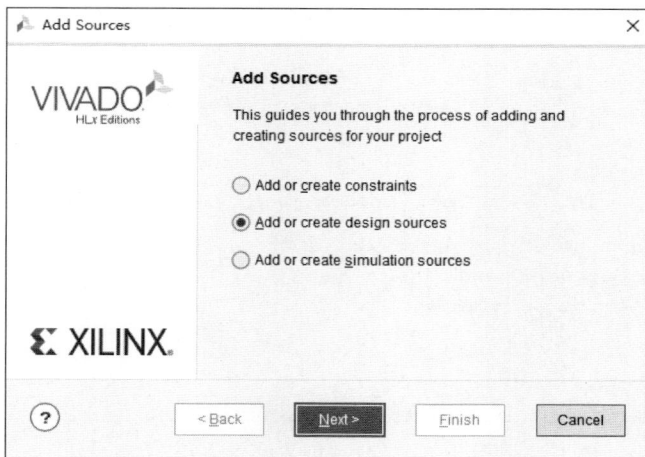

图 3.54　添加设计文件向导

　　工程建立后先要创建设计文件,因此选择 Add or create design sources,单击 Next 按钮,弹出如图 3.55 所示界面,这里可以添加多种类型文件,如 HDL 文件、网表文件、原理图文件等,以及包含这些文件的目录。此外,也可以创建新的设计文件。这里,选择创建一个新的文件。单击对话框中的+,选择 Create File 或直接单击 Create File 按钮,打开"创建源文件"窗口,如图 3.56 所示。在对话框中选择文件类型并填写文件名称,此处创建一个名为 vote4.v 的 Verilog 文件,文件存放位置默认为当前工程路径,不用修改。单击 OK 按钮后,设计文件即被创建并添加到工程中,如图 3.57 所示。

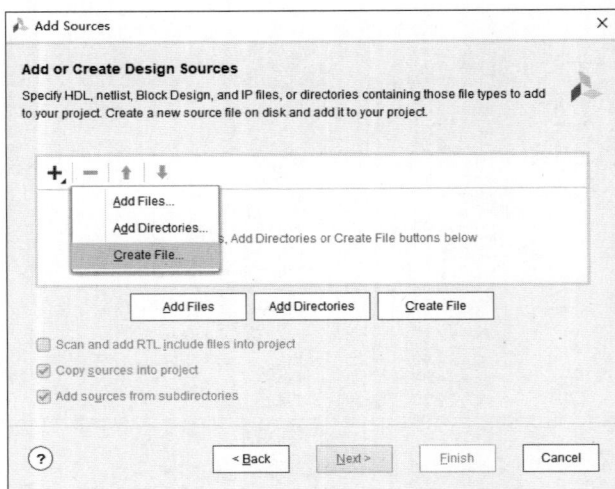

图 3.55　添加或创建设计文件

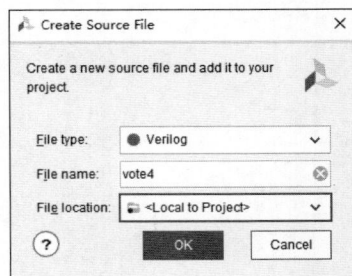

图 3.56　创建设计源文件

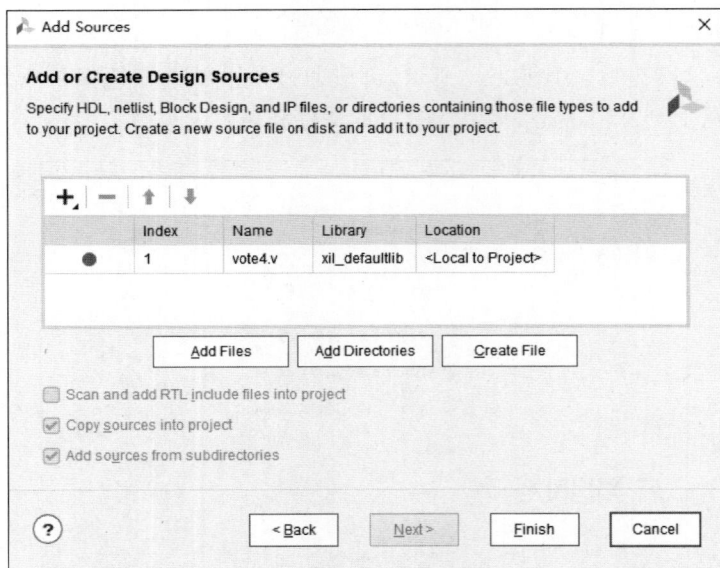

图 3.57　添加或创建设计源文件

　　单击 Finish 按钮,弹出图 3.58 所示的"模块定义对话框",这里可以定义新建设计文件的模块名和输入/输出端口,如果设计者更偏好在代码中去定义,可单击 OK 按钮跳过这一步,在弹出的模块定义提示框中单击 Yes 按钮,完成新建设计文件。

　　此时,Sources 窗口的 Design Sources 文件夹下出现新建立的文件,双击文件名 vote4.v 自动打开文本编辑器;接下来,在编辑区内完成四人表决器 Verilog HDL 代码的输入。这里选择行为方式描述的 vote4_1 代码,输入完成后界面窗口如图 3.59 所示。如果输入的代码有错,文本编辑区右侧会有错误提示,同时出错的代码下标注红色的波浪线,可根据提示对代码进行修改,直到不再产生错误提示,最后将设计文件保存。

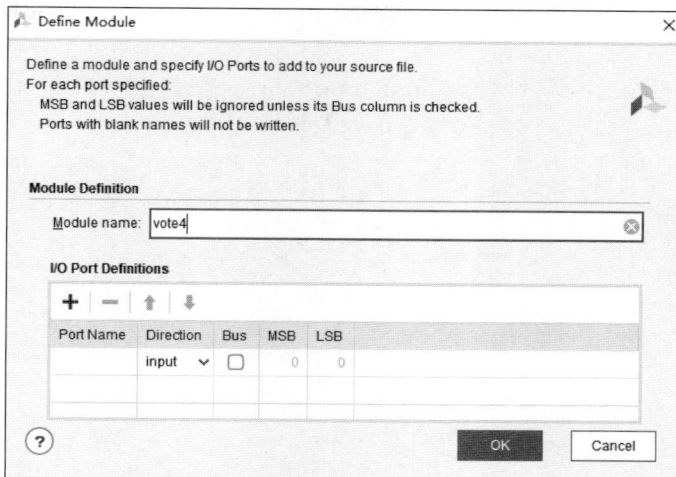

图 3.58 定义模块对话框

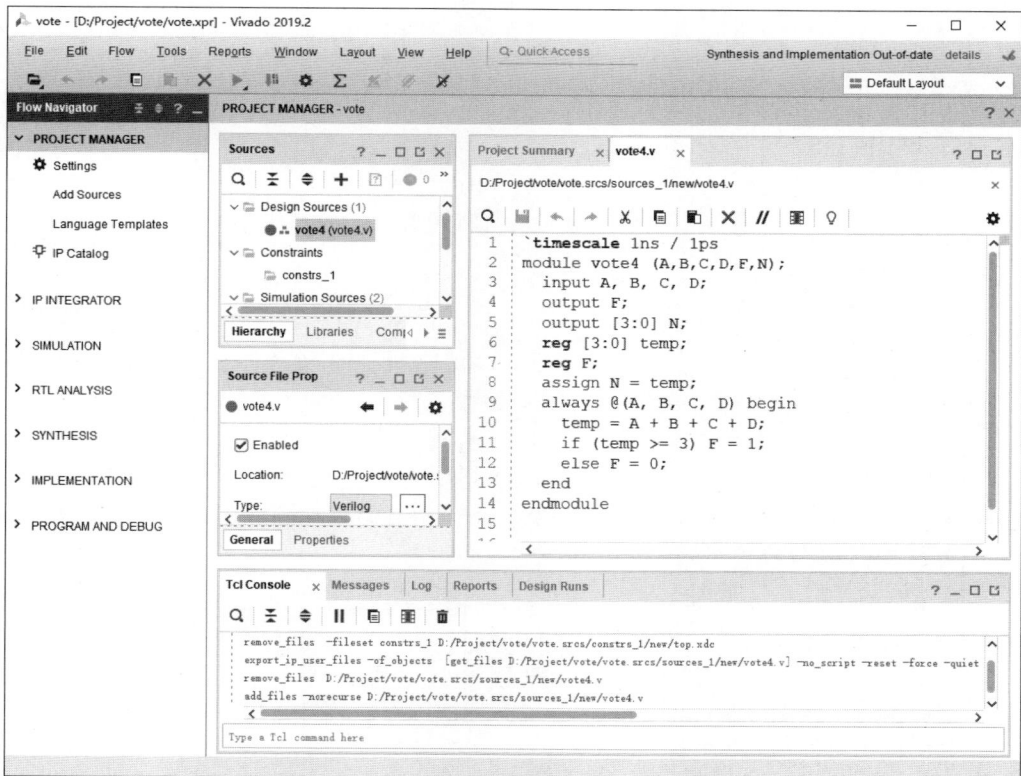

图 3.59 Vivado 源文件编辑窗口

3.4.3 仿真

展开主界面左侧 Flow Navigator 面板内的 Project Manager 项,单击 Add Sources,弹出"添加源文件向导",如图 3.54 所示,选择 Add or create simulation sources,单击 Next 按

钮,按窗口指示创建仿真文件,文件名设为 vote_sim.v,操作步骤同添加设计文件类似,这里不再赘述。

添加完成后,Sources 窗口内的 Simulation Sources 文件夹下出现新建的仿真文件,双击 vote_sim.v 文件,在打开的文本编辑器内输入以下代码。

```verilog
`timescale 1ns / 1ps

module vote_sim ();
  reg  A;
  reg  B;
  reg  C;
  reg  D;
  wire F;

  vote4 u1 (
      .A(A),
      .B(B),
      .C(C),
      .D(D),
      .F(F)
  );

  initial begin
    {A, B, C, D} = 4'b0;
    #1000 $stop;
  end

  always begin
    #50{A, B, C, D} = {A, B, C, D} + 1;
  end

endmodule
```

展开主界面左侧 Flow Navigator 面板内的 Simulation 项,单击 Run Simulation→Run Behavioral Simulation 进行行为仿真(或功能仿真),仿真结果如图 3.60 所示。

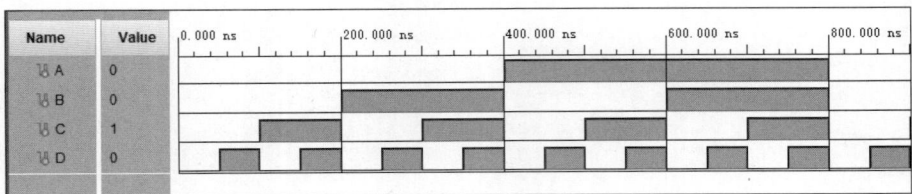

图 3.60　仿真结果

3.4.4　综合

展开主界面左侧 Flow Navigator 面板内的 Synthesis 项,单击 Run Synthesis 进行综合。综合完成后弹出如图 3.61 所示对话框,选择 Open Synthesized Design,单击 OK 按钮,打开综合后的设计。

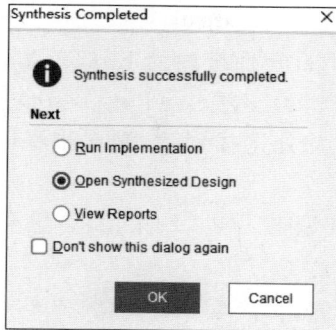

图 3.61 综合完成对话框

在 Flow Navigator 面板内，单击 RTL Analysis→Open Elaborated Design→Schematic，可以查看 RTL 级电路，如图 3.62 所示，vote4_1 代码经解析后由 3 个加法器和 1 个比较器构成。单击 Synthesis→Open Synthesized Design→Schematic 可以查看综合后的电路图，如图 3.63 所示，最终这个 4 输入 1 输出的电路所实现的功能映射到 FPGA 内部的 1 个 4 输入查找表上。

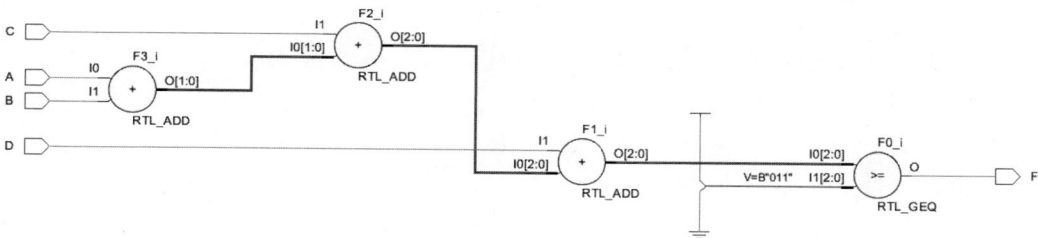

图 3.62 四人表决器 RTL 级电路

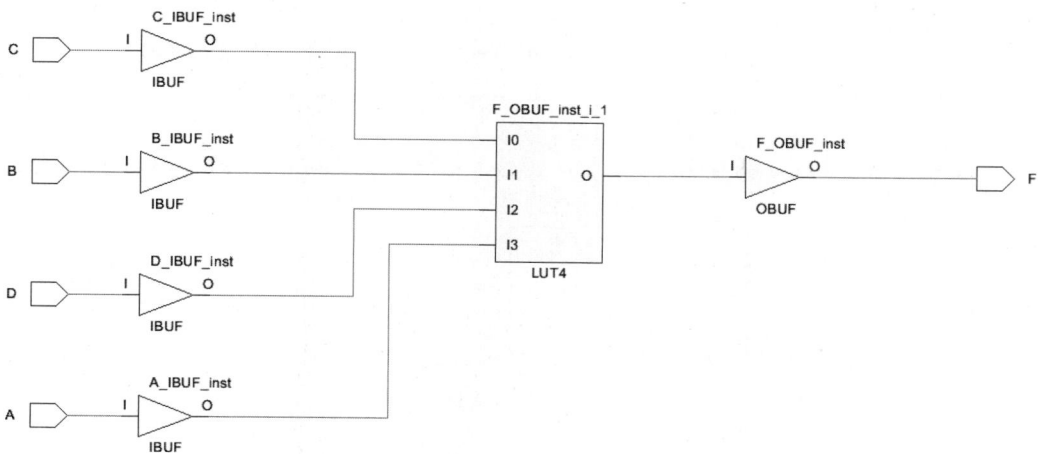

图 3.63 四人表决器综合后电路

综合完成后，如果还需要执行后续的实现和下载步骤，就必须为工程添加引脚约束，Vivado 中有两种引脚分配方式，分别是文本方式和窗口方式。

1. 文本方式

展开主界面左侧 Flow Navigator 面板内的 Project Manager 项，单击 Add Sources，弹出"添加源文件向导"，如图 3.54 所示，选择 Add or create constraints，单击 Next 按钮，按窗口指示可添加或创建约束文件，此处选择创建，操作步骤同添加设计文件类似，这里不再赘述。

创建完成后，打开该文件，在编辑区输入约束信息，主要包括管脚信息和 I/O 口电平标准。模板如下：

```
set_property PACKAGE_PIN D19 [get_ports A]
set_property PACKAGE_PIN D20 [get_ports B]
set_property PACKAGE_PIN L20 [get_ports C]
set_property PACKAGE_PIN L19 [get_ports D]
set_property PACKAGE_PIN R14 [get_ports F]

set_property IOSTANDARD LVCMOS33 [get_ports A]
set_property IOSTANDARD LVCMOS33 [get_ports B]
set_property IOSTANDARD LVCMOS33 [get_ports C]
set_property IOSTANDARD LVCMOS33 [get_ports D]
set_property IOSTANDARD LVCMOS33 [get_ports F]

#也可以将引脚和电平标准合在一条语句中，如下所示；#用来注释语句
# set_property -dict {PACKAGE_PIN D19 IOSTANDARD LVCMOS33} [get_ports A]
```

注意：配置的引脚号 D19、D20、L20、L19、R14 为示例，需要根据所用平台进行修改。

2. 窗口方式

展开主界面左侧 Flow Navigator 面板内的 Synthesis 项，单击 Open Synthesized Design，打开综合设计，单击工具栏中的 I/O Ports 或直接单击菜单 Window→I/O Ports，在端口列表的 Package Pin 一栏中输入引脚编号，在 I/O Std 一栏中根据需要设置 I/O 电平标准，如图 3.64 所示，输入完成后须保存配置信息，Vivado 提供文件方式保存，文件扩展名为.xdc，以后如果需要更改引脚信息，除在窗口中修改外，还可在文件内进行编辑。

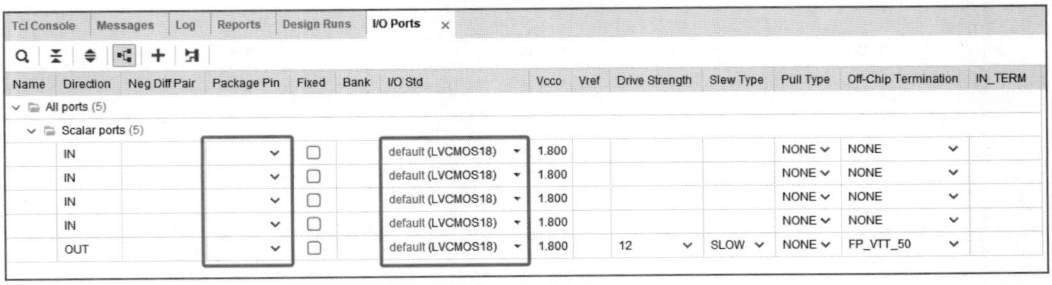

图 3.64 窗口方式配置引脚

3.4.5 实现

展开主界面左侧 Flow Navigator 面板内的 Implementation 项，单击 Run Implementation 执行实现，成功完成后弹出如图 3.65 所示对话框，可选择打开实现后的设计、生成比特流或查看报告，单击 OK 按钮关闭对话框。

3.4.6　编程下载

展开主界面左侧 Flow Navigator 面板内的 Program and Debug 项，单击 Generate Bitstream 等待生成比特流，成功后弹出如图 3.66 所示对话框，可选择查看报告、打开硬件管理器或生成存储器配置文件，单击 OK 按钮关闭对话框。

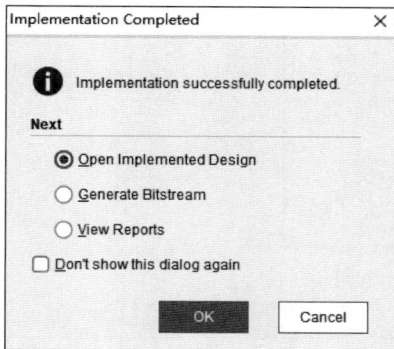

图 3.65　成功实现

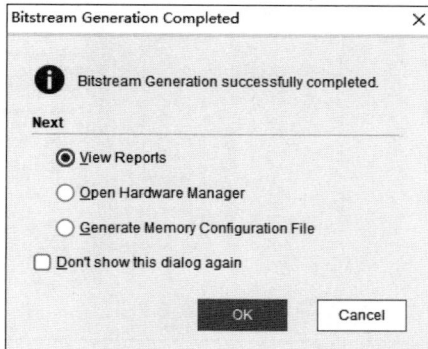

图 3.66　成功生成比特流

连接目标设备并上电，如上一步未打开硬件管理器，可展开主界面左侧 Flow Navigator 面板内的 Program and Debug 项，单击 Open Hardware Manager 下的 Open Target，选择 Auto Connect 自动连接目标设备。也可以选择手动添加设备，单击 Open New Target，按照向导提示完成新目标设备的添加。

设备连接成功后，单击 Open Hardware Manager 下的 Program Device，目标设备显示在设备列表里，移动鼠标选择目标设备后，弹出"器件编程"窗口。Bitstream file 编辑框中已填入比特流文件，可选择更换，确认后单击 Program 执行设备编程。

下载成功后，在目标设备上可观察运行结果，拨动开关或按键，LED 灯会根据表决结果点亮或熄灭。

3.4.7　层次化设计

下面在四人表决器电路基础上，增加赞同票数显示的功能，通过这个双模块电路的实现，学习基于 Vivado 软件的层次化设计过程。

1. 通过 Verilog 实现层次化设计

首先，新建设计文件 led.v 和 vote_led.v 文件，并修改 vote4.v 代码，完整代码可参考 3.3.7 节，输入完成后将 vote_led.v 文件设置为顶层。然后，新建仿真文件 led_sim.v 和 vote_led_sim.v，用于对 led 模块和 vote_led 模块仿真。工程中的文件结构如图 3.67 所示。

仿真时，如果工程中存在多个仿真文件，需要将待仿真的文件设置成顶层后再进行仿真，操作是右击该文件，选择 Set as Top 即可。图 3.68 是对 vote_led_sim.v 执行仿真后的波形图，仿真结果符合设计要求。

验证通过后，就可以为输入/输出端口添加引脚约束，然后执行综合、实现及下载。

2. 通过图形方式实现层次化设计

展开主界面左侧 Flow Navigator 面板内的 IP Integrator 项，单击 Create Block Design

图 3.67　工程中的文件结构

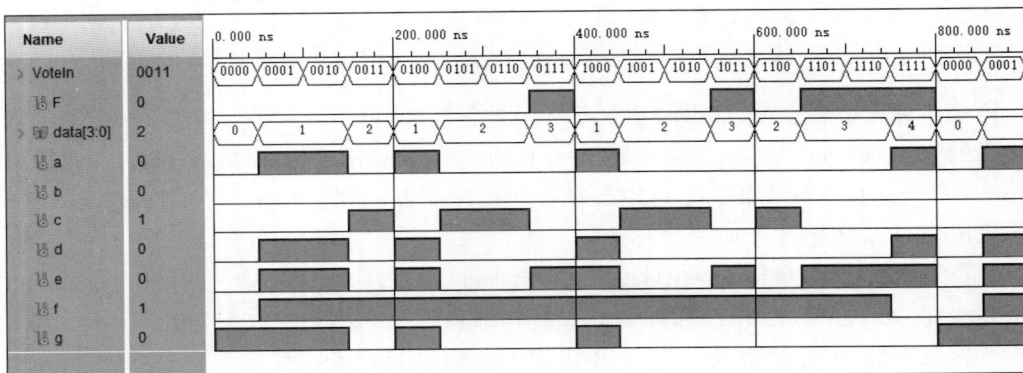

图 3.68　带赞同票数显示的四人表决器仿真结果

命令,创建一个扩展名为".bd"的图形设计文件。该图形文件相当于一个容器,可以通过添加 IP 或添加模块的方式把已有的设计添加进来,并通过连线实现互联,最终以图形的方式将电路结构呈现出来。

添加 IP 时,可以单击工具栏上的"＋",在弹出的 IP 库窗口中选择或搜索要添加的 IP,库中已包含了官方提供的各种 IP,可根据需要添加。此外,也可以将自己设计的模块封装成 IP 再进行添加,这需要通过 Tools 下的 Create and Package New IP 工具完成,这种方式适合功能相对复杂的模块,且操作过程相对烦琐,这里不推荐使用,读者可自行查阅资料。

添加模块的方式比较方便,只需在 Design Sources 下找到要添加的模块,右击选择 Add Module to Block Design 就可将已设计的模块添加到设计文件中,添加完成后如图 3.69 所示。

剩下的操作就是将输入/输出端口引出,并完成内部信号的连接。内部信号连接只需将鼠标放在要连接的信号端口上,当出现一个笔状的符号时,通过拖曳就可以完成连接。引出输入/输出端口的操作如下:用鼠标选中要引出的端口,右击选择 Make External 或 Create Port,对端口进行命名即可。最终设计完成的电路如图 3.70 所示。

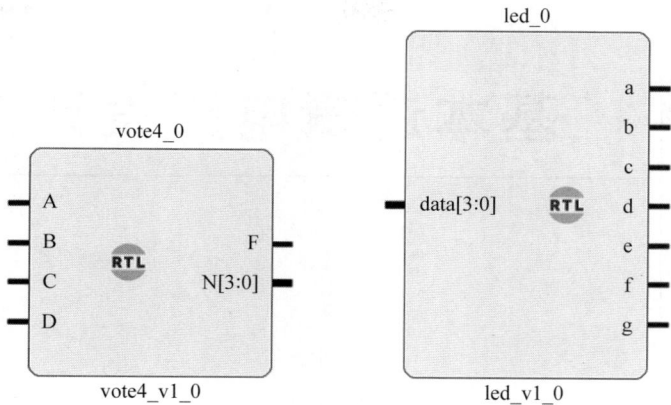

图 3.69　在图形文件中添加模块

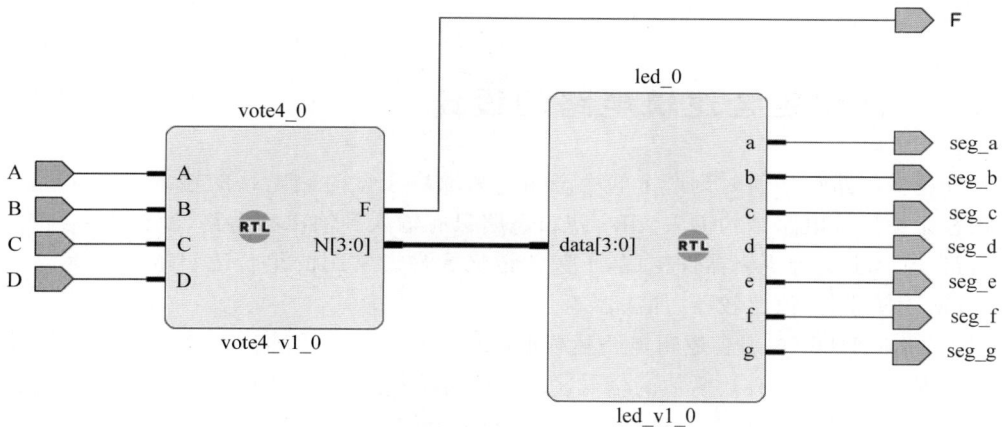

图 3.70　图形方式构成的顶层电路

图形文件设计完成之后,单击 Tools→Validate Design,检查图形设计是否有错误。如果报错,可根据提示进行修改,如果没有错误会弹出一个消息框,单击 OK 按钮将其关闭即可。

在 Sources 窗口选中该图形文件,右击并选择 Create HDL Wrapper,在打开的对话框中选择第二项"Let Vivado manage Wrapper and auto-update",表示让 Vivado 管理 wrapper 并自动更新。单击 OK,生成一个 HDL 文件,文件中代码包含了对图形文件的实例化调用,将该文件设置为顶层。之后就可以参考前面介绍的步骤,对设计文件进行仿真、综合、实现及下载了。

至此,本书已经完全介绍了使用 Vivado 软件进行数字电路设计,读者可在设计过程中逐步去学习软件中的其他功能。

第 4 章

CHAPTER 4

基本逻辑电路设计实例

数字电路按照其逻辑特性和结构可以分为组合逻辑电路和时序逻辑电路。本章通过实例，介绍基本组合逻辑电路和时序逻辑电路的特点及 Verilog 实现，并重点介绍状态机理论。

4.1 常用组合逻辑电路的设计

组合逻辑电路在任何时刻产生的稳态输出只取决于该时刻电路的输入状态，与电路原来的状态无关。从电路结构上看，组合逻辑电路只有输入到输出的通路，没有输出到输入的反馈回路，电路由组合逻辑器件构成，不包含记忆元件。常用的组合逻辑电路有编码器、译码器、数据选择器、数值比较器、加法器等。

用 Verilog HDL 对组合逻辑电路建模时，always 语句的敏感信号必须由电平触发，且敏感信号列表要包含所有被赋值的信号。always 语句内一般采用阻塞赋值。另外，也可以使用 assign 语句对 wire 型变量进行赋值，综合后结果也是组合逻辑电路。

4.1.1 编码器

数字系统中一般用二进制表示存储或处理的信息，并按照一定的规律对二进制码进行编排，使每组代码具有特定的含义，这个过程称为编码。具有编码功能的逻辑电路称为编码器。编码器分为普通编码器和优先编码器。普通编码器任何时刻只允许一个输入信号有效，如果出现多个输入信号同时有效，输出将出现错误。优先编码器允许多个输入信号同时有效，输出只对优先级最高的输入信号进行编码。

优先编码器可以通过对普通编码器进行改造来实现，即在普通编码器基础上增加一个优先权处理逻辑。当有多个输入信号有效时，优先权处理逻辑会选择优先权最高的输入信号作为普通编码器的输入信号，从而保证普通编码器在同一时刻只有一个输入信号有效。

这里以 8-3 线优先编码器为例进行说明，该编码器逻辑符号如图 4.1 所示。其中，EI 为选通输入端，低电平有效。EO 为选通输出端，低电平有效，与另一编码器 EI 端相连可拓展出更多位数的优先编码器。

图 4.1 8-3 线优先编码器逻辑符号

如果高优先位的编码器无输入时,其 EO 端输出为低电平,这样优先位编码器的 EI 端使能,从而进入工作状态;反之,高优先位编码器有输入时,EO 端输出高电平,低优先位编码器不工作。GS 为编码输出有效信号,低电平有效,表示输入端有输入。$I_7 \sim I_0$ 为编码输入端,低电平有效,I_7 优先级最高。$A_2 \sim A_0$ 为编码输出端,低电平有效。

8-3 线优先编码器的功能如表 4.1 所示。

表 4.1　8-3 线优先编码器的功能

输　　入									输　　出				
EI	I_7	I_6	I_5	I_4	I_3	I_2	I_1	I_0	A_2	A_1	A_0	GS	EO
1	×	×	×	×	×	×	×	×	1	1	1	1	1
0	1	1	1	1	1	1	1	1	1	1	1	1	0
0	0	×	×	×	×	×	×	×	0	0	0	0	1
0	1	0	×	×	×	×	×	×	0	0	1	0	1
0	1	1	0	×	×	×	×	×	0	1	0	0	1
0	1	1	1	0	×	×	×	×	0	1	1	0	1
0	1	1	1	1	0	×	×	×	1	0	0	0	1
0	1	1	1	1	1	0	×	×	1	0	1	0	1
0	1	1	1	1	1	1	0	×	1	1	0	0	1
0	1	1	1	1	1	1	1	0	1	1	1	0	1

用 Verilog HDL 语言实现 8-3 线优先编码器,代码如下:

```verilog
module encoder83a (ei, i, a, gs, eo);
  input ei;
  input [7:0] i;
  output [2:0] a;
  output gs, eo;
  reg [2:0] a;
  reg gs, eo;

  always @ (ei or i) begin
    if (ei == 0) begin
      if (i[7] == 0) {gs, eo, a} = 5'b01000;
      else if (i[6] == 0) {gs, eo, a} = 5'b01001;
      else if (i[5] == 0) {gs, eo, a} = 5'b01010;
      else if (i[4] == 0) {gs, eo, a} = 5'b01011;
      else if (i[3] == 0) {gs, eo, a} = 5'b01100;
      else if (i[2] == 0) {gs, eo, a} = 5'b01101;
      else if (i[1] == 0) {gs, eo, a} = 5'b01110;
      else if (i[0] == 0) {gs, eo, a} = 5'b01111;
      else {gs, eo, a} = 5'b10111;
    end else {gs, eo, a} = 5'b11111;
  end
endmodule
```

仿真结果如图 4.2 所示。

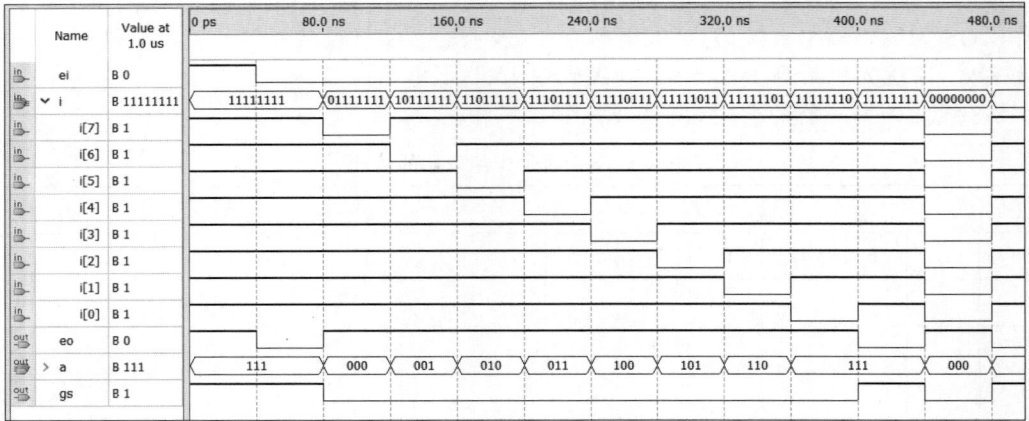

图 4.2　8-3 线优先编码器仿真结果

4.1.2　译码器

译码是将具有特定含义的编码转换成有效电平信号后输出,是编码的逆过程。具有译码功能的逻辑电路称为译码器。译码器分为两种,一种是二进制译码器,即将二进制代码转换成与之一一对应的有效信号,可用于对存储器单元地址译码的类似场合;另一种是代码转换器,即将一种代码转换成另外一种代码,例如,BCD-七段显示译码器就是将 BCD 码转换

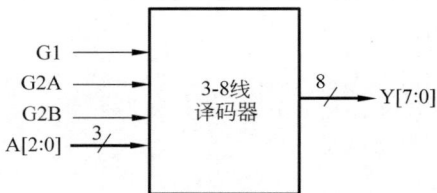

图 4.3　3-8 译码器逻辑符号

成七段码进行显示的。这里以 3-8 译码器为例介绍译码器的设计与实现过程。

3-8 译码器是一个将输入的 3 位二进制代码转换成 8 位输出的逻辑电路,其逻辑符号如图 4.3 所示。其中 G1 为控制信号,高有效;G2A、G2B 为控制信号,低有效;A 为 3 位二进制输入信号;Y 为 8位输出信号,同一时刻只有一位输出有效。

3-8 译码器功能如表 4.2 所示。

表 4.2　3-8 译码器功能

输　　　入						输　　　出							
G1	G2A	G2B	A_2	A_1	A_0	Y_7	Y_6	Y_5	Y_4	Y_3	Y_2	Y_1	Y_0
0	×	×	×	×	×	1	1	1	1	1	1	1	1
×	1	×	×	×	×	1	1	1	1	1	1	1	1
×	×	1	×	×	×	1	1	1	1	1	1	1	1
1	0	0	0	0	0	1	1	1	1	1	1	1	0
1	0	0	0	0	1	1	1	1	1	1	1	0	1
1	0	0	0	1	0	1	1	1	1	1	0	1	1
1	0	0	0	1	1	1	1	1	1	0	1	1	1

续表

输　　　入						输　　　出							
G1	G2A	G2B	A_2	A_1	A_0	Y_7	Y_6	Y_5	Y_4	Y_3	Y_2	Y_1	Y_0
1	0	0	1	0	0	1	1	1	0	1	1	1	1
1	0	0	1	0	1	1	1	0	1	1	1	1	1
1	0	0	1	1	0	1	0	1	1	1	1	1	1
1	0	0	1	1	1	0	1	1	1	1	1	1	1

用 Verilog HDL 语言实现 3-8 译码器,代码如下:

```verilog
module decoder3_8 (G1,G2A,G2B,A,Y);
  input G1, G2A, G2B;
  input [2:0] A;
  output [7:0] Y;
  reg [7:0] Y;

  always @ (G1 or G2A or G2B or A) begin
    if ({G1, G2A, G2B} == 3'b100)
      case (A)
        3'b000:   Y = 8'b11111110;
        3'b001:   Y = 8'b11111101;
        3'b010:   Y = 8'b11111011;
        3'b011:   Y = 8'b11110111;
        3'b100:   Y = 8'b11101111;
        3'b101:   Y = 8'b11011111;
        3'b110:   Y = 8'b10111111;
        3'b111:   Y = 8'b01111111;
        default: Y = 8'b11111111;
      endcase
    else Y = 8'b11111111;
  end
endmodule
```

仿真结果如图 4.4 所示。

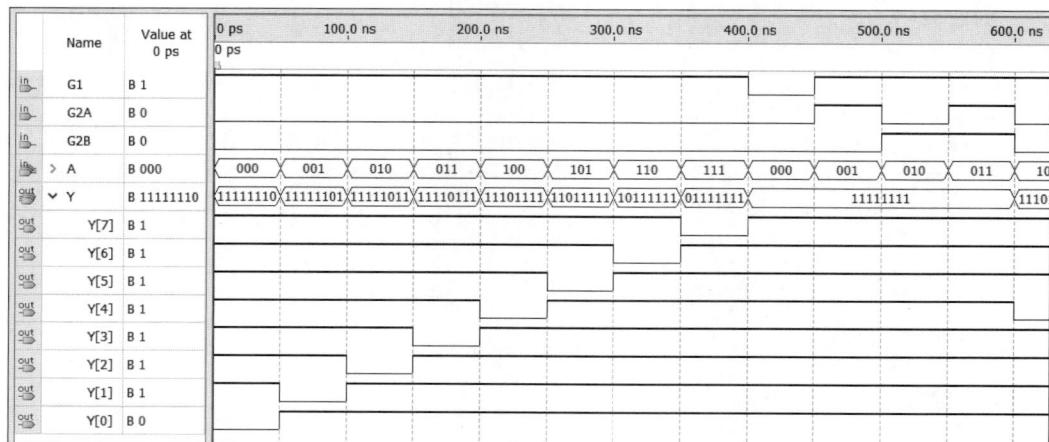

图 4.4　3-8 译码器仿真结果

4.1.3　数据选择器

在数字系统中,从多个输入通道中选择一路输出的过程叫作数据选择。实现数据选择功能的逻辑电路称为数据选择器。这里以1位四选一数据选择器为例介绍其实现过程。

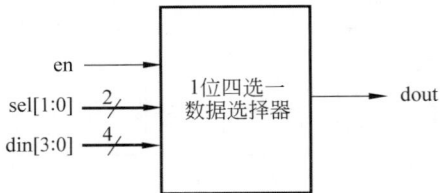

图 4.5　1 位四选一数据选择器逻辑符号

1位四选一数据选择器表示从 4 路数据中选择 1 路进行输出的选择器,每路输入的位宽为 1,其逻辑符号如图 4.5 所示。其中,en 为使能信号,高有效;sel 为选择信号,表示选择哪一路输出;din 为 4 路输入信号;输出信号 dout 表示选出的一路信号。

1 位四选一数据选择器的功能如表 4.3 所示。

表 4.3　1 位四选一数据选择器的功能

输　　入							输　　出
en	sel[1]	sel[0]	din[3]	din[2]	din[1]	din[0]	dout
0	×	×	din[3]	din[2]	din[1]	din[0]	Z
1	0	0	din[3]	din[2]	din[1]	din[0]	din[0]
1	0	1	din[3]	din[2]	din[1]	din[0]	din[1]
1	1	0	din[3]	din[2]	din[1]	din[0]	din[2]
1	1	1	din[3]	din[2]	din[1]	din[0]	din[3]

用 Verilog HDL 语言实现 1 位四选一数据选择器,代码如下:

```verilog
module datasel4_1 (en,sel,din,dout);
  input en;
  input [1:0] sel;
  input [3:0] din;
  output dout;
  reg dout;

  always @(en or sel or din) begin
    if (en)
      case (sel)
        2'b00:   dout = din[0];
        2'b01:   dout = din[1];
        2'b10:   dout = din[2];
        2'b11:   dout = din[3];
        default: dout = 1'bz;
      endcase
    else dout = 1'bz;
  end
endmodule
```

1 位四选一数据选择器仿真结果如图 4.6 所示。

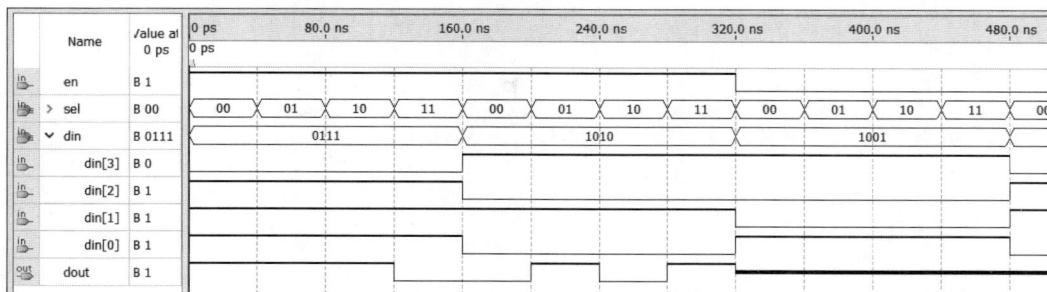

图 4.6　1 位四选一数据选择器仿真结果

4.1.4　数值比较器

在数字系统中,数值比较器是用于比较两个数大小的逻辑电路。进行比较的两个数位宽相同,可以是一位的,也可以是多位的,比较结果有大于、等于和小于三种情况,对应有三个输出,但只有一个输出为真。常用的数值比较器有 4 位数值比较器和 8 位数值比较器。这里以 4 位数值比较器为例介绍其实现方法。

图 4.7　4 位数值比较器逻辑符号

4 位数值比较器用于位宽为 4 的两个数数值大小的比较,其逻辑符号如图 4.7 所示,其中,输入信号 A、B 为待比较的两个 4 位数,输出 F 为比较结果。

4 位数值比较器的功能如表 4.4 所示,输出 F 从高到低分别表示大于、小于、等于。

表 4.4　4 位数值比较器的功能

比 较 输 入				输　　出		
A[3]　B[3]	A[2]　B[2]	A[1]　B[1]	A[0]　B[0]	F[2]	F[1]	F[0]
A[3]>B[3]	×	×	×	1	0	0
A[3]<B[3]	×	×	×	0	1	0
A[3]=B[3]	A[2]>B[2]	×	×	1	0	0
A[3]=B[3]	A[2]<B[2]	×	×	0	1	0
A[3]=B[3]	A[2]=B[2]	A[1]>B[1]	×	1	0	0
A[3]=B[3]	A[2]=B[2]	A[1]<B[1]	×	0	1	0
A[3]=B[3]	A[2]=B[2]	A[1]=B[1]	A[0]>B[0]	1	0	0
A[3]=B[3]	A[2]=B[2]	A[1]=B[1]	A[0]<B[0]	0	1	0
A[3]=B[3]	A[2]=B[2]	A[1]=B[1]	A[0]=B[0]	0	0	1

用 Verilog HDL 语言实现 4 位数值比较器,代码如下:

```verilog
module datacomp_4 (A,B,F);
  input [3:0] A, B;
  output [2:0] F;
  reg [2:0] F;

  always @ (A, B) begin
    if (A > B)
        F = 3'b100;
    else if (A < B)
        F = 3'b010;
    else if (A == B)
        F = 3'b001;
  end

endmodule
```

4 位数值比较器仿真结果如图 4.8 所示。

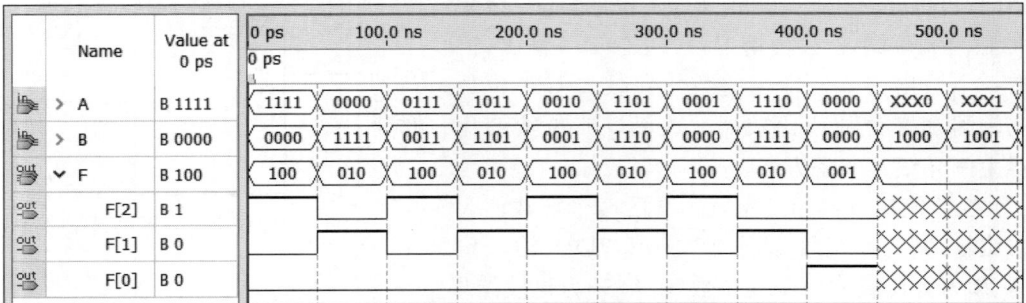

	Name	Value at 0 ps	0 ps	100.0 ns	200.0 ns	300.0 ns	400.0 ns	500.0 ns
in >	A	B 1111	1111 0000 0111 1011	0010 1101 0001	1110 0000	XXX0 XXX1		
in >	B	B 0000	0000 1111 0011 1101	0001 1110 0000	1111 0000	1000 1001		
out ∨	F	B 100	100 010 100 010	100 010 100	010 001			
out	F[2]	B 1						
out	F[1]	B 0						
out	F[0]	B 0						

图 4.8 4 位数值比较器仿真结果

4.1.5　加法器

加法器是用于执行加法运算的功能部件,是数字系统中最基本的逻辑器件。只考虑两个加数而不考虑低位进位的加法器称为半加器(Half Adder,HA)。既考虑两个加数又考虑低位进位的加法器称为全加器(Full Adder,FA)。加法器根据进位方式又分为串行进位加法器和超前进位加法器。这里以 1 位全加器为例介绍加法器的设计和实现。

1 位全加器的逻辑符号如图 4.9 所示。其中,输入信号 A、B 为进行加法运算的两个 1 位数据,输入信号 CI 为前级进位;输出信号 F 为运算结果,输出信号 CO 为产生的向高位的进位。

图 4.9 1 位全加器的逻辑符号

1 位全加器功能如表 4.5 所示。

表 4.5　1 位全加器功能

输　　入			输　　出	
A	B	CI	F	CO
0	0	0	0	0
0	0	1	1	1
1	0	0	1	0
1	0	1	0	1
0	1	0	1	0
0	1	1	0	1
1	1	0	0	1
1	1	1	1	1

用 Verilog HDL 语言实现 1 位全加器,代码如下:

```
module fulladder_1 (a, b, ci, f, co);
   input a, b, ci;
   output f, co;
   reg f, co;

   always @(a, b, ci) begin
     {co, f} = a + b + ci;
   end

endmodule
```

1 位全加器仿真结果如图 4.10 所示。

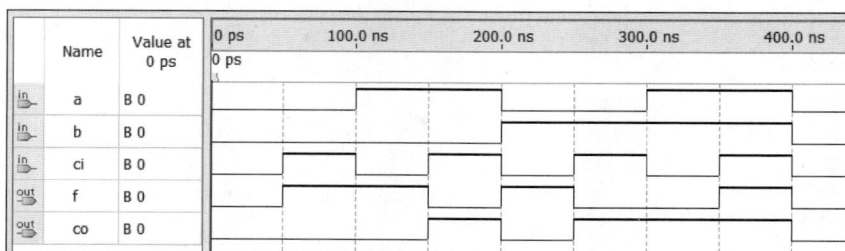

图 4.10　1 位全加器仿真结果

4.2　常用时序逻辑电路的设计

时序逻辑电路在任一时刻的输出信号不仅与当时的输入信号有关,而且与电路的原状态有关。从电路结构上看,时序逻辑电路通常由组合逻辑电路和存储电路两部分组成,存在记忆元件。常用的时序逻辑电路有锁存器、触发器、寄存器、计数器、存储器等。

用 Verilog HDL 构建时序逻辑电路时,always 语句必须是边沿触发,可以是时钟信号、复位信号的上升沿或下降沿,一般采用非阻塞赋值。

4.2.1 锁存器和触发器

锁存器(Latch)和触发器(Flip-Flop,FF)是典型的双稳态电路,是构成时序逻辑电路的基本单元。锁存器采用电平控制,控制信号在有效电平期间,输出信号随输入信号变化。触发器采用时钟边沿触发控制方式,只有在时钟信号的上升沿或者下降沿到达时输出状态才会发生变化。常见的锁存器包括 R-S 锁存器、D 锁存器、J-K 锁存器。常见的触发器包括 J-K 触发器、D 触发器、T 触发器。

1. R-S 锁存器

R-S 锁存器是构成其他锁存器和触发器的基本单元,其逻辑符号如图 4.11 所示。其中,输入信号 R,S 分别为锁存器的复位端和置位端,输出信号 Q、Q_n 为锁存器的状态输出。

R-S 锁存器功能如表 4.6 所示。

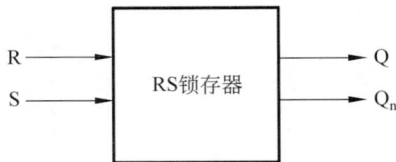

图 4.11 R-S 锁存器逻辑符号

表 4.6 R-S 锁存器功能

输	入	输	出
R	**S**	**Q**	**Q_n**
0	0	保持	
0	1	1	0
1	0	0	1
1	1	禁止	

用 Verilog HDL 语言实现 R-S 锁存器,代码如下:

```verilog
module latch_RS (R, S, Q, Qn);
  input R, S;
  output Q, Qn;
  reg Q, Qn;

  always @ (*) begin
    case ({R, S})
      2'b00: begin
        Q  = Q;
        Qn = Qn;
      end
      2'b01: begin
        Q  = 1'b1;
        Qn = 1'b0;
      end
      2'b10: begin
        Q  = 1'b0;
        Qn = 1'b1;
      end
      2'b11: begin
        Q  = 1'bz;
        Qn = 1'bz;
      end
```

```
        default: begin
            Q  = Q;
            Qn = Qn;
        end
    endcase
  end
endmodule
```

R-S 锁存器仿真结果如图 4.12 所示。

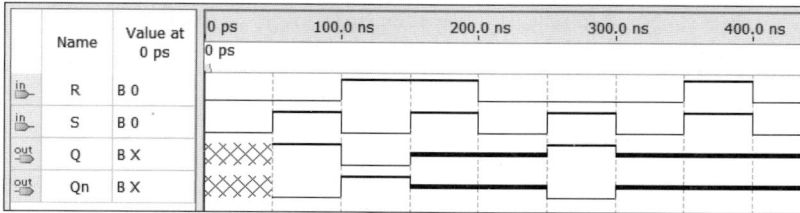

图 4.12　R-S 锁存器仿真结果

2. D 锁存器

D 锁存器是最常用的锁存器,其逻辑符号如图 4.13 所示。其中,输入信号 EN 为使能控制端,D 为锁存器数据输入端,Q 为数据输出端。

D 锁存器功能如表 4.7 所示。

图 4.13　D 锁存器逻辑符号

表 4.7　D 锁存器功能

输　　　入			功　　　能
EN	D	Q_{t+1}	
1	0	0	置 0
1	1	1	置 1
0	×	Q_t	保持

用 Verilog HDL 语言实现 D 锁存器,代码如下:

```
module latch_D (EN, D, Q);
  input EN, D;
  output Q;
  reg Q;

  always @(*) begin
    if (EN == 1)
        Q = D;
    else
        Q = Q;
  end

endmodule
```

D 锁存器仿真结果如图 4.14 所示。

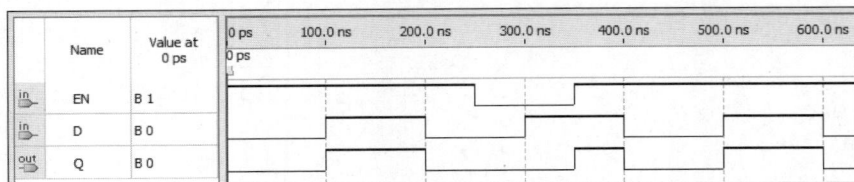

图 4.14　D 锁存器仿真结果

3. J-K 触发器

J-K 触发器功能较全,容易转换成其他类型触发器,其逻辑符号如图 4.15 所示。其中,J、K 为触发器的数据输入端,CP 为边沿触发信号,上升沿触发;输出信号 Q、Q_n 为触发器的数据输出端。

J-K 触发器功能如表 4.8 所示。

表 4.8　J-K 触发器功能

输	入		输	出
CP	J	K	Q	Q_n
0	×	×	保持	保持
↑	0	0	保持	保持
↑	0	1	0	1
↑	1	0	1	0
↑	1	1	翻转	翻转

图 4.15　J-K 触发器逻辑符号

用 Verilog HDL 语言实现 J-K 触发器,代码如下:

```verilog
module flipflop_JK (J, K,CP, Q, Qn);
  input J, K, CP;
  output Q, Qn;
  reg Q, Qn;

  always @ (posedge CP) begin
    if (J == 1'b0)
      if (K == 1'b0) begin
        Q  <= Q;
        Qn <= Qn;
      end
      else begin
        Q  <= 1'b0;
        Qn <= 1'b1;
      end
    else if (K == 1'b0) begin
      Q  <= 1'b1;
      Qn <= 1'b0;
    end
    else begin
      Q  <= Qn;
```

```
        Qn <= Q;
    end
  end
endmodule
```

J-K 触发器仿真结果如图 4.16 所示。

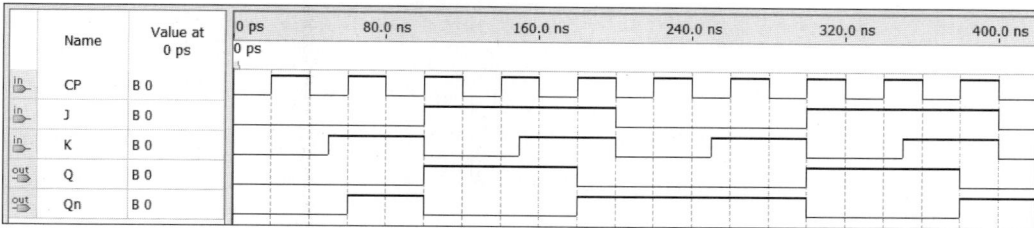

图 4.16　J-K 触发器仿真结果

4. D 触发器

D 触发器是最常用的触发器,其逻辑符号如图 4.17 所示。其中,clk 为边沿触发信号,上升沿触发,D 为触发器的数据输入端,Q 为触发器的数据输出端。

D 触发器功能如表 4.9 所示。

图 4.17　D 触发器逻辑符号

表 4.9　D 触发器功能

输　　入			功　　能
clk	D	Q_{t+1}	
↑	0	0	置 0
↑	1	1	置 1
0 或 1 或 ↓	×	Q_t	保持

用 Verilog HDL 语言实现 D 触发器,代码如下:

```
module flipflop_D (clk, D, Q);
  input clk, D;
  output Q;
  reg Q;

  always @ (posedge clk) begin
    Q <= D;
  end
endmodule
```

D 触发器仿真结果如图 4.18 所示。

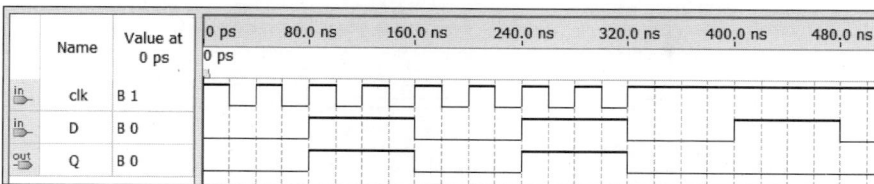

图 4.18　D 触发器仿真结果

4.2.2　计数器

计数器是一种能对输入脉冲进行计数的电路,是数字电路设计中最为常见、应用最为广泛的时序逻辑电路。计数器的基本原理是按照一定的顺序将多个触发器连接起来,随着时钟脉冲的变化以一定的计数规律更新触发器的组合状态,从而实现对时钟脉冲的计数。计数器可计数的状态个数称为计数器的模。计数器种类较多,按照计数方向可分为加法计数器、减法计数器、可逆计数器等。按照各触发器的时钟是否同步可分为同步计数器和异步计数器。

这里以基本的 4 位二进制加 1 计数器为例介绍计数器的设计与实现,其逻辑符号如图 4.19 所示。其中,clk 为计数时钟信号,上升沿触发;ctrl 为功能控制信号,可以表示清 0、置数、加 1 计数和保持四种功能;din 为置数时的数据输入端;Q 为计数输出信号。4 位二进制加 1 计数器的功能如表 4.10 所示。

图 4.19　4 位二进制加 1 计数器逻辑符号

表 4.10　4 位二进制加 1 计数器的功能

输入控制端			功　能
clk	ctrl[1]	ctrl[0]	
↑	0	0	清 0
↑	0	1	置数
↑	1	0	加 1 计数
↑	1	1	保持

用 Verilog HDL 语言实现 4 位二进制加 1 计数器,代码如下:

```verilog
module counter_16 (clk, ctrl, din, Q);
  input clk;
  input [1:0] ctrl;
  input [3:0] din;
  output [3:0] Q;
  reg [3:0] Q;

  always @ (posedge clk) begin
    case (ctrl)
      2'b00:   Q <= 4'b0000;
      2'b01:   Q <= din;
      2'b10:   Q <= Q + 1'b1;
      2'b11:   Q <= Q;
      default: Q <= Q;
    endcase
  end

endmodule
```

4 位二进制加 1 计数器仿真结果如图 4.20 所示。

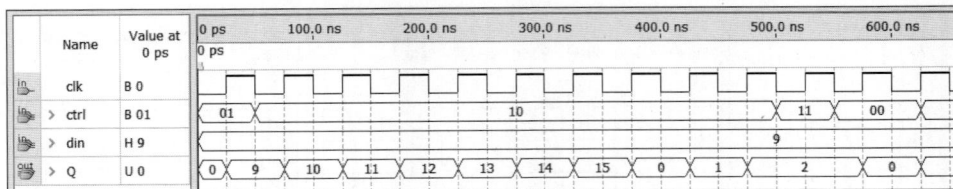

图 4.20　4 位二进制加 1 计数器仿真结果

4.2.3　寄存器

寄存器是数字电路中用于暂存信息的时序逻辑电路。最简单的寄存器由触发器构成,把多个 D 触发器的时钟端连接起来,就构成一个可以存储多位二进制代码的寄存器。常用作地址寄存器、指令寄存器、数据寄存器、控制寄存器、状态寄存器等。

图 4.21 是一个 8 位寄存器的逻辑符号,其中,en 为使能端,rst 为复位信号,clk 为边沿触发信号,上升沿触发,data 为数据输入信号,q 为寄存器数据输出信号。8 位寄存器功能如表 4.11 所示。

表 4.11　8 位寄存器功能

输　　入			输　　出
clk	en	rst	q
↑	0	×	高阻态
↑	1	0	清 0
↑	1	1	data

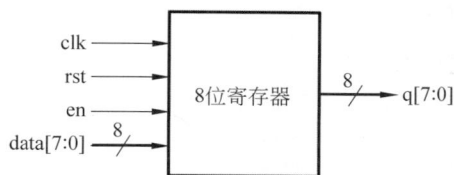

图 4.21　8 位寄存器的逻辑符号

用 Verilog HDL 语言实现 8 位寄存器,代码如下:

```verilog
module register_8 (en, rst, clk, data, q);
  input en, rst, clk;
  input [7:0] data;
  output [7:0] q;
  reg [7:0] q;

  always @ (posedge clk) begin
    if (en == 0)
      q <= 8'bz;
    else if (rst == 0)
      q <= 8'b0;
    else
      q <= data;
  end
endmodule
```

8 位寄存器仿真结果如图 4.22 所示。

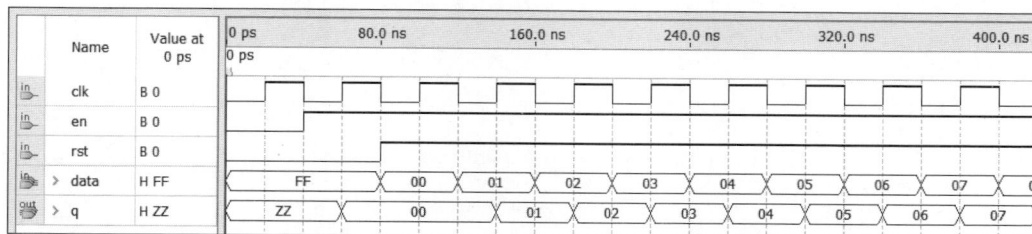

图 4.22　8 位寄存器仿真结果

4.2.4　移位寄存器

移位寄存器是指存储的二进制数据在时钟信号控制下可以进行左移或右移的寄存器,

常用于数据的串并转换、数值运算等。移位寄存器按照工作方式可以分为串入串出型、串入
并出型及并入串出型。按照移位方式可以分为单向移位、双向移位、循环移位、扭环移位等
类型。

图 4.23 4 位双向移位寄存器逻辑符号

这里以 4 位双向移位寄存器为例介绍移位寄存
器的设计和实现，其逻辑符号如图 4.23 所示。其中，
clk 是进行移位操作的时钟信号，上升沿触发；en 是使
能端，sl、sr 为功能选择端，用于确定模块当前的功能
（清 0、左移、右移或保持）；din 是移位后补位数据的输
入端；q 是移位寄存器的数据输出端。4 位双向移位
寄存器功能如表 4.12 所示。

表 4.12 4 位双向移位寄存器功能

输　　入					输　　出			
clk	en	sl	sr	din	q[3]	q[2]	q[1]	q[0]
↑	0	×	×	×	z	z	z	z
↑	1	0	0	×	0	0	0	0
↑	1	0	1	0	0	q[3]	q[2]	q[1]
↑	1	0	1	1	1	q[3]	q[2]	q[1]
↑	1	1	0	0	q[2]	q[1]	q[0]	0
↑	1	1	0	1	q[2]	q[1]	q[0]	1
↑	1	1	1	×	q[3]	q[2]	q[1]	q[0]

用 Verilog HDL 语言实现 4 位双向移位寄存器，代码如下：

```verilog
module shift_4 (clk, en, sl, sr, din, q);
  input clk, en, sl, sr, din;
  output [3:0] q;
  reg [3:0] q;

  always @ (posedge clk) begin
    if (en == 0) q <= 4'bz;
    else
      case ({sl, sr})
        2'b00:  q <= 4'b0;
        2'b01: begin
          q[0] <= q[1];
          q[1] <= q[2];
          q[2] <= q[3];
          q[3] <= din;        //或使用 q<={din,q[3:1]},与这四行等效
        end
        2'b10: begin
          q[3] <= q[2];
          q[2] <= q[1];
```

```
            q[1] <= q[0];
            q[0] <= din;       //或使用 q<={q[2:0],din},与这四行等效
        end
        2'b11:  q <= q;
        default: q <= q;
    endcase
  end
endmodule
```

除上述写法外,还可以用移位运算符"<<"">>"或拼接运算符"{""}"实现移位操作。
4 位双向移位寄存器仿真结果如图 4.24 所示。

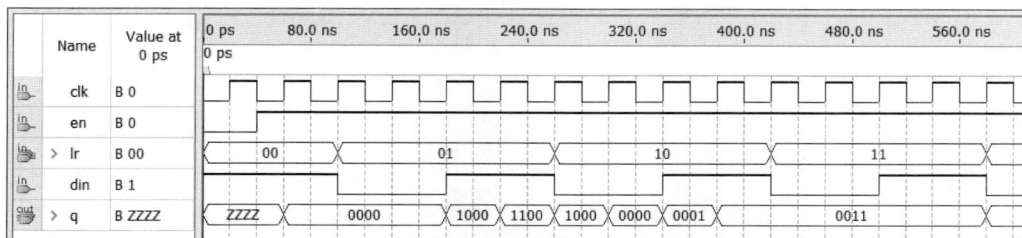

图 4.24   4 位双向移位寄存器仿真结果

4.2.5 存储器

存储器是时序逻辑电路的一种,能够存储大量的二进制信息,按照读写类型可以分为只读存储器(Read Only Memory,ROM)和随机存储器(Random Access Memory,RAM)。

ROM 可以从指定的存储单元中读取相应的数据,但不能进行写入操作。RAM 可以从指定的存储单元读取相应的数据,也可以将数据写入指定的单元中,并且数据被读取或写入时,所需要的时间与这段信息所在的位置或所写入的位置无关。这种存储器在断电后会丢失存储内容,因此用来暂时存储程序、数据和中间结果。

从 Verilog 语法定义的角度来看,定义一个存储器的语法格式为

```
reg[DATA_WIDTH-1:0]  mem[0:DEEPTH-1]
```

其中,DATA_WIDTH 是位宽,DEEPTH 是深度,例如,reg [7:0] mem [15:0]表示定义了一个数据位宽为 8 共 16 个存储单元的存储器。

这里以常用的 8 位随机存储器为例介绍存储器的设计和实现,其逻辑符号如图 4.25 所示。其中,clk 是同步读写时钟信号,上升沿触发;cs 是片选信号,高有效;wr 是写控制信号,高有效;rd 是读控制信号,高有效;addr 是存储器地址信号,位宽为 4;din 是存储器数据输入信号;q 为存储器数据输出信号。

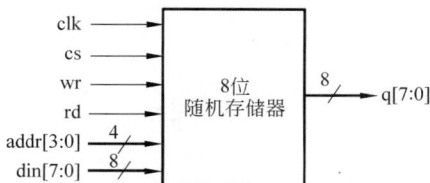

图 4.25 8 位随机存储器逻辑符号

8 位随机存储器功能如表 4.13 所示。

表 4.13　8 位随机存储器功能

控 制 信 号				功 能 描 述
clk	cs	wr	rd	
↑	0	×	×	片选无效
↑	1	1	×	写数据
↑	1	0	1	读数据
↑	1	0	0	高阻态

用 Verilog HDL 语言实现 8 位随机存储器，代码如下：

```verilog
module RAM_4_8 (clk, cs, wr, rd, addr, din, q);
  input clk, cs, wr, rd;
  input [3:0] addr;
  input [7:0] din;
  output [7:0] q;
  reg [7:0] q;
  reg [7:0] data[15:0];

  always @ (posedge clk) begin
    if (cs & wr)
        data[addr] <= din;
    else
        data[addr] <= data[addr];
  end
  always @ (posedge clk) begin
    if (cs & !wr & rd)
        q <= data[addr];
    else
        q <= 8'bz;
  end

endmodule
```

8 位随机存储器仿真结果如图 4.26 所示。

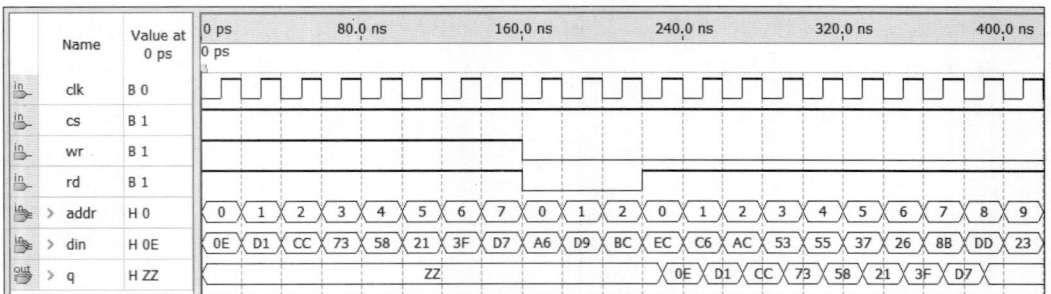

图 4.26　8 位随机存储器仿真结果

4.3 有限状态机的设计

4.3.1 有限状态机简介

有限状态机(Finite State Machine,FSM)是数字电路设计中的一个重要的概念和设计方法。有限状态机分为两大类:摩尔(Moore)型状态机和米利(Mealy)型状态机。其中,摩尔型状态机的输出仅与现态有关,米利型状态机的输出不仅与现态有关,而且和输入也有关。图4.27给出了摩尔型和米利型状态机的结构框图。

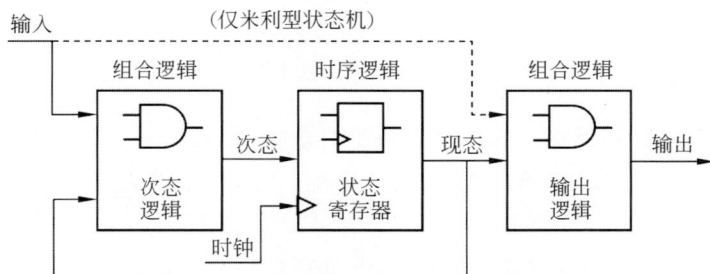

图 4.27 摩尔型和米利型状态机的结构框图

状态机设计时要保证安全,既不能进入死循环,也不能进入非预知状态,即使因某种扰动进入非设计状态,也应该能快速恢复到正常状态循环中。此外,状态机的结构要清晰易懂、易维护。

状态机设计的步骤如下:

(1)确定状态机类型,即选择摩尔型还是米利型状态机。

(2)进行逻辑分析与抽象,确定输入、输出与状态,用状态转换表、状态转换图、算法状态机等工具描述状态机。

(3)确定各状态的编码。

(4)实现状态机。

1. 描述方法

(1)状态转换表和状态转换图。

状态转换表和状态转换图是描述系统状态变化的重要工具,可以帮助用户理解和设计状态机。状态转换表通常是一个二维表格,其中行表示状态,列表示事件或条件,单元格记录了在特定状态下满足某个事件或条件时应转换到的状态。状态转换图与状态转换表的本质相同,通过绘制圆圈表示状态,用带箭头的直线表示状态之间的转换,箭头线上可以标注转换的操作或条件,由于用图形表示,更加形象且直观。摩尔型电路的输出和状态名一起以"状态/输出"的形式标注在圆圈内,米利型电路的输出和输入有关,以"输入/输出"的形式标注在连线旁。

(2)算法状态机图。

算法状态机图(Algorithmic State Machine Chart,ASM图)是一种用于描述数字系统控制过程的算法流程图,类似计算机中的程序流程图,不同之处在于ASM图能表示事件的精确时间顺序,而程序流程图只表示事件的先后顺序,没有时间概念。

ASM 图由状态框、判断框、条件输出框和带箭头的线段组成,如图 4.28 所示。状态框表示控制器所处的状态,用矩形表示,框内标明当前状态所做的操作和输出,如无操作输出可空。状态名置于矩形框左上角,状态编码置于右上角。

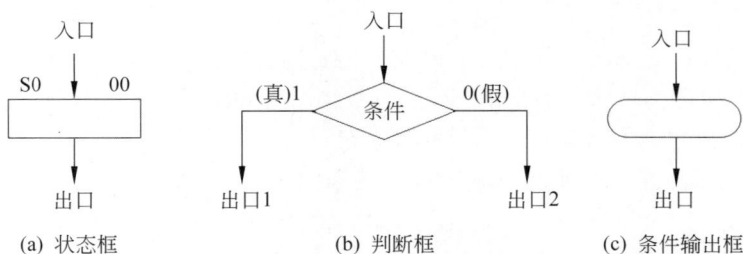

图 4.28 ASM 图基本符号

(a) 状态框   (b) 判断框   (c) 条件输出框

判断框表示当前状态下输入变量对控制器的影响,用菱形表示。该符号有一个入口和多个出口,框内为判断条件;如条件为真,选择一个出口,如条件为假,选择另一个出口。判断框不占用时间。

条件输出框用来表示控制器在所处状态下且符合某个条件时所做的操作和输出,用椭圆状或两端为圆弧的框表示。条件输出框位于判断框的某个分支上,表示满足当前分支条件时的输出,与状态框内的输出不同,状态框内的输出是无条件的,只要进入该状态就产生输出。

每一个状态框和与之相连的判断框、条件输出框组成一个 ASM 块,每个 ASM 块中所做的操作在同一个时钟周期内完成,因此 ASM 图中蕴含着精确的时间信息。ASM 图类似状态转换图,一个 ASM 块等效于状态转换图中的一个状态,但状态转换图无法表示条件操作和无条件操作。

2. 状态编码

状态机中对状态的编码包括二进制(Binary)编码、格雷码(Gray-code)编码、独热码(One-hot)编码。

二进制编码和格雷码编码是压缩状态编码。二进制编码也可称连续编码,也就是码元值的大小是连续变化的,例如,S0＝3'd0、S1＝3'd1、S2＝3'd2、S3＝3'd3……。二进制编码最简单,且使用的触发器数量最少,如状态机中只有 3 种状态,只需要两个触发器就可以,但从一种状态向另一种状态转换时,需要相应的译码电路。格雷码编码的相邻码元值间只有一位是不同的,例如,S0＝3'b000、S1＝3'b001、S2＝3'b011、S3＝3'b010……。使用格雷码编码,相邻状态转换时只有一个状态位发生翻转,这样不仅能消除状态转换时由多条状态信号线的传输延迟所造成的毛刺,还可以降低功耗。

独热编码,又称一位有效编码,其方法是使用 N 位状态寄存器对 N 个状态进行编码,每个状态都有独立的寄存器位,并且在任意时候只有一位有效,例如,S0＝3'b001、S1＝3'b010、S2＝3'b100。在表示同样状态数时,独热码编码会占用较多的位,消耗较多的触发器,但由于状态简单,进行状态比较时仅需要比较一位,在一定程度上简化了译码逻辑。

表 4.14 列出了 8 个状态在采用不同格式时所对应的编码。

表 4.14 8 个状态在采用不同格式时所对应的编码

格　式	状 态 编 码							
	S0	S1	S2	S3	S4	S5	S6	S7
十进制	0	1	2	3	4	5	6	7
二进制	000	001	010	011	100	101	110	111
格雷码	000	001	011	010	110	111	101	100
独热码	00000001	00000010	00000100	00001000	00010000	00100000	01000000	1000000

3. 代码结构

状态机结构中主要包括 3 个对象,分别是现态、次态和输出。使用硬件描述语言描述时,需要明确状态转移条件、转移方式以及每个状态的输出。代码结构通常有三类,分别是一段式、二段式和三段式状态机。

一段式状态机将整个状态机写到一个 always 模块里面,在该模块中既描述状态转移,又描述状态的输入和输出。

二段式状态机用两个 always 模块来描述状态机,其中一个 always 模块采用同步时序描述状态转移,另一个模块采用组合逻辑判断状态转移条件、描述状态转移规律以及输出。

三段式状态机在两个 always 模块描述方法的基础上,改为三个 always 模块实现。一个 always 模块采用同步时序描述状态转移,一个 always 采用组合逻辑判断状态转移条件,描述状态转移规律,另一个 always 模块描述状态输出,由于输出单独使用 always 模块,可以采用时钟沿触发,能够实现寄存器同步输出,消除二段式结构中采用组合逻辑输出带来的不稳定或毛刺的隐患。

三段式状态机模板如下:

```verilog
//第一个 always 模块,次态转换成现态
always @ (posedge clk or negedge rst_n)
  if(!rst_n)
     current_state <= S0;
  else
     current_state <= next_state;

//第二个 always 模块,状态转换逻辑
always @ (current_state or x)            //电平触发
  begin
    case(current_state)
       S1: if(x)
          next_state = S2;               //阻塞赋值
       else
          next_state = S0;               //next_state 应根据状态机的具体情况设置
       S2: ...
    endcase
end

//第三个 always 模块,输出
always @ (posedge clk)
```

```
begin
  case(current_state)        //有时为 next_state,需根据具体电路选择
  S1: z <= ... ;             //如是米利型状态机,S1: if(x) z<=...; else z<=...;
  S2: z <= ... ;             //如是米利型状态机,S2: if(x) z<=...; else z<=...;
  default:  ...
  endcase
end
```

4.3.2 有限状态机设计实例

1. 十进制计数器的设计

利用状态机设计实现一个十进制计数器,其状态转换表如表 4.15 所示。

表 4.15 十进制计数器状态转换表

状　态	输　出	
	out	rco
0000 ◀┐	0000	0
0001 ┊	0001	0
0010 ┊	0010	0
0011 ┊	0011	0
⋮ ┊	⋮	⋮
1001 ┄┘	1001	1

用状态机实现十进制计数器的 Verilog 代码如下:

```verilog
module counter10 (
    input clk, rst_n,
    output reg [3:0] out,
    output rco
);

  reg [3:0] state;
  parameter S0 = 0, S1 = 1, S2 = 2, S3 = 3, S4 = 4, S5 = 5, S6 = 6, S7 = 7, S8 = 8,
S9 = 9;

  //当前状态下的输出
  always @(state) begin
    case (state)
      S0: out = 4'b0000;
      S1: out = 4'b0001;
      S2: out = 4'b0010;
      S3: out = 4'b0011;
      S4: out = 4'b0100;
      S5: out = 4'b0101;
      S6: out = 4'b0110;
      S7: out = 4'b0111;
      S8: out = 4'b1000;
```

```
        S9: out = 4'b1001;
        default: out = 4'b0000;
      endcase
    end

    //状态转换
    always @(posedge clk or negedge rst_n) begin
      if (!rst_n) state <= S0;
      else
        case (state)
          S0: state <= S1;
          S1: state <= S2;
          S2: state <= S3;
          S3: state <= S4;
          S4: state <= S5;
          S5: state <= S6;
          S6: state <= S7;
          S7: state <= S8;
          S8: state <= S9;
          S9: state <= S0;
          default: state <= S0;
        endcase
    end
    assign rco = (out==4'b1001) ? 1:0;

endmodule
```

十进制计数器仿真结果如图 4.29 所示。

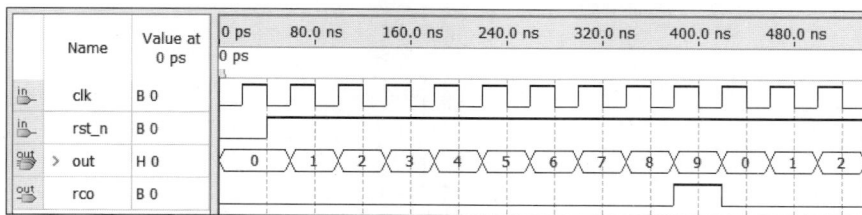

图 4.29　十进制计数器仿真结果

2. 序列检测器的设计

在数字电路中,序列检测电路常用于检测数据流中是否存在特定的模式和序列,如通信系统中检测同步码,也可以用来判断实际输出和理论输出是否存在差异。该电路对于数字系统的正确运行是不可或缺的。

序列检测可以采用状态机实现,基本思路是对输入的序列依次进行检测,判断是否与目标序列匹配,如果匹配,进入下一状态,若不匹配则根据当前输入决定应进入哪一状态。设计的关键是确定状态的数量及各状态之间如何转移,同时还要避免状态缺失及转移中出现不合理的循环。

下面通过一个 1011 序列检测的设计介绍如何利用状态机实现序列检测器,不考虑序列重叠检测。

（1）用摩尔型状态机实现。

图 4.30 为采用摩尔型状态机设计的 1011 序列检测器状态图，图 4.31 为对应的 ASM 图，图中虚线框表示 ASM 块。

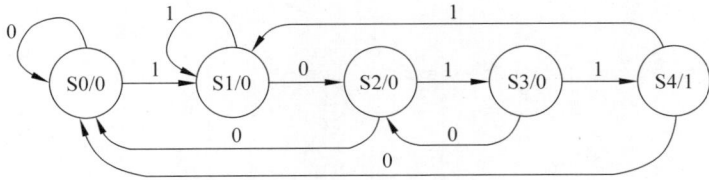

图 4.30　1011 序列检测器状态图（摩尔型）

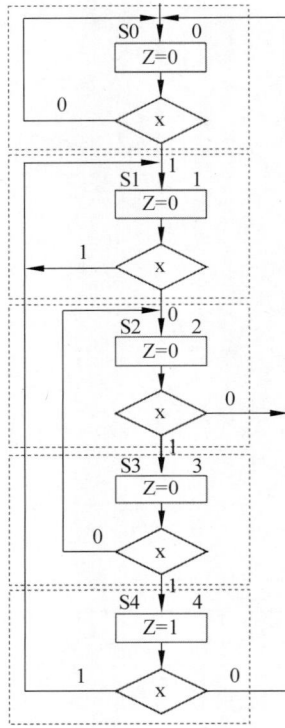

图 4.31　1011 序列检测器 ASM 图（摩尔型）

Verilog 参考设计代码如下：

```verilog
module detector1011_moore (clk, x, rst_n, z);
  input clk, x, rst_n;
  output z;
  reg z;
  parameter s0 = 0, s1 = 1, s2 = 2, s3 = 3, s4 = 4;

  reg [2:0] current_state, next_state;

  always @ (posedge clk or negedge rst_n)
    if (!rst_n)
```

```
      current_state <= s0;
    else
      current_state <= next_state;

  always @ (current_state or x)
  begin
    case (current_state)
      s0: if  (x) next_state = s1; else next_state = s0;
      s1: if (!x) next_state = s2; else next_state = s1;
      s2: if  (x) next_state = s3; else next_state = s0;
      s3: if  (x) next_state = s4; else next_state = s2;
      s4: if  (x) next_state = s1; else next_state = s0;
      default:    next_state = s0;
    endcase
  end

  always @ (current_state)
  begin
    case (current_state)
      s4: z = 1'b1;
      default: z = 1'b0;
    endcase
  end
endmodule
```

用摩尔型状态机实现 1011 序列检测器的仿真波形如图 4.32 所示。

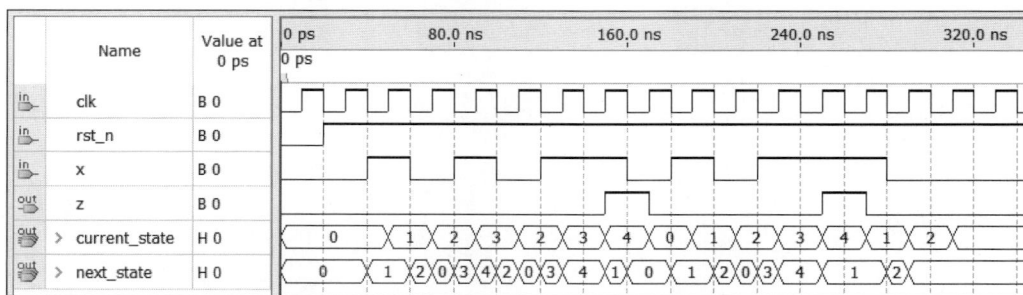

图 4.32　用摩尔型状态机实现 1011 序列检测器的仿真波形

（2）用米利型状态机实现。

图 4.33 为采用米利型状态机设计的 1011 序列检测器状态图，图 4.34 为对应的 ASM 图。

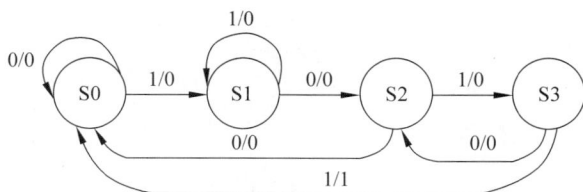

图 4.33　1011 序列检测器状态图（米利型）

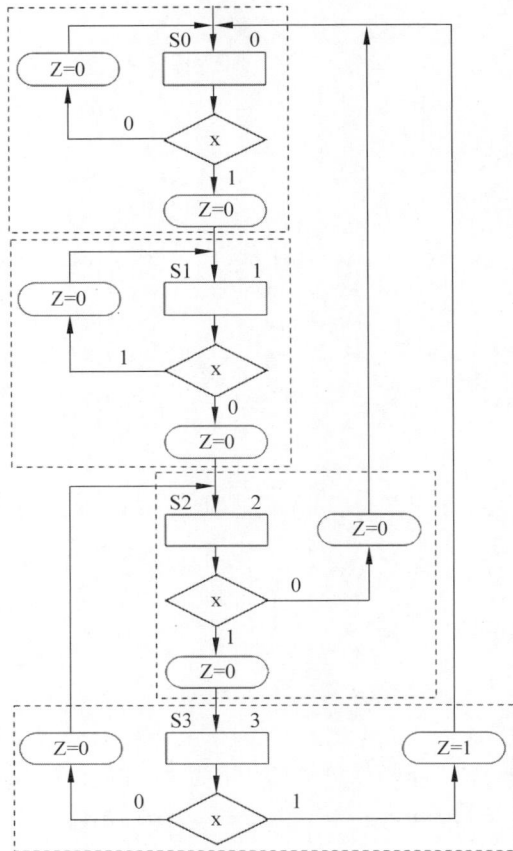

图 4.34　1011 序列检测器 ASM 图（米利型）

Verilog 参考设计代码如下：

```verilog
module detector1011_mealy (clk,x,rst_n,z);
  input clk, x, rst_n;
  output z;
  reg z;
  parameter s0 = 0, s1 = 1, s2 = 2, s3 = 3;

  reg [1:0] current_state, next_state;

  always @ (posedge clk or negedge rst_n)
    if (!rst_n)
      current_state <= s0;
    else
      current_state <= next_state;

  always @ (current_state or x)
  begin
    case (current_state)
      s0:if(x)  next_state = s1; else next_state = s0;
```

```
      s1:if(!x) next_state = s2; else next_state = s1;
      s2:if(x)  next_state = s3; else next_state = s0;
      s3:if(x)  next_state = s0; else next_state = s2;
      default:  next_state = s0;
    endcase
  end

  always @ (posedge clk or negedge rst_n)
  begin
    if (!rst_n)
      z = 1'b0;
    else begin
      case (current_state)
        s3:if(x) z = 1'b1;  else z = 1'b0;
        default:  z = 1'b0;
      endcase
    end
  end
endmodule
```

用米利型状态机实现 1011 序列检测器的仿真波形如图 4.35 所示。

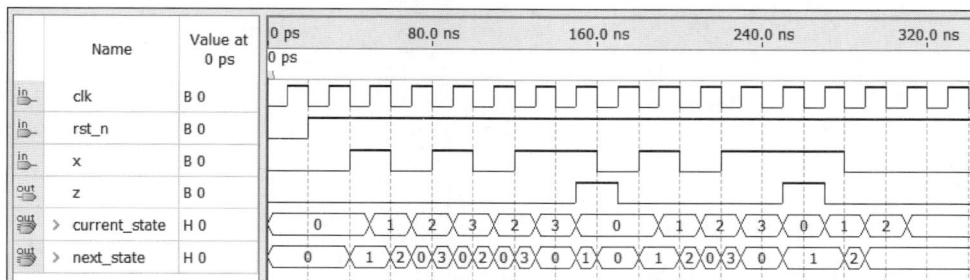

图 4.35 用米利型状态机实现 1011 序列检测器的仿真波形

除采用状态机实现序列检测外,还可以使用移位寄存器法。移位寄存器法的基本原理是将输入数据通过移位存储后与目标序列作对比,如果一致,说明检测到目标序列。参考代码如下:

```
module detector1011_sreg(clk, x, rst_n, z);
  input clk, x, rst_n;
  output z;
  reg z;

  reg [3:0] x_r;

  always@ (posedge clk or negedge rst_n)
  begin
    if (!rst_n) begin
      x_r <= 4'b0;
    end
    else begin
```

```
        x_r <= {x_r[2:0],x};              //每检测到一个数据,寄存器右移
     end
  end

  always@ (posedge clk or negedge rst_n)
  begin
    if (!rst_n)begin
      z <= 1'b0;
    end
    else if (x_r == 4'b1011) begin
      z <= 1'b1;
    end
    else begin
      z <= 1'b0;
    end
  end

endmodule
```

移位寄存器法检测 1011 序列的仿真波形如图 4.36 所示。

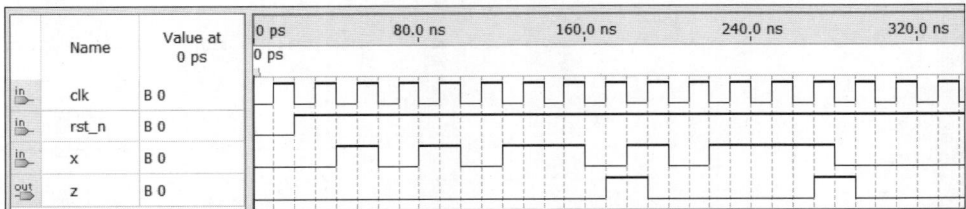

图 4.36   移位寄存器法检测 1011 序列的仿真波形

移位寄存器法设计简单且易于扩展,对于简单序列的检测只需修改代码中的序列值即可,但对于稍复杂的检测需求,如检测重叠序列,就显得不够方便。状态机法设计时相对复杂,且一个序列对应一个状态图,如果更改检测序列须重新设计,因而不易扩展,但其灵活性好,可以处理相对复杂的序列检测任务,实际设计时可根据两种方法的适用性进行选择。

第 5 章

数字系统常用外围电路

在数字系统中,除了有负责执行运算和控制的逻辑电路外,还有与外部世界交互的各种设备。作为数字电路设计者,准确理解外围电路的工作原理是非常必要的,否则所设计的逻辑电路有可能无法与这些外设正确交互。本章将硬件实验中常用的外设分为输入、显示、机电控制和其他四个种类,分别介绍这些外设的工作原理及其典型控制电路。在阅读本章内容的基础上可进一步查阅相关文献及芯片手册等资料,并阅读实验台或开发板的原理图,以此逐步积累电路知识,提高电路识图能力。

5.1 输入模块

5.1.1 开关和按键

开关是一种能够使电路开路,使电流中断或流到其他电路的电子元件。开关闭合时,电路导通,允许电流流过;开关断开时则形成开路,不允许电流流过。开关的种类很多,按照结构可分为按键开关、轻触开关、滑动开关、拨码开关、微动开关、船型开关、薄膜开关等,其中按键开关、轻触开关、滑动开关和拨码开关最为常用。

按键开关是一种按下去就可接通的开关,它的接触电阻小,手感好,按下或弹起时常有"滴答"的清脆声。根据按键开关的机械结构,通常可分为自锁和无锁两种。无锁型开关按下时接通,释放时断开。自锁型开关具有自锁功能,按键按下时,开关接通并保持;再次按下并释放后,开关断开,且按键弹起。

轻触开关是靠金属弹片受力弹动实现通断的,使用时轻轻点按开关按钮就可使开关接通,压力撤销后则断开。轻触开关属于按键开关的一种,只是行程较短,特点是体积小、重量轻,在数码、通信、家用电器、医疗器材、汽车等产品中得到广泛使用。

滑动开关由一组接触点和滑动轨道组成,当滑块滑动到不同位置时会改变接触点之间的连接,从而打开或关闭电路。滑动开关有二刀、三刀、四刀和六刀等多种型号,位数通常有二位和三位等。

拨码开关是一种能用手拨动的微型开关,通常也称指拨开关。拨码开关上的每个拨杆对应一个开关,拨至 ON 端时,表示该路接通,反之为断开,因此拨动拨杆可构成由 0 和 1 组成的二进制编码。位数为 n 的拨码开关可组成 2^n 种状态,当拨码开关处于某种状态时,对应的二进制编码可作为输入信号控制电路的运行。

图 5.1 是常用按键和开关实物图。图 5.1(a)、5.1(b)为轻触开关,图 5.1(c)为按键开关,包含自锁和无自锁两种结构,图 5.1(d)、5.1(e)分别是滑动开关和拨码开关,需通过"拨动"操作实现通断。无论哪种开关,由于其自身特有的机械结构,在闭合及断开的瞬间通常会伴有一连串的抖动,实际工作中应视情况做消抖处理。本书中将需要短时触发的称为按键,将需要长期保持通断状态的称为开关。

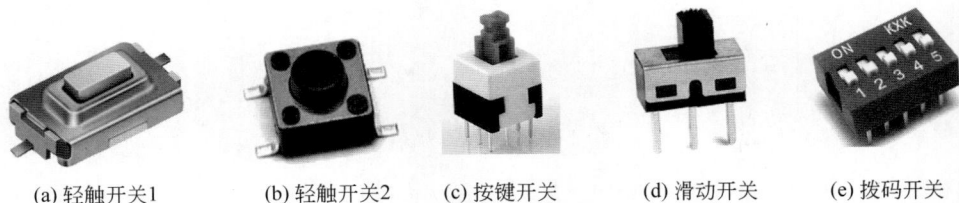

(a) 轻触开关1   (b) 轻触开关2   (c) 按键开关   (d) 滑动开关   (e) 拨码开关

图 5.1   常用按键和开关实物图

图 5.2 是常见的按键电路原理图。图 5.2(a)中 S1 是一个两引脚的按键,下端接地,上端通过 R1 与 VCC 相接,BTN1 从 S1 和 R1 间引出,接控制器输入端。R1 阻值为 $10k\Omega$,除了起限流作用外,还作为上拉电阻。当按键未按下时,BTN1 通过 R1 与 VCC 相连,被钳位在高电平;按键按下后,BTN1 与 GND 相连,被拉至低电平。通过读取 BTN1 的电平值就可知道按键的状态。如果没有电阻 R1,对于内部无上拉电阻的控制器,端口将处于悬浮状态,无法确定电平的高低。图 5.2(b)电路中的 S1 上端接 VCC,下端通过 R1 接地,BTN1 在 S1 未按下时为低电平,按下为高电平。电阻 R1 起限流和下拉电阻的作用。图中 S1 使用了一个 4 引脚的按键符号,实体按键的引脚 1 和 2、3 和 4 在内部是连通的。从本质上来说,4 引脚按键也是一个两端口元件,增加的两个引脚在焊接后可增强元件在电路板上的附着力,绘制原理图时可按图示将相通的引脚短接。

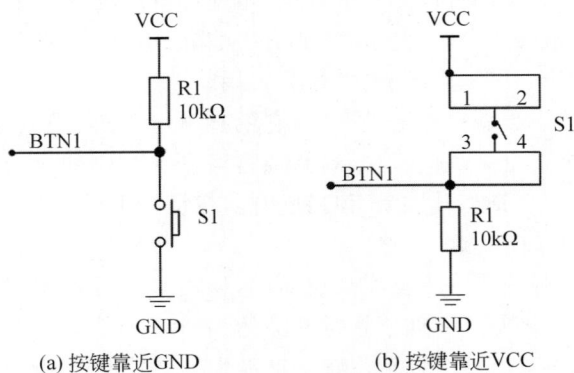

(a) 按键靠近GND   (b) 按键靠近VCC

图 5.2   常见的按键电路原理图

图 5.3 是电路中常见的开关原理图,工作原理与图 5.2 类似。图 5.3(a)中的 S1 代表了一个 2 挡 3 脚的开关,其中 2 脚是常触点,拨动到位置 3 时与 VCC 相连,反之与 GND 相连。图 5.3(b)电路选用了一个 2 挡 6 脚的开关,该开关内部为两组独立开关,可同时控制两条线路的通断,其中 1、2、3 脚为一组,4、5、6 脚为另一组,1、5 脚是常触点。此处只控制一路信号,故将两组开关中对应位置的引脚直接相连,即当成了一个开关使用,开关拨至 2、4 脚时接 VCC,拨至 3、6 脚时接地。当然,也可任选一组使用,另一组做悬空处理。

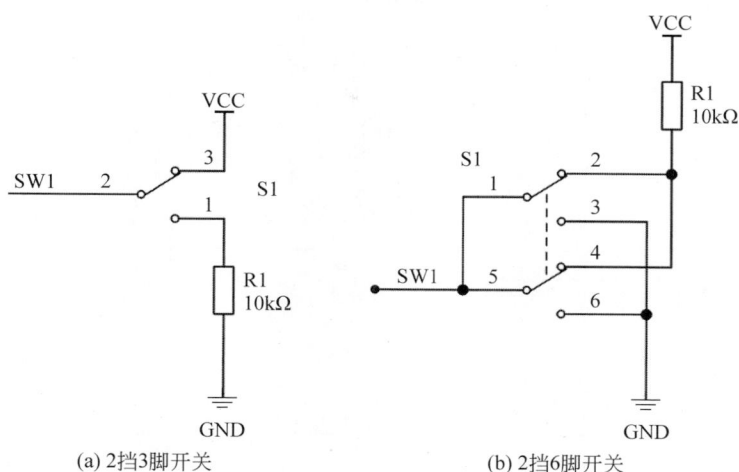

(a) 2挡3脚开关　　　　　　　　　　(b) 2挡6脚开关

图 5.3　电路中常见的开关原理图

5.1.2　矩阵式键盘

根据 5.1.1 节介绍,通过控制器的 I/O 端口可以识别按键状态。当按键数量不多时,可以参考图 5.2 将每个按键与控制器的一个 I/O 端口相连,分别对按键进行识别,但是当系统中需要较多按键时,如常见的 POS 机、计算器等,如果还采用这种方案,I/O 口有可能不够用(按键仅是系统中的一个外设,显示、通信等功能也需要 I/O 端口),此时可以将按键排列成矩阵形式,通过逐行或逐列"扫描"的方式读取各按键的状态,这种设计方式称作矩阵式键盘。

图 5.4 是一个按逐行扫描方式设计的 4×4 矩阵式键盘原理图。16 个按键被排列成 4 行 4 列,共 4 条水平线和 4 条垂直线,交叉处通过按键相连,各列线再通过一个 10kΩ 电阻接至 VCC,这种设计方式只需占用 8 个 I/O 端口。

该矩阵式键盘的工作原理是:当键盘上没有按键按下时,所有的行线和列线处于断开状态,列线 SWC0~SWC3 呈高电平。当某键按下时,该键所在的行线和列线短路。例如,数字 6 键(SW7)按下时,SWC2 与 SWR1 短路,此时 SWC2 电平由 SWR1 电平决定。因此,可以把列线接到控制器的输入端,行线接到控制器的输出端,控制器发出信号使行线 SWR0 为低电平,其余三根行线 SWR1、SWR2、SWR3 为高电平,然后通过输入端读取列线的状态,如果 SWC0、SWC1、SWC2、SWC3 都为高电平,说明 SWR0 行没有键按下;如果读出的列线状态中有低电平,说明该列线和 SWR0 行线相交处的按键处于闭合状态。用同样的方法依次检查 SWR1 行、SWR2 行和 SWR3 行,即循环向 SWR0、SWR1、SWR2 和 SWR3 输出 0111、1011、1101 和 1110,通过读取 SWC0、SWC1、SWC2 和 SWC3 的状态,就可以判定哪个键被按下。

这里补充一点,读取按键状态时,应通过原理图去了解按键所处的行列位置,而不是只看电路板的实物布局。例如,图 5.5 是原理图 5.4 在实际布线时所采用的两种布局,其中图 5.5(a)中按键的位置和原理图是一致的,这种情况下选择原理图或实物图来设计扫描电路都是可以的,但是如果采用了图 5.5(b)布局,按键的行列位置从表面看与原理图完全不

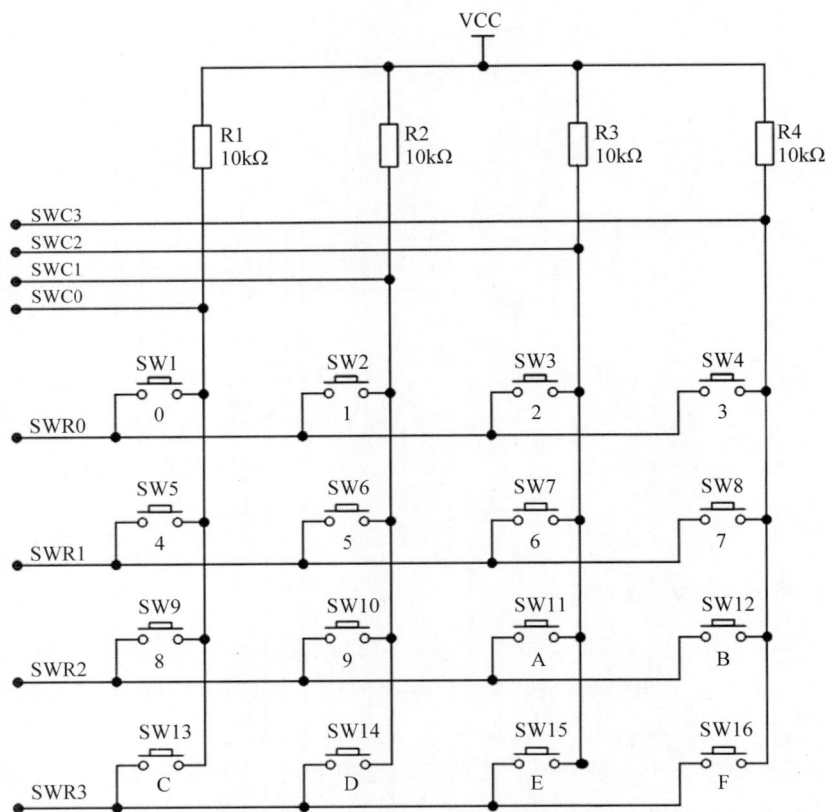

图 5.4　4×4 矩阵式键盘原理图

一样,但实际上只是为了某种习惯调整了按键的位置,并没有改变线路的连接关系,这种情况下如果按实物图中的行列位置去设计扫描电路必然会出现逻辑错误,因此,任何时候都应该以原理图为准。

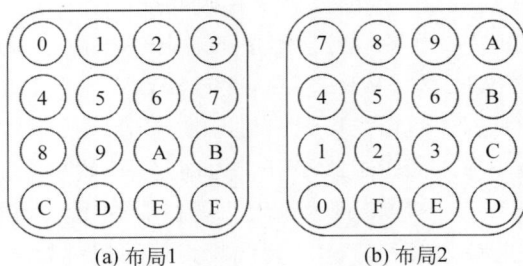

(a) 布局1　　　　　(b) 布局2

图 5.5　4×4 矩阵式键盘按键布局图

5.2　显示模块

5.2.1　发光二极管

发光二极管(Light Emitting Diode,LED)是一种应用广泛的半导体发光或显示元件,它是由Ⅲ-Ⅳ族化合物制成的,如 GaAs(砷化镓)、GaP(磷化镓)、GaAsP(磷砷化镓)等半导体材料。LED 的核心是 PN 结,因此具有 PN 结正向导通、反向截止的特性。在正向电压下,电子由 N 区注入 P 区,空穴由 P 区注入 N 区,进入对方区域的部分少数载流子(少子)与多数载流子(多子)复合后发光。通过使用不同的材料及工艺,可以制造出红、绿、黄、白、蓝、橙等不同颜色的 LED。以 LED 为基本元件,还可以生产出数码管、米字管、符号管、点阵显示屏、LED 背光、LED 照明灯等多种产品。

图 5.6 是 LED 常用的两种封装形式,一种是直插型,另一种是贴片型,每种封装形式根据尺寸又可分成不同的型号,主要区别在于功率的不同。直插型封装的长脚为正极,短脚为负极。贴片型封装的正负极可以从正面和底面的印刷标识上来区分,从正面看标注彩色线条的一侧为负极,另一侧为正极;底部通常印有"T"字形或倒三角形符号,"T"字形上部横道对应的是正极,另一侧为负极,三角形符号则是靠近"边"的一侧为正极,靠近"角"的一侧为负极。

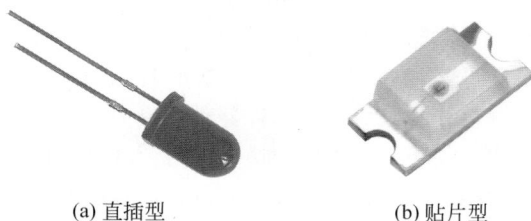

(a) 直插型   (b) 贴片型

图 5.6 LED 常用的两种封装形式

LED 有额定的工作电流,使用时不能直接与电源相连,否则会由于电流过大烧毁器件。设计驱动电路时通常串联一个限流电阻,以保护 LED,限流电阻阻值可以根据 LED 数据手册中的参数 V_F 和 I_F 算出,计算公式为

$$R = \frac{V_S - V_F}{I_F} \tag{5-1}$$

其中,V_S 为电源电压,I_F 为正向工作电流,是发光二极管正常发光时的正向电流值,通常小功率 LED 的 I_F 是 20mA。LED 发光亮度与电流大小有关,工作电流在 2mA 时就可发光,20mA 时亮度较高,实际使用时可根据需要调整工作电流,确保亮度适合。V_F 是正向工作电压,是在给定正向电流下(通常取 $I_F = 20mA$)测得的。一般小功率红、黄、橙、黄绿 LED 的 V_F 是 1.8~2.4V,纯绿、蓝、白 LED 的 V_F 是 3.0~3.6V。

表 5.1 是某款 LED 的光电参数,波长 630nm 表明为红光 LED,在 20mA 工作条件下,V_F 典型值为 2.0。假设 V_S 为 3.3V,V_F 取 2.0V,I_F 按 20mA 计算,代入式(5-1),得出限流电阻为 65Ω。计算得出的电阻值并非绝对要求,首先,商品化的电阻标称值本身就有一定误差;其次,制造商不会生产所有阻值的电阻,而是按照标准对照表中的阻值来生产,因此选取与计算结果接近的阻值即可。

表 5.1 某款 LED 的光电参数(温度=25℃)

参 数 名	符号	条件	最小值	典型值	最大值	单位
反向电流	I_R	$V_R = 5V$	—	—	10	μA
视角度	$2\theta_{1/2}$	—	—	130	—	deg.

参 数 名	符 号	条件	最小值	典型值	最大值	单位
正向电压	V_F		1.6	2.0	2.6	V
峰值波长	λ_P		—	630	—	nm
主波长	λ_d	$I_F=20\text{mA}$	615	620	630	nm
半波宽度	$\Delta\lambda$			15	—	nm
光强	I_V		67	115	195	mcd

图 5.7 为 LED 常用电路原理图,其中 5.7(a)所示电路可用于电源指示灯,为减少电能消耗还可适当增大限流电阻,I_F 选择 0.5mA～3mA 即可。单片机或 FPGA 的 I/O 灌电流可达 20mA(具体参数以数据手册为准),因此可以用这些芯片的 I/O 口去控制 LED 的亮灭,如图 5.7(b)所示。其中,LD1、LD2 为控制端口的信号名,LD1 接 LED 阳极,高电平时LED 点亮,低电平时熄灭;LD2 接 LED 阴极,高电平时 LED 熄灭,低电平时点亮。如果LED 灯较多,需要的限流电阻相应增多,为节省器件占用空间,可以选择排阻进行连接,如图 5.7(c)所示。该电路中共有 4 个 LED 灯,其中 RN1 为排阻,内部封装了 4 个电阻,每个电阻与 1 个 LED 相连,图中采用总线式绘制方式,符号 LD[4:1]代表信号 LD4、LD3、LD2和 LD1,分别与 4 个电阻相连。当同类信号位数较多或电路复杂庞大时,合理设置总线可以缩短绘制过程,且绘制出的电路图简洁明了。

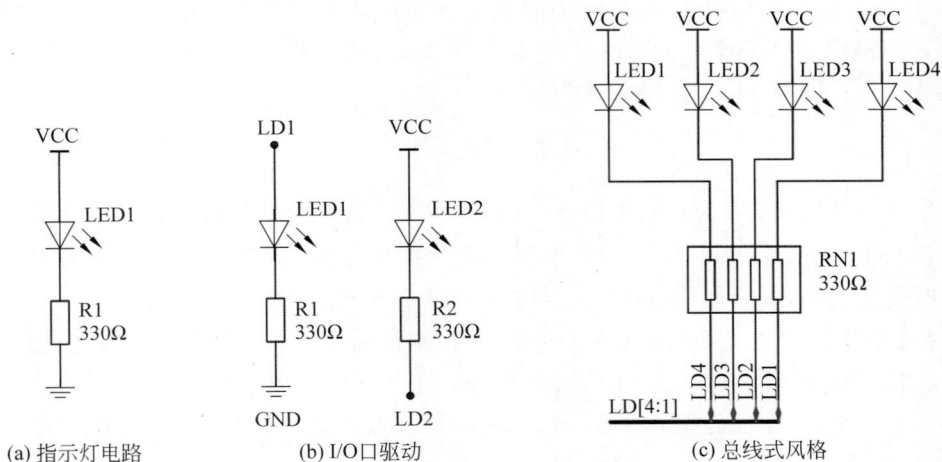

(a) 指示灯电路   (b) I/O口驱动   (c) 总线式风格

图 5.7 LED 常用电路原理图

当电路中需要点亮多个 LED 时,从工程实际考虑,并不推荐直接用 I/O 口驱动,因为I/O 口驱动能力有限,长时间工作会增大控制器的功耗,甚至会烧毁芯片。更优的方法是在电路中引入三极管,通过小电流控制三极管的基极,实现三极管的打开与关闭,从而控制更大的电流从电源端直接流过 LED。图 5.8(a)采用了 NPN 三极管,当 I/O 口为高电平时,三极管导通,因三极管有电流放大作用,集电极电流可以达到毫安级,足以点亮 LED;当 I/O口为低电平时,三极管关闭,LED 熄灭。图 5.8(b)采用了 PNP 三极管,原理与 NPN 三极管类似,只是控制电平相反。

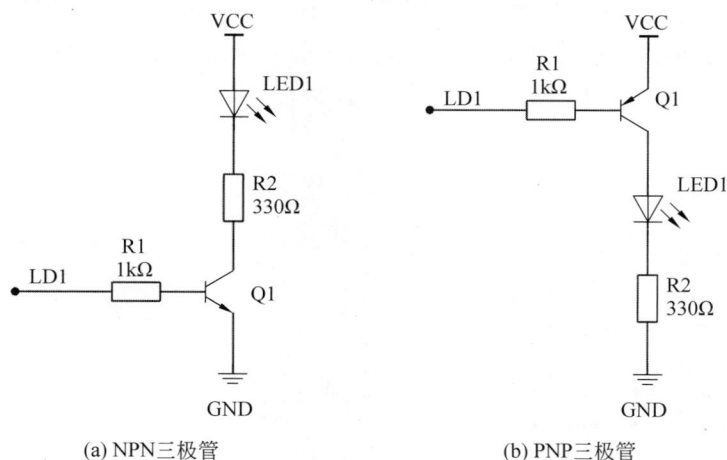

(a) NPN三极管　　　　　　　　(b) PNP三极管

图 5.8　三极管控制 LED 原理图

5.2.2　数码管

数码管是将多个 LED 组成固定的字形，放入聚苯醚、ABS 等材料构成的外壳中，通过封胶、灌胶、抽真空等工艺加工而成。由于这些 LED 的引线在内部已经实现了连接，只需引出各个笔端和公共电极。

LED 数码管种类繁多，按照外形尺寸可分为 0.3 英寸、0.5 英寸、0.8 英寸等；按照显示的位数可分为一位、双位和多位；按照字形结构可分为 8 字形、米字形、符号管等；按照电路内部公共端的连接形式，可分为共阳极和共阴极两大类。图 5.9(a)中所有数码管的阳极接在一起，称为共阳极数码管，使用时公共端必须接电源正极；图 5.9(b)中所有数码管的阴极极接在一起，称为共阴极数码管，使用时公共端必须接地。

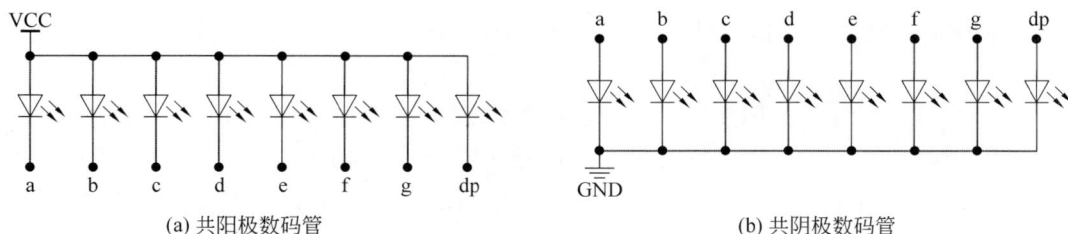

(a) 共阳极数码管　　　　　　　　　　　(b) 共阴极数码管

图 5.9　数码管原理图

数码管有两种驱动方式：一种是静态显示，另一种是动态显示。下面以 8 字形数码管为例介绍这两种驱动方式，8 字形数码管也称作七段数码管，内部有 8 个 LED，其中 7 个 LED 组成 8 字形，可显示 0～9 或自定义的一些图形，剩下 1 个 LED 用来显示小数点，这些段分别由字母 a、b、c、d、e、f、g 和 dp 表示，七段数码管结构图如图 5.10 所示，如需显示 3，只需点亮 a、b、c、d、g 五段。

静态显示的工作原理是将数码管的段选信号接在一个 8 位的数据线上，数据线提供显示的字形码。如果有 n 个数码管，需要 $8n$ 个数据线。送入字形码后，显示字形可一直保持，直到送入新字形码为止。图 5.11 是 1 位共阳极数码管显示原理图，数码管内部元件是

LED,因此数码管与控制器之间需要加限流电阻,DG 为公共端,共阳极数码管公共端接电源正极,A～DP 端为低电平时对应的段点亮,该电路用到 8 个 I/O 端口。实际电路中有时会在控制器和限流电阻间加一个缓冲器来提高驱动能力,如 74HC244、74HC245 等芯片。

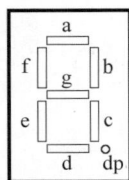

图 5.10　七段数码管结构图　　　　图 5.11　1 位共阳极数码管显示原理图

　　静态显示的优点是电路结构简单,显示稳定、清晰,不会产生闪烁,适用于固定信息的显示,它的缺点是随着显示位数的增加,需要的 I/O 引脚和译码器数量成倍增加,增大了硬件电路的成本和功耗,因此不适用于显示位数较多的场合。

　　如果需要显示较多位数,可以采用动态显示方式。动态显示也称为扫描显示,主要原理是将所有数码管的段线(段选信号)并联在一起,并为每一位数码管的公共端增加选通控制信号(位选信号)。当输出字形码时,所有数码管都会接收到该码,但究竟由哪个数码管显示,取决于位选信号,所以只需要将待显示数码管的选通控制打开,该数码管就可以显示出字形,没有选通的数码管则不会显示。虽然某一时刻只有一位数码管被点亮,但只要扫描频率足够快(至少大于 24Hz),就可以利用 LED 的余辉和人眼视觉暂留作用,让用户感觉到这些数码管被同时点亮。

　　动态显示的优点是能够节省 I/O 口资源、具有较好的通用性和扩展性,适用于显示多位数字或需要频繁更新的信息;缺点是容易产生闪烁和干扰,显示效果不如静态显示稳定、清晰。

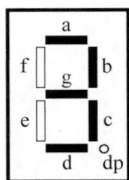

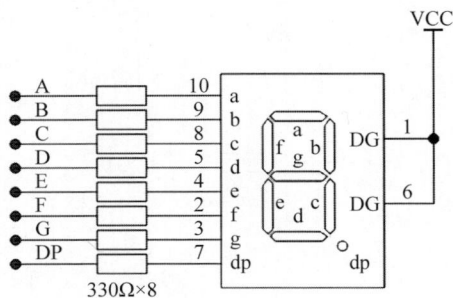

　　图 5.12 是一个 4 位共阳极数码管动态显示原理图,整个电路使用了 12 个 I/O 引脚(4个位选信号和 8 个段选信号)。为了减小控制器功耗,图中使用了三极管。DS1～DS4 是位选信号,分别接至 PNP 三极管 Q1～Q4 的基极,低电平时三极管导通,相当于数码管公共端接 VCC,高电平时三极管断开,公共端即与 VCC 断开,通过这 4 个位选信号就可以选择对应的数码管。R1～R4 为上拉电阻,确保位选信号无效时,PNP 三极管处于关断状态,增加电路的可靠性。A～DP 是段选信号,接 NPN 三极管 Q5～Q12 的基极,高电平时三极管导通,低电平时断开,在公共端接至 VCC 的前提下,控制段选信号就可以显示对应的字形。R25～R32 为下拉电阻,确保段选信号无效时,NPN 三极管处于关断状态。有时为简化电路,R1～R4 和 R25～R32 会被省掉。图 5.12 中 LA～LDP 为内部网络名,是对电路中的线路或端口所做的标注,相同网络名实际上是连在一起的。采用这种方式可以避免因连线过多造成凌乱,方便电路识图。

　　在一些设计中,为了节省控制器的 I/O 口会使用串口转并口芯片来驱动数码管,如74HC595。该芯片内部包含一个 8 位的串入并出移位寄存器和一个 8 位的存储寄存器,这

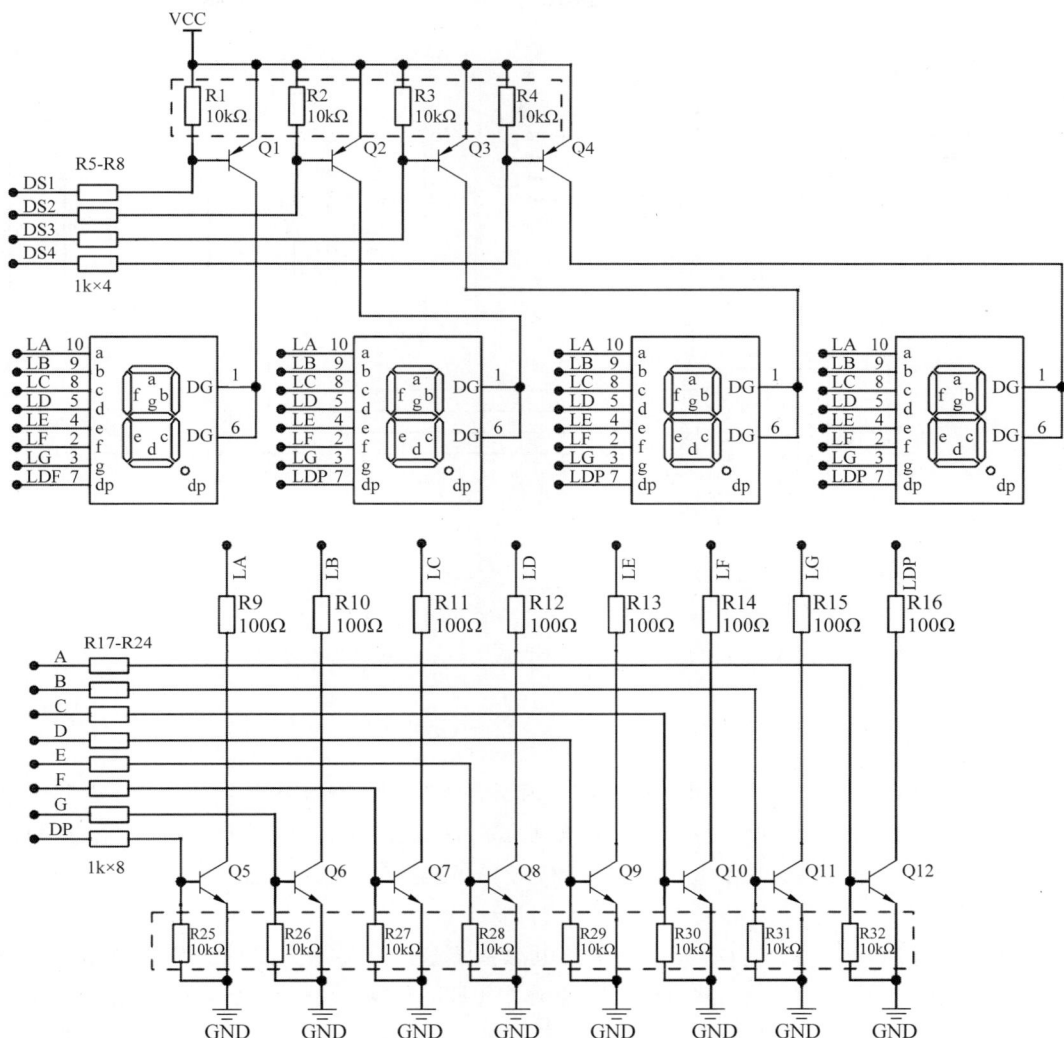

图 5.12　4 位共阳极数码管动态显示原理图

两个寄存器分别由时钟 SCK 和 RCK 控制,SCK 上升沿时将 SI 端输入的数据由高位至低位存入移位寄存器中,RCK 为存储寄存器的时钟引脚,上升沿时将移位寄存器中的数据一次性存入存储寄存器中;SQH 为串行输出端口,接下一片的 SI 端口可以实现级联;MR♯ 是复位信号,低电平有效,数据操作时保持高电平;OE♯ 是输出使能信号,低电平时允许输出,高电平时为高阻态,实际应用时 OE 可固定为低电平。

图 5.13 是用两片 74HC595 驱动 4 位共阳极数码管原理图,仅使用了 3 个 I/O 口。U1 的输出 Q0～Q7 用于控制数码管的段选信号,U2 的输出 Q0～Q3 用于控制数码管的位选信号。这 12 位信号按照先位选后段选的顺序经 DATA 端口(U1 的 14 脚)逐位传入,SCK 为移位时钟信号,全部传入后利用 RCK 将数据锁存,对应的数码管上就可以显示出字符。如果需要显示 4 位数据,可参照图 5.12 电路中的扫描方式输出段选和位选数据,只是这些数据是通过串行方式传入的。

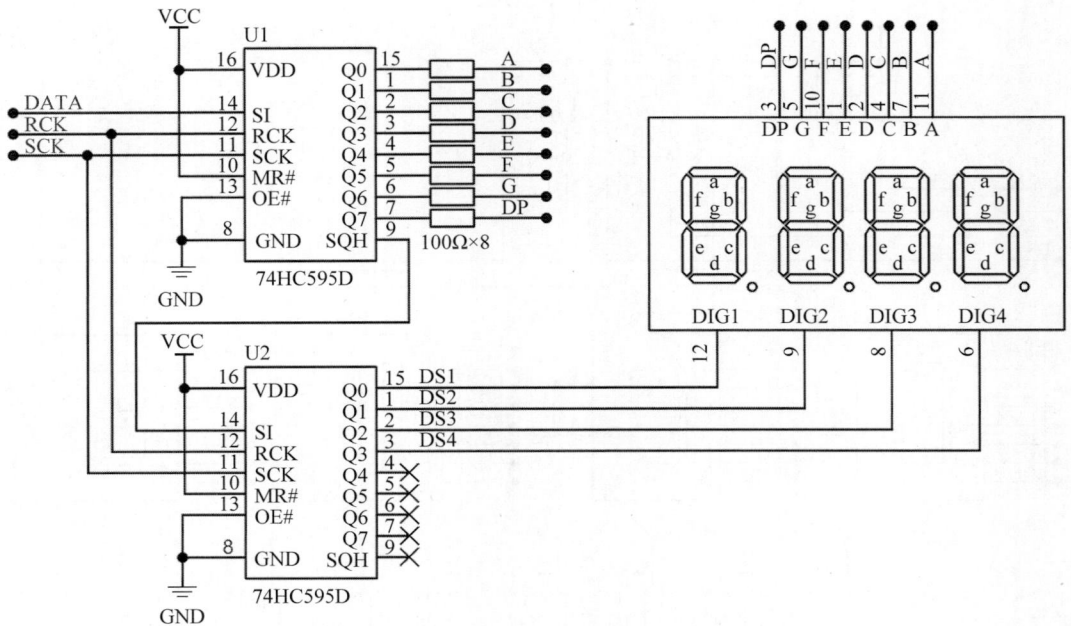

图 5.13　两片 74HC595 驱动 4 位共阳极数码管原理图

5.2.3　LED 点阵

　　LED 点阵由 LED 组成,通过灯珠的亮灭显示文字或图形,如果将多个 LED 点阵组装起来还可以形成显示屏,用来显示动画、视频等信息,广泛应用在各类公共场合。LED 点阵有单色、双色和全彩三类,可显示红、黄、绿、橙等颜色,有 5×7、5×8、8×8、16×16、32×32 等多种规格。

　　LED 点阵通常由显示模块、控制系统及电源系统组成。显示方式分为静态显示和动态显示。静态显示原理简单、控制方便,但当点阵中 LED 较多时硬件接线复杂,还会占用大量的控制器 I/O 端口,实际应用中一般采用动态扫描方式。动态扫描是通过逐行或逐列的方式控制 LED 灯的亮灭,优点是控制线路简单,便于扩展。

　　下面以 8×8 LED 点阵为例介绍动态扫描原理,8×8 LED 点阵由 64 个 LED 组成,被排成 8 行 8 列,封装后对外引出 16 个引脚,其中 8 个接行线,8 个接列线。每个行线和列线的交叉点上放置一个 LED,根据接线方式可分为两种结构:一种是行共阳、列共阴,另一种是行共阴、列共阳,如图 5.14 所示,图中展示了它们的内部结构及相应的引脚图。

　　LED 点阵的扫描方式可分为行扫或列扫。以图 5.14(b)为例,行扫时,由于行线共阴,可以先将行线设置为低电平,然后根据需要设置列线的电平,列线为高电平时,交叉点上的LED 亮;反之,LED 不亮。例如,希望第 1 行 LED 全亮,可将第 9 脚接低电平,再将 13、3、4、10、6、11、15 和 16 引脚接高电平即可。行扫就是轮流设置行线为低电平,然后通过列线控制该行线上 LED 的亮灭。同理,采用列扫时,由于列线所接为 LED 阳极,可以将列线设置为高电平,再根据需要设置行线的电平,行线为低,对应交叉点上的 LED 亮;反之,LED 不亮。例如,希望第 1 列全亮,将 13 引脚接高电平,9、14、8、12、1、7、2 和 5 引脚接低电平即可。列扫就是轮流设置列线为高电平,通过控制行线就可以控制该列线上 LED 的亮灭。无

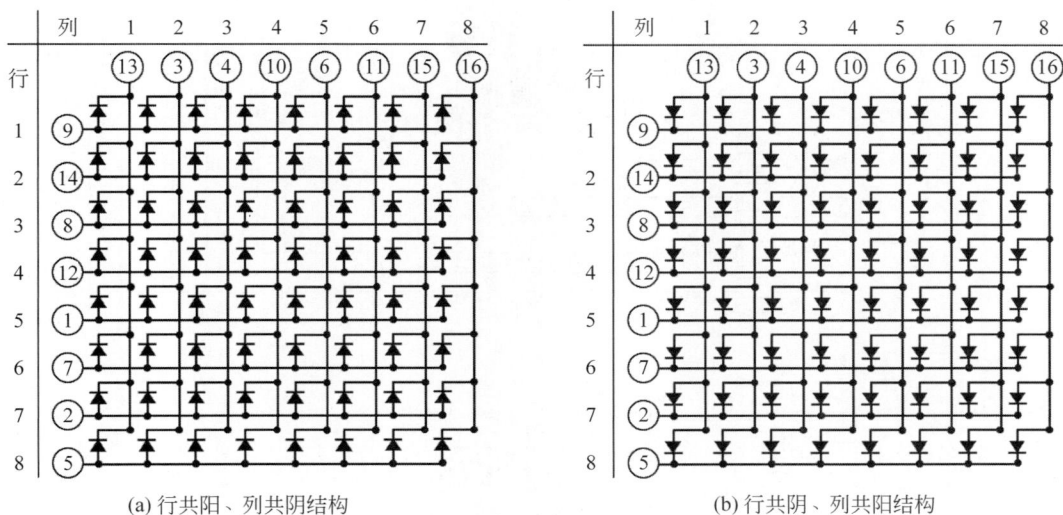

(a) 行共阳、列共阴结构　　　　　　　　　　　(b) 行共阴、列共阳结构

图 5.14　8×8 LED 点阵模块

论行扫还是列扫,虽然任意时刻只有一行或一列中的 LED 处于被点亮的状态,但只要扫描速度足够快,就能够在显示屏上看到稳定的图形,这个工作原理与动态数码管相似。

图 5.15 是一个 8×16 LED 点阵的控制电路,其中点阵部分由两个行共阴、列共阳的 8×8 点阵构成,该电路与图 5.12 所示动态数码管原理图相似。为了减少对 I/O 引脚的占用,图中用两个 74HC138 译码器构成一个 4-16 译码电路,译码器的输出与控制 16 个列线通断的 PNP 三极管相接,这样列控制信号由 16 个减少为 4 个。由于译码器输出低电平有效且只有 1 位有效,因此 16 个三极管同一时间只有 1 个导通,导通的三极管所控列线与 VCC 相连,这样通过控制 COL1～ COL4 以递增或递减方式变化,就可以实现列扫。此外,将 COL4 信号与 VCC、GND 组合控制 G2A、G2B 或 G1 就实现了片选的效果,低电平时 U1 使能,选择点阵的 1～8 列,高电平时 U2 使能,选择点阵的 9～16 列。

当然,也可在驱动电路使用串入并出芯片,如 74HC595,将列线或行线的控制通过串行方式输入,经芯片转换成并行信号再去控制 LED 点阵,这种方式占用的 I/O 引脚更少,但驱动起来相对复杂。

5.2.4　LCD 液晶屏

1. LCD 简介

LCD(Liquid Crystal Display,液晶显示器)的结构是在两片平行的玻璃基板当中放置液晶盒,下基板玻璃上设置 TFT(薄膜晶体管),上基板玻璃上设置彩色滤光片。正常情况下,液晶分子排列有序,使面板呈现透明状态,但通过 TFT 上的信号与电压的改变就可以控制液晶分子的转动方向,从而控制每个像素点偏振光是否出射,最终达到显示目的。液晶显示材料有很多优点,如驱动电压低、功耗小、可靠性高、显示信息量大、易于彩色化、无闪烁、成本低廉等,可以制成各种规格和类型的液晶显示器。

LCD 按照显示形式可分为笔段型、字符型和点阵图形型。笔段型以长条状显示像素构成,可显示数字、西文字母或某些字符。笔段型 LCD 围绕数字"8"的结构变化,可扩展为六

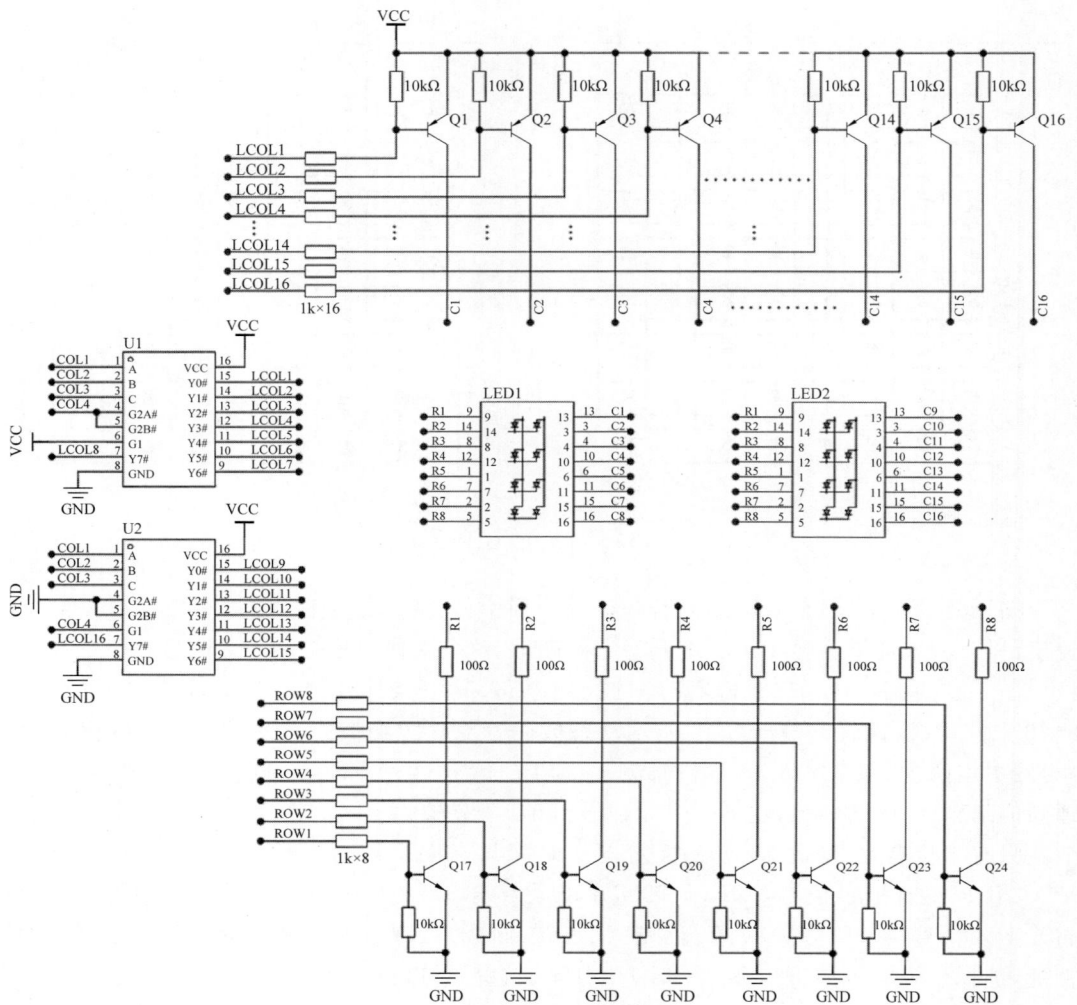

图 5.15 8×16 LED 点阵的控制电路

段、七段、八段、九段、十四段和十六段等,其中七段最常用,广泛应用在电子表、数字仪表等产品上。字符型 LCD 通常由若干 5×8 或 5×10 点阵组成,每个点阵显示一个字符,可显示字母、数字、符号等,显示内容比笔段型 LCD 丰富,广泛应用在各种电子产品中。点阵图形型 LCD 是在平板上排列多行和多列的格点,形成矩阵形式,点的大小可根据显示清晰度来设计,这类产品应用在需要图形显示的设备上,如游戏机、笔记本电脑和彩色电视等。

有的 LCD 上安装了控制器,这种 LCD 又称为内置式 LCD,它的控制器和驱动器以厚膜电路的形式做在液晶模块 PCB 上,外接数字信号或模拟信号就可驱动 LCD 显示。内置式 LCD 使用方便,在字符型 LCD 和点阵图形型 LCD 中得到广泛应用。不带控制器的 LCD 须另外选配相应的控制器和驱动器才能工作。

2. HD44780U 液晶驱动控制器

HD44780U 是较常用的字符型液晶显示驱动控制器,能驱动液晶显示文字、数字、符号和日语假名字符。单片 HD44780U 可实现 1 行 8 字符或 2 行 16 字符显示;HD44780U 的字形发生 ROM 可产生 240 个字符,其中,5×8 点阵字符 208 个,5×10 点阵字符 32 个;内部包含一个 80×8 位的显示 RAM,最多可显示 80 个字符;通过配置,可以连接 8 位或 4 位的 MCU。

HD44780U 控制器内部有三个存储器,分别是字形发生 ROM(CGROM)、字形发生 RAM(CGRAM)和显示数据 RAM(DDRAM)。其中,CGROM 是内置的字模库,液晶屏出厂时厂商会将一些标准字符的字模编码固化到该空间,用户无法修改,HD44780U 中内置了 192 个常用字符的字模。CGRAM 开放给用户使用,可存储 8 个自定义字符。DDRAM 用于存储待显示的字符编码,容量为 80×8 位。如在屏幕左上角显示字符"A",只需把字符"A"的字符代码 41H 写入 DDRAM 的地址 00H 处,液晶屏控制器会根据字符编码从 CGROM 中找到对应字符的字模并显示到指定的位置。

HD44780U 内部有两个 8 位的寄存器,分别是数据寄存器(Data Register,DR)和指令寄存器(Instruction Register,IR)。其中 DR 用于暂存读/写内部存储器的数据;IR 用于存放指令代码,如清屏、光标移位等命令及内部存储器的地址信息等。当地址信息被写入 IR 时,也被写入地址计数器(Address Register,AC)中。控制器写入或读出数据后,AC 的值自动加 1。另外,HD44780U 内还有一个忙标志位(Busy Flag,BF),用来标记内部操作是否完成。当 $RS=0$,$R/\overline{W}=1$ 时,忙标志位被写到 DB7,下次操作时须保证 BF 为 0 后才可写入。

HD44780U 控制器有四种基本操作。

(1) 读状态:$RS=0$、$R/\overline{W}=1$、$E=$ 高电平时,D7~D0 输出状态字。

(2) 读数据:$RS=1$、$R/\overline{W}=1$、$E=$ 高电平时,D7~D0 输出数据。

(3) 写命令:$RS=0$、$R/\overline{W}=0$、$E=$ 下降沿时,无输出。

(4) 写数据:$RS=1$、$R/\overline{W}=0$、$E=$ 下降沿时,无输出。

HD44780U 内部有 11 条控制指令,如表 5.2 所示。

表 5.2 HD44780U 控制指令

序号	指　　令	RS	R/$\overline{W}$	D7	D6	D5	D4	D3	D2	D1	D0
1	清屏	0	0	0	0	0	0	0	0	0	1
2	光标复位	0	0	0	0	0	0	0	0	1	×
3	输入方式设置	0	0	0	0	0	0	0	1	I/D	S
4	显示开关控制	0	0	0	0	0	0	1	D	C	B
5	光标或字符移位控制	0	0	0	0	0	1	S/C	R/L	×	×
6	功能设置	0	0	0	0	1	DL	N	F	×	×
7	字形发生存储器地址设置	0	0	0	1	字形发生存储器地址					
8	数据存储器地址设置	0	0	1	显示数据存储器地址						
9	读忙标志或地址	0	1	BF	计数器地址						
10	写入数据至 CGRAM 或 DDRAM	1	0	要写入的数据内容							
11	从 CGRAM 或 DDRAM 中读取数据	1	1	读取的数据内容							

主要指令说明如下:

指令1：清屏后，光标复位到地址00H。

指令2：光标复位到地址00H。

指令3：I/D控制光标的移动方向，高电平右移，低电平左移；S用来设置显示屏上所有文字是否移动，高电平有效。

指令4：D用来设置屏幕是否显示，高电平表示开显示，低电平表示关显示；C用来设置有无光标，高电平表示有光标，低电平表示无光标；B用来设置光标是否闪烁，高电平闪烁，低电平不闪烁。

指令5：S/C高电平时移动显示的文字，低电平时移动光标。

指令6：DL用来设置总线工作模式，高电平时为8位总线，低电平时为4位总线。N为低电平时单行显示，高电平时双行显示；F为低电平时显示5×8的点阵字符，高电平时显示5×10的点阵字符。

指令9：BF为忙标志位，高电平表示忙，此时模块不能接收命令或数据，低电平表示空闲。

3. LCD1602 液晶显示屏

LCD1602 液晶显示屏是一种广泛使用的字符型液晶显示模块，如图 5.16 所示，其主控芯片为 HD44780。不同厂家的 LCD1602 有时会略有不同，但使用方法基本相似。LCD1602 分为背光和不带背光两种，是否带背光在实际应用中无差别。带背光的模块为 16 引脚，不带背光的为 14 脚，LCD1602 引脚功能如表 5.3 所示。

图 5.16　LCD1602 字符型液晶显示模块

表 5.3　LCD1602 引脚功能

编号	符号	引脚说明	编号	符号	引脚说明
1	VSS	电源地	9	D2	数据
2	VDD	电源正极	10	D3	数据
3	V0	液晶显示偏压	11	D4	数据
4	RS	数据/命令选择	12	D5	数据
5	R/$\overline{\text{W}}$	读/写选择	13	D6	数据
6	E	使能信号	14	D7	数据
7	D0	数据	15	A	背光源正极
8	D1	数据	16	K	背光源负极

引脚3(V0)：用于调整液晶显示的对比度，使用时需外接一个 10kΩ 的电位器。如果不接电位器则无法调节对比度，可能导致显示不清晰或过于暗淡。接正电源时对比度最弱，接地时对比度最高，对比度过高时会产生"鬼影"现象。

引脚4(RS)：寄存器选择脚，高电平时选择数据寄存器，低电平时选择指令寄存器。

引脚5(R/$\overline{\text{W}}$)：读/写信号线，高电平时执行读操作，低电平时执行写操作。当 RS 和

R/$\overline{\text{W}}$均为低电平时可写入指令或显示地址；当 RS 为低电平、R/$\overline{\text{W}}$为高电平时，可读取忙信号；当 RS 为高电平、R/$\overline{\text{W}}$为低电平时，写入数据。

引脚 6(E)：使能端，由高电平跳变为低电平时，液晶模块执行写操作。

引脚 7~14(D0~D7)：8 位双向数据线。

引脚 15(A)：背光正极，可根据需要的亮度，在该引脚和 VDD 间接一个限流电阻。

引脚 16(K)：背光负极，接 VSS。

LCD1602 液晶模块与控制器有两种连接方式，一种是直接控制，另一种是间接控制，二者区别只是数据线的宽度不同。

（1）直接控制方式。

单片机、FPGA 等控制器需提供 11 根 I/O 线，分别与 LCD1602 的 8 根数据线和 3 根控制线 E、RS 和 R/W# 相连，如图 5.17 所示，图中省略了控制器。通常情况下，控制器只需向 LCD1602 写入命令和数据，因此，也可将 LCD1602 的 R/W# 直接接地。在某些应用中，由于控制器 I/O 口是开漏输出，不能输出高电平，需要在这 11 根线上各接 1 个上拉电阻。

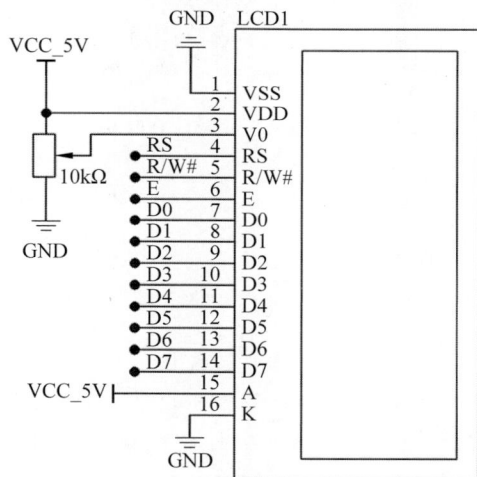

图 5.17　LCD1602 并行控制电路原理图

（2）间接控制方式。

间接控制方式也称为四线制工作方式，通过引脚 D4~D7 与控制器进行通信，先传数据或命令的高 4 位，再传低 4 位，这样电路可以进一步简化。四线并口通信减少了对控制器 I/O 的需求，如果 I/O 资源紧张，可以考虑使用此方法。

5.2.5　OLED 液晶屏

OLED(Organic Light-Emitting Diode，有机发光显示器)是继 CRT(Cathode Ray Tube，阴极射线管)、LCD 显示之后的第三代显示技术。OLED 是一种电流型的有机发光器件，通过载流子的注入和复合而发光，发光强度与注入的电流成正比。相比传统的 LCD 技术，OLED 显示技术具有明显的优势，它的组件结构简单，生产成本低，具有自发光的特性，不需要背光模块，可以省掉灯管的重量、体积及耗电量。此外，OLED 亮度高、发光率好、有较宽的视角，可制作成曲面屏，应用范围可以延伸到消费电子、商业、交通、工控、医用等领域。

OLED 按照色彩可分为单色、多彩及全彩三种;按照驱动方式可分为 AMOLED 和 PMOLED 两种。AMOLED(Active Matrix OLED)即主动矩阵 OLED 或有源矩阵 OLED,PMOLED(Passive Matrix OLED)即被动矩阵 OLED 或无源矩阵 OLED。目前市场上的 OLED 产品大多为 AMOLED。

图 5.18 所示是一个 128×64 像素的 OLED 显示屏,屏中有 8192 个像素,而每个发光点有正负两个电极,加起来共有 8192×2 个,因此将这些电极全部引出是不现实的。实际做法同 LED 点阵类似,将每列的正极接在一起引出一个电极,定义为一个段(SEG),每行的负极接在一起引出一个电极,定义为一个公共极(COM),这样只需引出 128 个段引脚、64 个公共极引脚(共 192 个)就可以控制一个 128×64 的点阵。

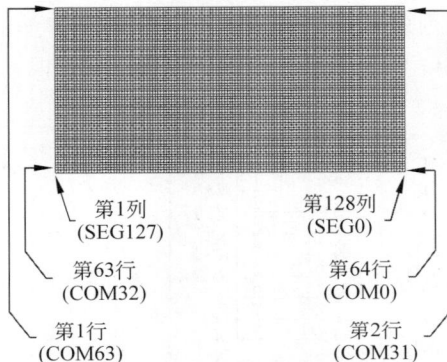

图 5.18 128×64 像素的 OLED 显示屏

除显示屏外,还需要驱动芯片来控制每个像素的亮度和颜色,对于图 5.18 所示 128×64 OLED 可以使用 SSD1306 等芯片来驱动。SSD1306 是一款单芯片 CMOS OLED 驱动器,有 128 个列输出和 64 个行输出,内部嵌入了对比度控制、显示 RAM 和振荡器等部件,因此可减少外部组件和功耗,适用于各类便携式应用场合。SSD1306 芯片共有 281 个引脚,其中 192 个引脚(128+64)用于 OLED 屏的行列扫描,其他引脚除用于供电或未被使用外,主要用于和控制器交互。SSD1306 支持并行、SPI 及 I²C 等协议,通过 BS[2:0]引脚可设置不同的接口模式,如表 5.4 所示。

表 5.4 SSD1306 总线接口选择

引脚名	I²C 接口	6800 并行接口(8 位)	8080 并行接口(8 位)	4 线串口	3 线串口
BS0	0	0	0	0	1
BS1	1	0	1	0	0
BS2	0	1	1	0	0

与控制器交互的信号包括 8 个数据引脚和 5 个控制引脚,表 5.5 列出了不同接口模式下的引脚定义。

表 5.5　SSD1306 控制器不同接口模式下的引脚定义

总　线	数据/命令接口								控 制 信 号				
	D7	D6	D5	D4	D3	D2	D1	D0	E	R/W#	CS#	D/C#	RES#
8080	D[7:0]								RD#	WR#	CS#	D/C#	RES#
6800	D[7:0]								E	R/W#	CS#	D/C#	RES#
3 线 SPI	接地					NC	SDIN	SCLK	接地		CS#	接地	RES#
4 线 SPI	接地					NC	SDIN	SCLK	接地		CS#	D/C#	RES#
I²C	接地					SDA$_{OUT}$	SDA$_{IN}$	SCL	接地			SA0	RES#

NC：不连接。

图 5.19 是基于 SSD1306 控制器设计的 128×64 像素的 OLED 显示屏接口电路，通过选接不同的电阻（R1～R5）可设置接口的通信方式，具体接法见图中左下角表格。如选择 4 线 SPI 通信方式，只需连接电阻 R2，即 BS[2:0] 为 000。如选择 I²C 通信方式，除 R2 外其他电阻均需接入，其中 R1 用于选择 I²C 协议，即 BS[2:0] 为 010，R3 和 R4 作为 I²C 通信的上拉电阻，R5 用来短接 D2 和 D1（数据手册要求）。

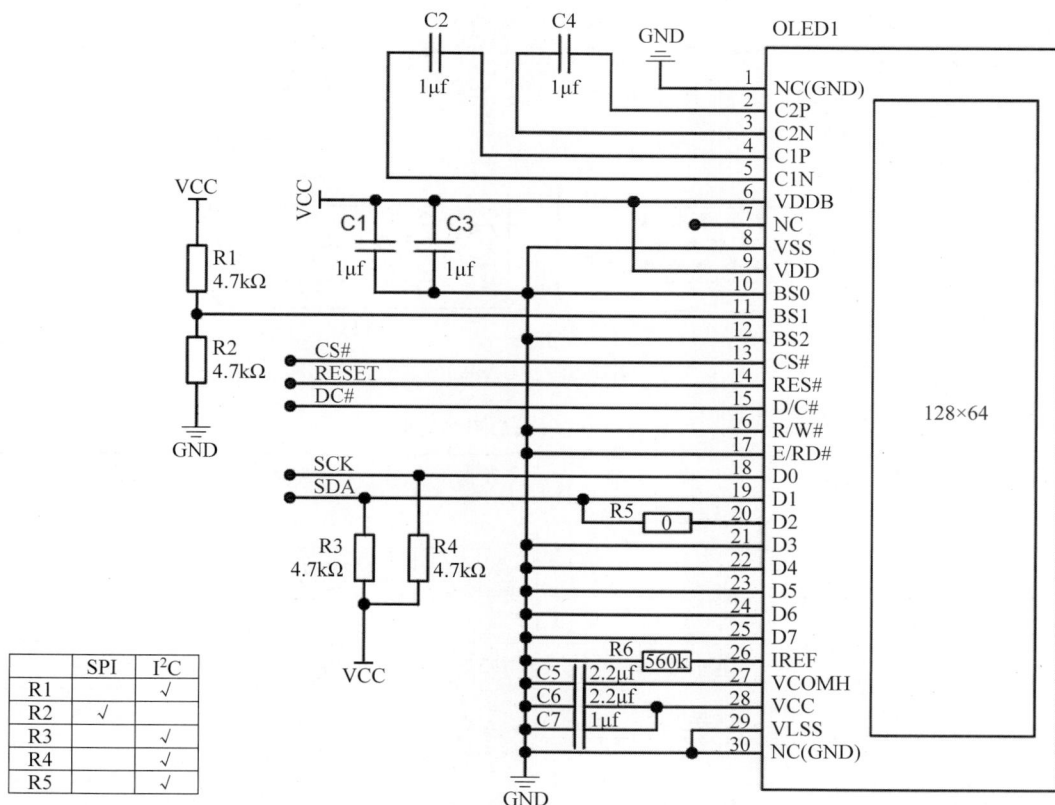

	SPI	I²C
R1		√
R2	√	
R3		√
R4		√
R5		√

图 5.19　128×64 像素的 OLED 显示屏接口电路（控制器为 SSD1306）

5.2.6 VGA 显示

1. 简介

VGA(Video Graphics Array,视频图形阵列)是 IBM 公司于 1987 年推出的一种视频传输标准协议,它利用显卡中的 D/A(数字/模拟)转换器将计算机内部的图像信号转换为模拟信号,再通过 VGA 接口和电缆传输到显示设备中,从而将图像显示在显示器上。VGA标准在相当长的一段时间内因其分辨率高、显示速度快、颜色丰富等优点,广泛应用于彩色显示器领域。随着数字信号的兴起以及 LCD、OLED 等显示器的普及,HDMI 等数字接口逐渐占领市场,但 VGA 接口由于其良好的兼容性和成本优势,在一些与视频相关的设备上仍被保留,比如液晶屏、投影仪、台式机、电视等。

VGA 接口分为公头和母头两种,信号线以针式引出的称为公头,以孔式引出的称为母头,如图 5.20 所示。计算机和 VGA 显示器上一般引出母头接口,通过两端均为公头的VGA 视频线将二者连接起来。VGA 接口共有 15 个引脚,外观呈 D 形或梯形,也叫 D-Sub15 接口,这 15 个引脚分为 3 排,每排 5 个,各引脚定义如表 5.6 所示,其中 1、2、3、13、14 是主要信号。VGA 使用工业界通用的 RGB 色彩模式作为色彩显示标准,引脚 1~3 是传输三原色的通道,分别为红基色(RED)、绿基色(GREEN)和蓝基色(BLUE),各颜色依据三原色中红、绿、蓝色所占比例叠加后产生。引脚 13 和引脚 14 分别是行同步信号(Horizontal Synchronization, HSync)和场同步信号(Vertical Synchronization, VSync),负责图像色彩信息的同步。引脚 4、11、12 和 15 用于读取显示器信息,在后期的一些版本中 12、15 脚定义为 I^2C 接口的数据和时钟信号。

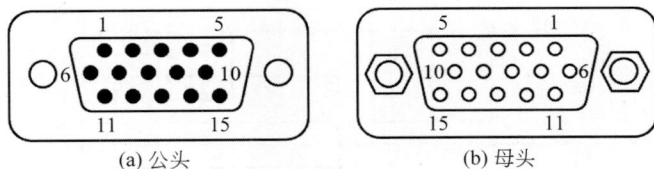

(a) 公头　　　　　　(b) 母头

图 5.20　VGA 接口

表 5.6　VGA 接口引脚说明

引脚	名　　称	描　　述	引脚	名　　称	描　　述
1	RED	红基色	9	KEY/PWR	预留
2	GREEN	绿基色	10	GND	场同步地
3	BLUE	蓝基色	11	ID0	地址码 0
4	ID2	地址码 2	12	ID1/SDA	地址码 1
5	GND	行同步地	13	HSync	行同步
6	RGND	红色地	14	VSync	场同步
7	GGND	绿色地	15	ID3/SCL	地址码 3
8	BGND	蓝色地			

2. 工作原理

VGA 兴起于 CRT 显示器时代,标准中的很多概念与 CRT 有关。CRT 显示器的荧光屏上涂有荧光粉,其色彩是由电子枪发出的电子束打在荧光屏上产生的三基色合成的,但每次轰击只能形成一个像素点,要想让整个图像在显示器上显示出来,需要采用扫描的方式。通常有两种扫描方式,即逐行扫描和隔行扫描。

VGA 逐行扫描示意图如图 5.21 所示,扫描从屏幕左上角开始,从左向右逐点扫描,每扫描完一行,电子束回到屏幕左边下一行的起始位置,在返回期间需要对电子束进行消隐,即控制电路不再发出电子束,否则回扫时电子束打在屏幕上会破坏图像。每行结束时,利用行同步信号进行同步,表示一行结束。所有行扫描完成后形成一帧图像,用场同步信号进行场同步,并使扫描回到屏幕左上方,同时进行场消隐。在扫描的过程中会对每一个像素点单独赋值,使像素点显示对应色彩信息,一帧图像扫描结束

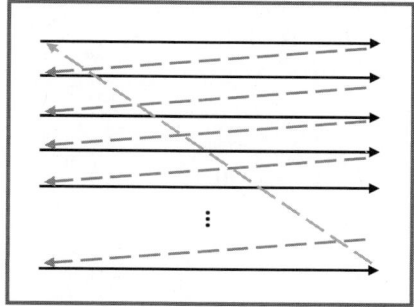

图 5.21　VGA 逐行扫描示意图

后,开始下一帧图像的扫描,循环往复,根据人眼的视觉暂留特性,只要扫描速度足够快,看到的就是一幅完整的图片,而不是一个个闪烁的像素点。隔行扫描是指电子束每隔一行进行扫描,完成一屏后再返回扫描剩下的行,隔行扫描的显示器闪烁较明显,容易造成使用者眼睛疲劳,因此常使用逐行扫描方式。

VGA 在传输过程中的同步时序分为行扫时序和场扫时序,分别如图 5.22 和图 5.23 所示,VGA 标准中图像被分解为 RGB 三原色信号,图中 DATA 代表 RGB 数据,经数模转换之后,在行同步和场同步信号的同步下分别经三个独立通道传输。行扫时序和场扫描时序相似,一行或一场数据分为四部分,分别是同步脉冲、消隐后沿、有效数据以及消隐前沿。消隐的概念来自 CRT 显示器,从左到右显示完一行有效数据后要关闭电子枪,消隐前沿完成该操作,接收到行同步信号后,电子枪的指向需要从最右侧回到显示屏的最左侧,这个过程与消隐后沿对应。

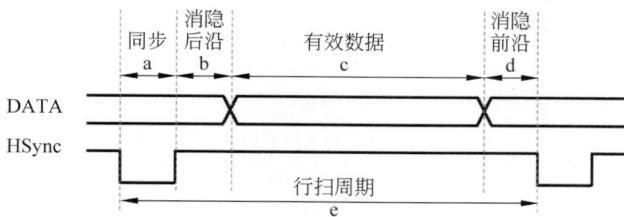

图 5.22　VGA 行扫时序

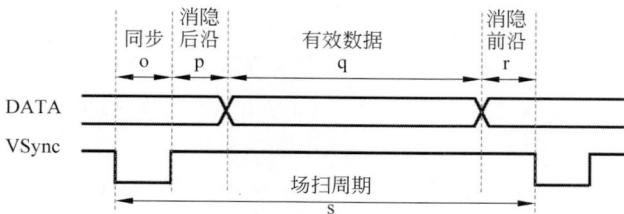

图 5.23　VGA 场扫时序

表 5.7 是 VGA 常用分辨率的时序参数,其中行周期长度 e 和列周期长度 s 与屏幕的分辨率、刷新频率有关。行同步信号是周期性脉冲信号,每个周期长度 $e=a+b+c+d$,基本单位是显示一个像素点需要的时间,一个行扫描周期完成一行图像的显示。其中 a 段为低电平,用于数据同步,其余时间拉高;b、d 为消隐时间,发出的数据无效,c 段为有效数据,在此期间发送 RGB 三原色数据。同理,场同步信号在一个场扫描周期中完成一帧图像的显示,周期长度 $s=o+p+q+r$,与行扫描周期不同的是,场扫描周期的基本单位是显示一行图像需要的时间。

表 5.7 VGA 常用分辨率的时序参数

显示模式	时钟/MHz	行时序(像素数)					场时序(行数)				
		a	b	c	d	e	o	p	q	r	s
640×480@60	25.175	96	48	640	16	800	2	33	480	10	525
640×480@75	31.5	64	120	640	16	840	3	16	480	1	500
800×600@60	40.0	128	88	800	40	1056	4	23	600	1	628
800×600@75	49.5	80	160	800	16	1056	3	21	600	1	625
1024×768@60	65	136	160	1024	24	1344	6	29	768	3	806
1024×768@75	78.8	176	176	1024	16	1312	3	28	768	1	800
1280×1024@60	108.0	112	248	1280	48	1688	3	38	1024	1	1066
1280×800@60	83.46	136	200	1280	64	1680	3	24	800	1	828
1440×900@60	106.47	152	232	1440	80	1904	3	28	900	1	932

VGA 驱动时钟与图像显示的分辨率、刷新频率的对应关系为

$$CLK_{VGA} = HS_{TOTAL} \times VS_{TOTAL} \times FPS \qquad (5-2)$$

其中,HS_{TOTAL} 是行周期内的像素数,即表中的 e;VS_{TOTAL} 是场周期内对应的行数,即表中的 s;FPS 是刷新频率。

以 800×600@60 显示模式为例,计算驱动时钟的频率。800×600 是指有效显示数据的分辨率,800 是指每一行有 800 个像素点,600 是指每一帧图像有 600 行,800×600=480000,即每一帧图片包含 48 万个像素点;@60 是指 VGA 显示图像的刷新频率,即每秒钟显示 60 帧图像。查表 5.7 可知 HS_{TOTAL} 为 1056,VS_{TOTAL} 为 628,代入式(5-2)中计算,得出 $CLK_{VGA}=1056 \times 628 \times 60Hz \approx 40MHz$,利用 FPGA 实现 VGA 驱动电路时,时钟应为 40MHz。

3. 参考电路

VGA 中使用的 RGB 色彩模式是工业界的一种颜色标准,每种颜色都可用一个固定的数字或变量来表示红、绿、蓝三色的强度,该模式几乎包括了人类视力所能感知的所有颜色,是运用最广的颜色系统之一。常用的 RGB 颜色格式有多种形式,其中用 16 位表示的有 RGB565、RGB555、RGB444,24 位表示的有 RGB888,32 位表示的有 RGBA8888,显然,位数越多存储的颜色越丰富。常见 RGB 格式的存储结构如表 5.8 所示。例如,RGB565 使用 16 位表示一个像素,其中 5 位用于 R,6 位用于 G,5 位用于 B,在计算机中可以用一个字(2 字节)来存储一个像素。

表 5.8　常见 RGB 格式的存储结构

格　式	高 8 位								低 8 位							
RGB565	R_4	R_3	R_2	R_1	R_0	G_5	G_4	G_3	G_2	G_1	G_0	B_4	B_3	B_2	B_1	B_0
RGB555		R_4	R_3	R_2	R_1	R_0	G_4	G_3	G_2	G_1	G_0	B_4	B_3	B_2	B_1	B_0
RGB444				R_3	R_2	R_1	R_0	G_3	G_2	G_1	G_0	B_3	B_2	B_1	B_0	
RGB332						R_2	R_1	R_0	G_2	G_1	G_0	B_1	B_0			

由于计算机中处理的图像是数字信号,而 VGA 接收的 RGB 信号是模拟信号,因此设计电路时需要进行数模转换。通常有两种方案:一种是权电阻网络,另一种是采用专用的芯片。权电阻网络成本低,可用于对色彩要求不高的场合,比如一些工业领域,显示器仅用于显示一些简单的菜单,不需要太丰富的颜色,这时采用权电阻网络性价比较高。专用芯片位数较宽,颜色丰富且更加稳定,但成本相对较高,常用于需求较高的场合。

图 5.24 是基于权电阻网络实现的 RGB565 格式的 VGA 接口电路。VGA 标准中规定,RGB 三根线的输入电压范围为 0～0.714V,不同电压对应不同的颜色,其中,0V 代表无色,0.714V 代表满色。由于 VGA 接口在显示器端已内置 75Ω 的终端匹配电阻,设计权电阻网络时需满足某颜色通道输出全 1 时,其等效输出阻抗与终端电阻构成的分压网络可生成0.714V 电平。以图中 5 位(VGA_R 线)权电阻为例计算各电阻阻值,设 Rx 为并联后等效电阻,0.714V 电压由 Rx 和 75Ω 电阻分压后得出。如电源电压为 3.3V,根据分压关系

$$\frac{Rx + 75}{3.3} = \frac{75}{0.714} \tag{5-3}$$

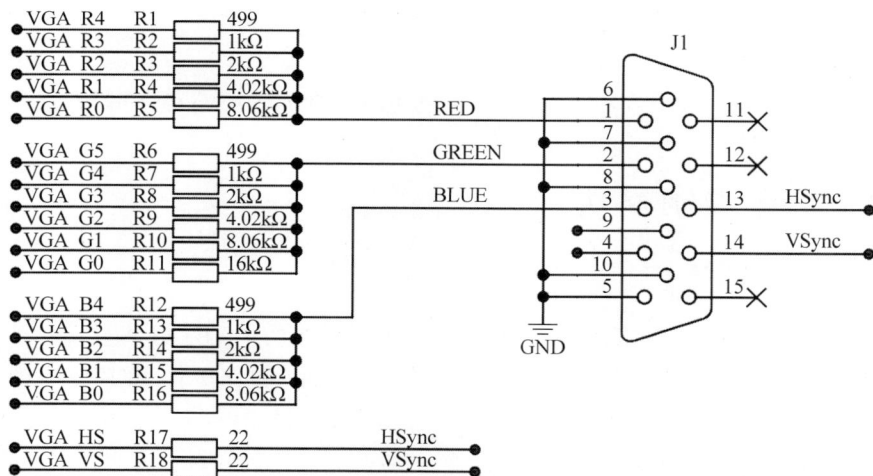

图 5.24　基于权电阻网络实现的 RGB565 格式的 VGA 接口电路

经计算 Rx 为 271.6Ω。根据权电阻网络要求,各电阻阻值成倍数关系,设 R 为基准电阻,则

$$Rx = R \parallel 2R \parallel 4R \parallel 8R \parallel 16R \tag{5-4}$$

得出 R 为 526.225Ω,由于电阻标称值是限定的,可以从临近的 470Ω、499Ω 或者 510Ω 的电阻中选择。在此基础上,选取 2 倍、4 倍、8 倍、16 倍的电阻,构成 VGA_R 线的权电阻网络。同理,可确定 VGA_G 和 VGA_B 线上的权电阻。当控制器输出 16 位编码时,相当于选择

了不同权值的电阻,经电阻分压后得到不同的电压值,经 VGA 接口输出后,在屏幕上就可以显示对应的颜色。

对于有较高显示要求的场合,可以采用专用的视频编码芯片,如 ADV7123。该芯片具有三个独立的 10 位数模转换器(Digital-to-Analog Converter,DAC),能够兼容多种高分辨率色彩。图 5.25 是基于 ADV7123 实现的支持 RGB565 格式的 VGA 接口电路,由于该芯片每一路宽度可达到 10 位,未用到的引脚做接地处理。

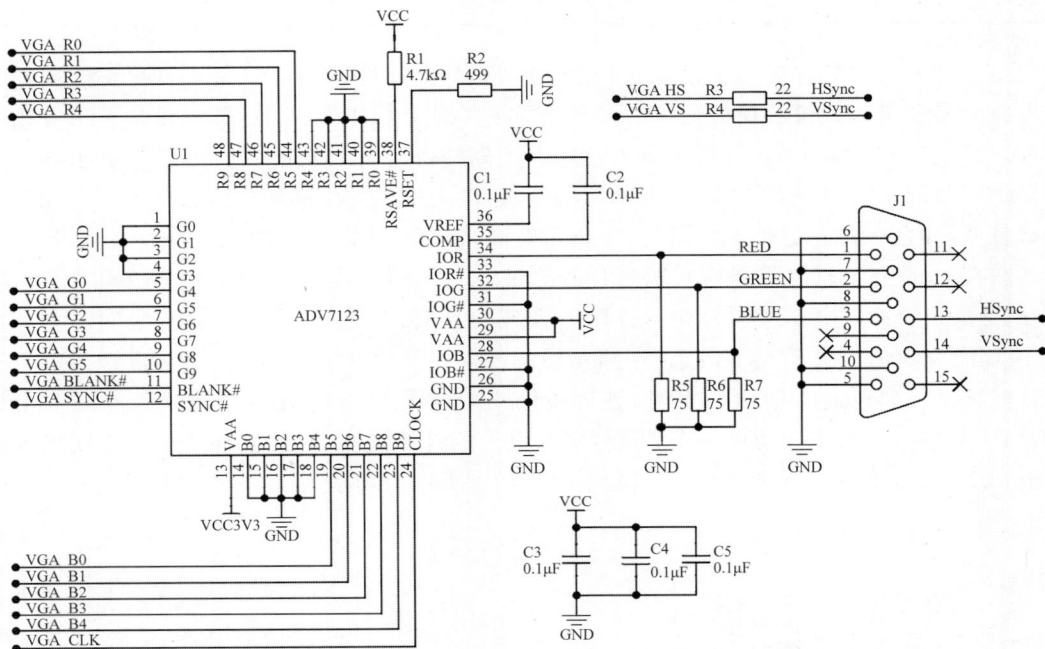

图 5.25　基于 ADV7123 实现的支持 RGB565 格式的 VGA 接口电路

5.3　机电控制模块

5.3.1　继电器模块

继电器(Relay)是一种带隔离功能的自动切换器件,它的本质是用小电流控制大电流运作的一种自动开关,在电路中起着自动调节、安全保护、转换电路等作用,广泛应用于远程控制、遥测、通信、自动控制、电力电子等领域。按工作原理或结构特征,继电器可分为电磁继电器、温度继电器、时间继电器等。

电磁继电器是一种最常见的继电器,一般由铁芯、线圈、衔铁、触点等组成。继电器线圈未通电时处于断开状态的静触点,称为常开触点,处于接通状态的静触点称为常闭触点。当线圈两端加上一定电压时,线圈中会流过一定的电流,从而产生电磁效应,衔铁在电磁力的吸引下克服弹簧的拉力吸向铁芯,从而带动衔铁的动触点与常开触点吸合。线圈断电后,磁力随之消失,衔铁在弹簧的反作用力下返回原来的位置,使动触点与原来的常闭触点吸合。电磁继电器通过对衔铁的吸合、释放,使电路导通或断开。

　　继电器工作时电流相对较大,控制器的 I/O 端口通常无法直接驱动,一般可以在电路中加入晶体管、MOSFET、专用 IC 等进行驱动。

　　图 5.26 是一个常见的继电器驱动电路。K1 为继电器,引脚 1、2 为控制端,接输入回路,引脚 3 为公共端,引脚 4 为常开端,引脚 5 为常闭端,在实际电路设计中可根据需要选择接常开或常闭端子。Q1 为 NPN 三极管,高电平时导通,导通后继电器内部线圈通电产生磁性,吸附开关产生动作实现开关切换。R1 为基极限流电阻;R2 为下拉电阻,确保 CONTROL 端无控制信号时,三极管基极能够被稳定地拉至 GND,使三极管截止。实际电路设计时,通常会在继电器输入端并联一个续流二极管,如图 5.26 中 D1,可避免继电器断开时产生的反向电动势损坏三极管或其他芯片。

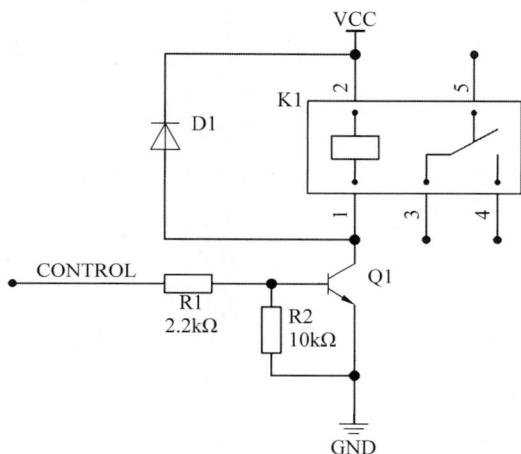

图 5.26 继电器驱动电路

　　为了增大驱动电流使继电器的触点吸合更加牢固,可以将三极管 Q1 替换为达林顿管(两个三极管组成的复合管),这样能够增大三极管的放大倍数,使流过继电器的电流更大。有时还会在 CONTROL 端加装光电耦合器,使控制电路和执行机构隔离,避免继电器吸合和释放时产生的高次谐波对控制器 I/O 端口产生干扰,从而提高系统稳定性。

5.3.2　直流电机

　　直流电机(Direct Current Motor)是一种能将直流电能转换成机械能的设备,主要利用电枢和永磁体之间的相互作用来实现转动,从而产生驱动转矩,作为各类电器或机械的动力源。直流电机具有启动力矩大、转速范围宽、转速调节方便、响应速度快等优点,广泛应用于工业、交通、农业等领域。根据内部结构,直流电机可分为永磁直流电机、电励磁直流电机和串激磁直流电机等。

　　直流电机通过调节电机转速可以获得所需扭矩,其转速计算公式为

$$n = \frac{U - IR}{K\varphi} \tag{5-5}$$

其中,U 为电枢电压,I 为电枢电流,R 为电枢电路总电阻,φ 为磁通量,K 为电机常数。从式(5-5)中可以看出,改变电机的电压、电阻或者磁通都可以调节电机的转速。常见的直流电机调速控制方法有电阻调速法、电压调速法和磁场调速法。在实际应用中,电压调速法最

为方便也最为常用,目前主要使用的是 PWM 调速。

设电机始终接通电源时,电机转速最大为 V_{max},占空比为 $D=t_1/T$,则电机的平均速度为 $V_a=V_{max}\times D$。其中 V_a 指的是电机的平均速度,V_{max} 指的是电机在全通电时的最大速度,当改变占空比 D,就可以得到不同的平均速度 V_a,从而达到调速的目的。平均速度 V_a 与占空比 D 并非严格的线性关系,但在一般的应用中可近似地看成线性关系。

由于控制器的 I/O 口驱动能力有限,通常需要在控制器和电机之间添加驱动电路。驱动电路包括电源部分和控制部分。电源部分是电机工作的动力来源,通常根据电机需要的电压和额定电流来设计电源电路;控制部分与微控制器的信号线相连,用于调速。驱动电路的输出与直流电机的引脚相连,实现对电机的控制。

H 桥电路是驱动直流电机正/反转的常用电路,因电路形状与字母 H 相似而得名,该电路通常包含四个独立控制的开关元器件,如晶体管或 MOS 管。H 桥电路的基本原理是通过改变电路的通断情况,对电机进行不同方向的驱动。图 5.27 为 H 桥驱动电路示意图,开关器件为 NMOS 管,栅极为高电平时导通,要使电机运转,必须使对角线上的一对 MOS 管导通。当 Q1 和 Q4 导通、Q2 和 Q3 断开时,电流从电源正极流出,经过 Q1 后从左至右流过电机,再经 Q4 回到电源负极,实现电机正转。当 Q2 和 Q3 导通、Q1 和 Q4 断开时,电流从电源正极流出,经过 Q3 后从右至左流过电机,再经 Q2 回到电源负极,实现电机反转。

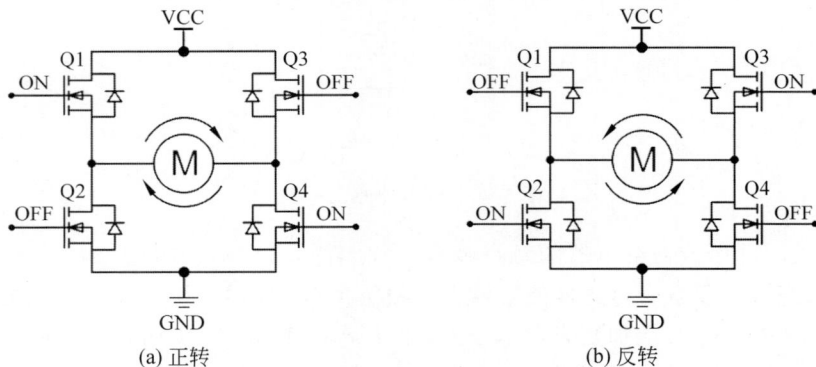

(a) 正转 (b) 反转

图 5.27 H 桥驱动电路示意图

分立元件制作 H 桥相对复杂,实际使用时通常会选用商用化的 IC 芯片来简化设计,如常用的 L293D、L298N、TA7257P、SN754410 等,接上电源、控制信号和电机就可以工作。L298N 是一款高电压、高电流双全桥驱动器,与标准的 TTL 逻辑兼容,能够驱动感性负载,例如继电器、电磁阀、直流电机、步进电机等。L298N 内部包含一个双 H 桥驱动电路,其中每个 H 桥可以提供 2A 的电流,功率部分供电电压范围是 2.5~46V,逻辑部分供电为 5V。

L298N 芯片内 H 桥驱动的控制逻辑如表 5.9 所示,该芯片的典型应用如图 5.28 所示。该电路实现了两路电机的控制,EN_A、EN_B 分别为电机 1 和电机 2 的使能信号,外接 PWM 信号时可以调速;IN_1~IN_4 为两路电机的控制信号,可实现正转、反转及刹车控制;OUT_1 和 OUT_2、OUT_3 和 OUT_4 分别接两个电机(不分正负)。电路中 U1~U6 为光耦,可以将外部输入信号与芯片隔离,防止外部电流倒灌损坏芯片,同时增强电路的驱动能力。D1~D8 为续流二极管,当电机从运行状态突然转换到停止状态或从正转变为反转时,会产生反向电流,续流二极管能够对反向电流泄流,起到保护 L298N 芯片的作用。芯片内 H 桥电路损耗严重,发热较大,通常需要加装散热片。

表 5.9　L298N 芯片内 H 桥驱动的控制逻辑

IN_1	IN_2	EN_A	OUT_1、OUT_2
0	0	×	刹车
1	1	×	悬空
1	0	PWM	正转调速
0	1	PWM	反转调速
1	0	1	全速正转
0	1	1	全速反转

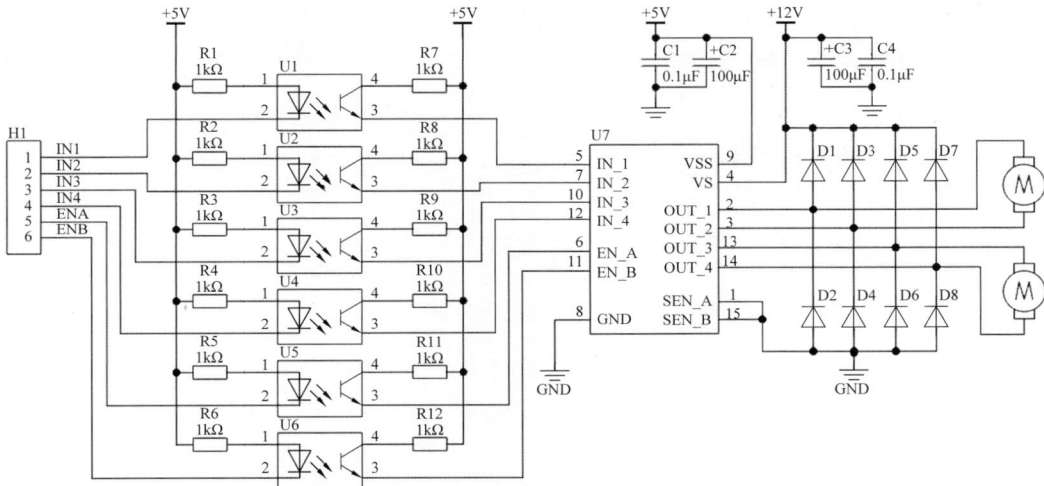

图 5.28　L298N 芯片的典型应用

5.3.3　步进电机

步进电机是一种通过步进(即以固定的角度移动)方式使轴旋转的电机,内部不需要传感器,通过简单的步数计算即可获知轴的确切角位置。与所有电机一样,步进电机包括定子和转子两部分,定子上有缠绕了线圈的齿轮状突起,转子为永磁体或可变磁阻铁芯。与普通直流电机不同的是,定子由单独的线圈组成,线圈的数量根据步进电机的类型而变化。

步进电机的基本工作原理是:当给一个或多个定子相位通电,线圈中通过的电流会产生磁场,而转子会与该磁场对齐;依次对不同的相位施加电压,转子将旋转特定的角度并最终到达需要的位置。这里的"角度"称为步距角,即改变一次通电状态(或一个脉冲信号)转子转过的角度,公式为

$$\theta = \frac{360^\circ}{z \times n} \tag{5-6}$$

其中,θ 是步距角,z 是转子齿数,n 是工作拍数。

步进电机种类有很多,按照结构可分为永磁式、反应式、混合式三种;按励磁相数,即电机内部线圈的组数划分,可分为二相、三相、四相、五相等;按照驱动方式可分为单极性步进

电机和双极性步进电机。

图 5.29 是两种常见的步进电机示意图。图 5.29(a)中步进电机共有 4 组线圈,引出 5 个端点,COM 是 4 组线圈的公共端,当端口 COM 接电源正极时,电流只能从 COM 流到 A、B、C、D,因此电流是单向流动的,是一个单极性的四相步进电机。图 5.29(b)中步进电机有两组线圈,线圈中未引出公共端,每个线圈有两条引线,通电时利用 H 桥电路可以更换线圈电流的方向,如控制电流从 A+流向 A-或从 A-流向 A+,从而产生相反方向的磁场,该电机是一个双极性的两相步进电机。

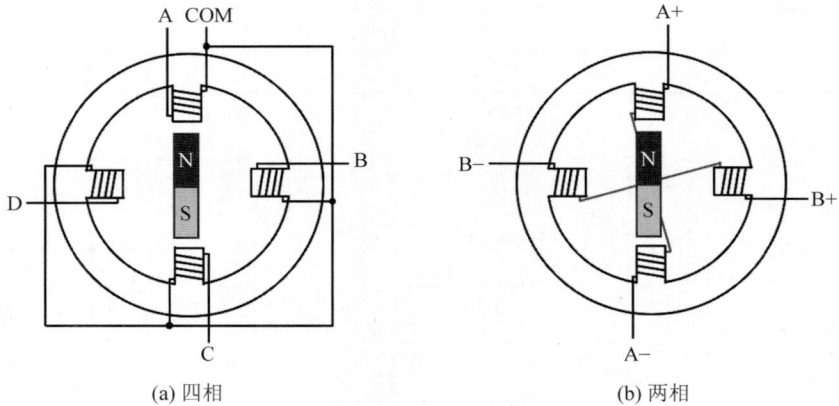

(a) 四相   (b) 两相

图 5.29 两种常见的步进电机示意图

步进电机的驱动包括单拍、双拍、半步三种方式。

单拍驱动也称作 1 相励磁方式,在这种模式下,在任何给定时间只有一个端子(相)通电,消耗的电能少,但转矩小抖动较大。图 5.30 是四相步进电机在单拍驱动下正转时的示意图,导通顺序为 A—B—C—D;如果反顺序通电,即 D—C—B—A,则步进电机反转。

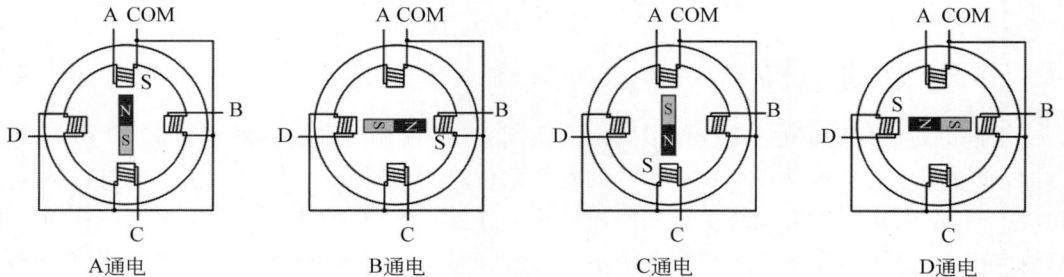

A通电   B通电   C通电   D通电

图 5.30 四相步进电机在单拍驱动下正转时的示意图

双拍驱动也称作 2 相励磁方式,该模式一次有两个线圈通电,可以提供更好的扭矩和速度。图 5.31 是四相步进电机在双拍驱动下正转时的示意图,导通顺序为 AB—BC—CD—DA;如果反顺序通电,即 DA—CD—BC—AB,则步进电机反转。

半步驱动也称作 1-2 相励磁方式,是为了获得更高的分辨率将以上两种励磁方式结合起来的一种控制方式。具体操作是:先让线圈 A 通电,吸引磁体 N 极转至该相位置;接着将线圈 B 加入进来,吸引磁体 N 极转至 AB 相中间;随后,线圈 A 断电,磁体 N 极转至 B 相位置;线圈 C 通电,吸引磁体 N 极转至 BC 相中间;以此类推,直到 DA 相通电后完成一个周

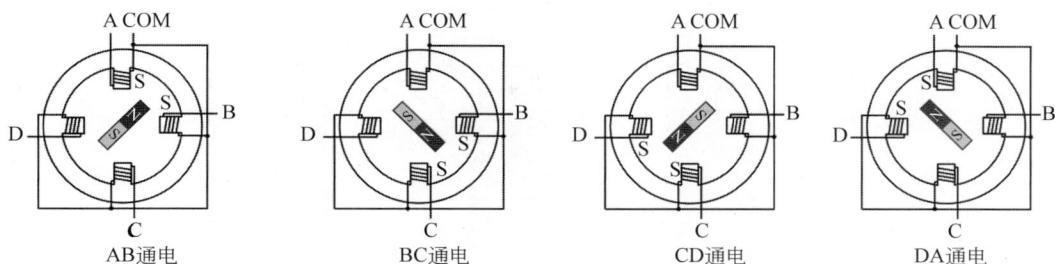

图 5.31 四相步进电机在双拍驱动下正转时的示意图

期的操作。图 5.32 是四相步进电机在半步驱动下正转时的示意图,导通顺序为 A—AB—B—BC—C—CD—D—DA;如果反顺序通电,即 DA—D—CD—C—BC—B—AB—A,则步进电机反转。这种方式可以使步进电机运转平滑,步进小,被广泛使用。

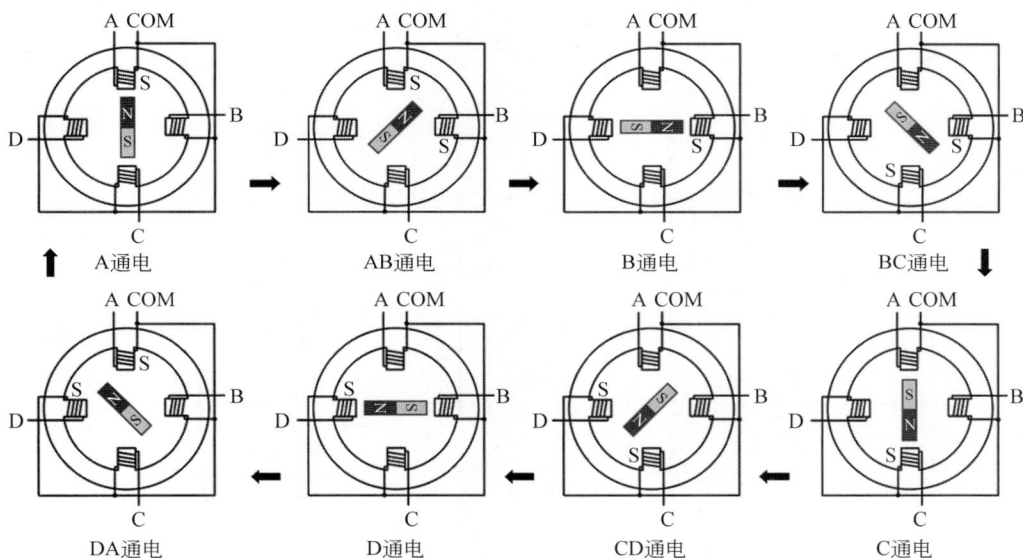

图 5.32 四相步进电机在半步驱动下正转时的示意图

无论单片机还是 FPGA 芯片,驱动能力均有限,通常需要专门的驱动芯片来驱动步进电机。ULN2003 是一款常用的电机驱动芯片,芯片内部有 7 对 NPN 达林顿管组成的 7 个反向器电路,每路驱动电流可达 500mA,可直接驱动继电器、电机或者电磁阀等负载。工作时控制器发出一个脉冲信号,驱动步进电机按设定的方向转动一个固定的角度(即步进角),这样通过控制脉冲个数来控制角位移量,就可以达到准确定位的目的。通过控制脉冲频率还可以控制电机转动的速度和加速度,达到调速的目的。图 5.33 为 ULN2003 驱动四相五线步进电机的典型电路。

此外,还有一种微步模式,可以看作半步模式的增强版,能够进一步减小步距,并具有恒定的扭矩输出。主要原理是:通过控制每相流过的电流,使电流按一定的规律上升或下降,即在零电流到最大电流之间形成多个稳定的中间电流,这样合成的磁场矢量也将存在多个稳定的中间状态,合成磁场矢量的幅值决定了步进电机旋转力矩的大小,方向决定了细分后的步距角。这种技术进一步提高了步进电机转角精度和运行平稳性,与其他方案相比,微步

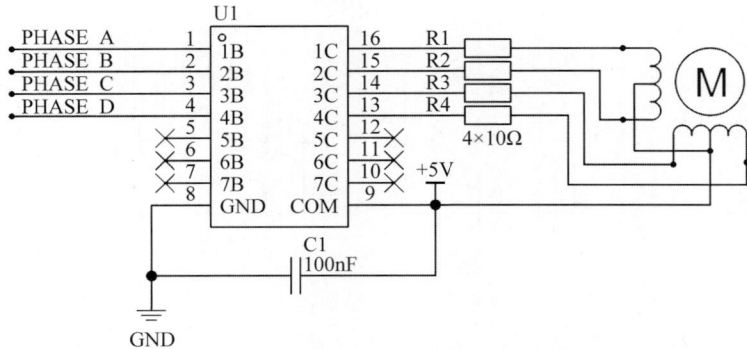

图 5.33　ULN2003 驱动四相五线步进电机的典型电路

模式需要更复杂的电机驱动器。常用的微步驱动芯片,如 TI 的 DRV8889A-Q1,支持多达 1/256 级微步进,图 5.34 为该芯片典型电路,通过 SPI 接口可以配置微步值、读取参数及控制电机运转,电机旋转方向通过 DIR 引脚进行控制。

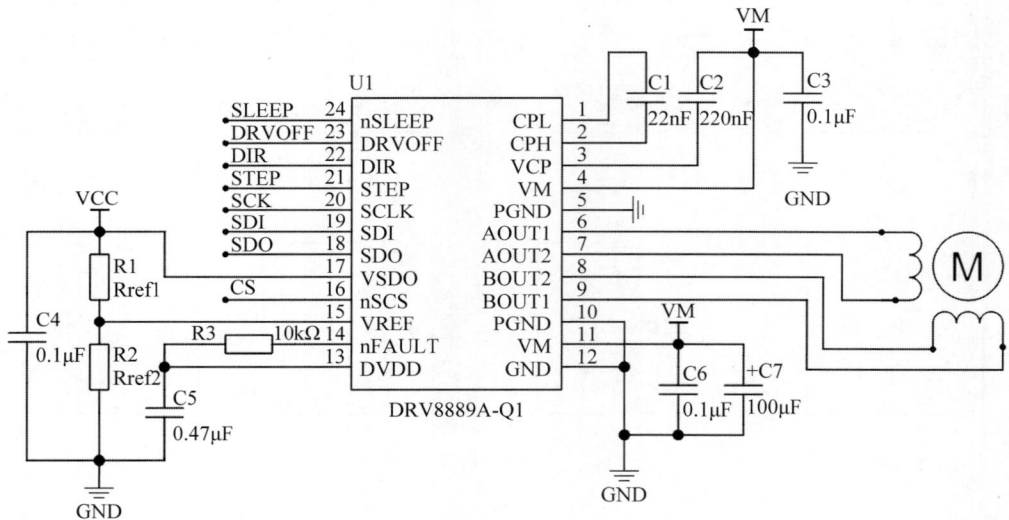

图 5.34　DRV8889A-Q1 驱动两相四线步进电机的典型电路

5.3.4　舵机

　　舵机是一种位置(角度)伺服的驱动器,是伺服电机的一种,带有反馈环节,通过伺服电机可以精确控制位置或者提供较高的扭矩,适用于需要角度不断变化且可以保持的控制系统中,在航模、遥控机器人等领域得到广泛应用。

　　舵机通常由马达、电位器、电压比较器和齿轮组组成,如图 5.35 所示。舵机转动的角度是通过调节 PWM 信号的占空比来实现控制的,该信号进入舵机后经信号调制芯片处理可获得一个直流偏置电压,与内部电路产生的基准信号进行比较,然后将电压差反馈给电机驱动芯片,从而确定电机的正转或反转。当电机转速一定时,通过级联减速齿轮带动电位器旋转,使电压差为 0,电机停止转动。舵机的角度由连续发送的 PWM 信号所控制,脉冲持续时间长短决定舵机转动的角度,且持续发送才能维持目标角度的稳定。

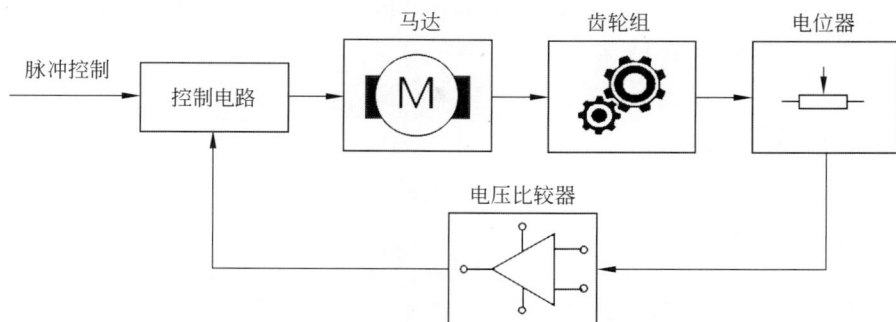

图 5.35 舵机组成示意图

180 度舵机和 360 度舵机是常见的两种舵机,其中 180 度舵机以角度作为控制,只能在 0 度到 180 度(或±90 度)之间运动,超过这个范围,舵机就会出现超量程故障,有可能打坏齿轮,严重时甚至会烧坏舵机电路或内部电机。360 度舵机转动的方式和普通的电机类似,可以连续转动,但只能控制转动的方向和速度,不能调节转动角度。

图 5.36 反映了 180 度舵机脉宽与转角的对应关系。舵机的控制一般需要一个 20ms 左右的时基脉冲,高电平持续时间一般为 0.5ms～2.5ms,脉宽与转角 0 度～180 度相对应。假设舵机初始时在中间位置,可向舵机发送脉冲宽度为 1.5ms 的信号,舵机的输出轴处于中间位置(90 度或 0 度);当脉冲宽度为 0.5ms 时,舵机的输出轴将移至最小的位置(0 度或 −90 度);脉冲宽度为 2.5ms 时,舵机的输出轴将移至最大的位置(180 度或 90 度)。

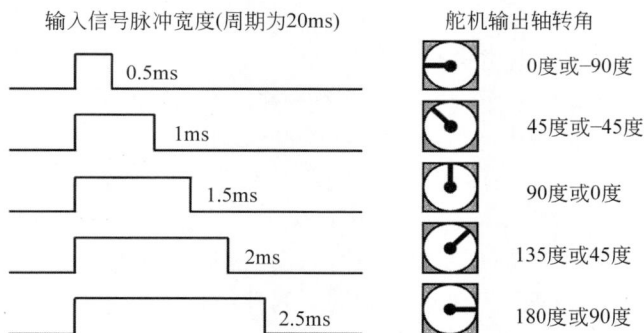

图 5.36 180 度舵机脉宽与转角的对应关系

如果舵机数量不多且功率较小时可以用三极管驱动,如图 5.37 所示。VCC_SRV 接舵机的电源正极,GND 接电源负极,控制信号 SERVO 控制 NPN 三极管 Q1 的基极,高电平有效,PWM 接在 Q1 的集电极,与舵机信号线相连,这样不仅隔离了 I/O 口,还可以控制各种不同电平的舵机。该电路实际上也是一个反向器,因此控制电平需要反过来,例如,给舵机一个 2ms 高电平、周期 20ms 的信号,控制信号实际需要输出 2ms 低电平和 18ms 高电平。

如果功率较大,还可以使用 L298N、ULN2003 等芯

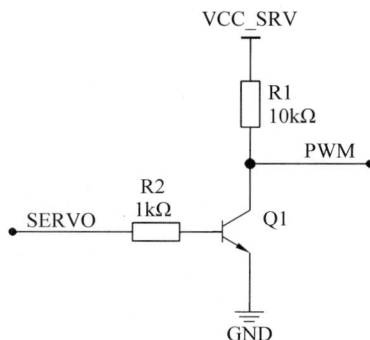

图 5.37 小功率舵机驱动电路

片,控制电路与图 5.28 和图 5.33 相似;如果控制的舵机数量较多时,还可以使用专用的舵机控制板及外接电源实现驱动,具体电路见产品手册。

5.4 其他模块

5.4.1 蜂鸣器

蜂鸣器(Buzzer)是一种一体化结构的电子发声元件,采用直流电压供电,广泛应用于计算机、复印机、电子玩具、汽车电子设备等电子产品中。蜂鸣器按封装方式可分为插针式蜂鸣器和贴片式蜂鸣器;按构造方式可分为电磁式蜂鸣器和压电式蜂鸣器;按驱动方式可分为有源蜂鸣器(内含驱动线路,也叫自激式蜂鸣器)和无源蜂鸣器(外部驱动,也叫他激式蜂鸣器)。

电磁式蜂鸣器由振荡器、电磁线圈、磁铁、振动膜片及外壳等组成。当在线圈两端加上合适的电压后,电流流过线圈产生磁场,磁场使金属膜片发生形变。如果提供变化的电流,那么蜂鸣器就会发出声音。压电式蜂鸣器由多谐振荡器、压电陶瓷、金属膜片、阻抗匹配器、共鸣箱、外壳等组成,利用压电效应来工作。当压电陶瓷通电后产生机械振动,驱动金属膜片发生形变,去掉电压后金属膜片恢复原状,所以在压电陶瓷两端加上变化的电压就可以使蜂鸣器发声。二者在结构上的主要区别是线圈和压电陶瓷。电磁式蜂鸣器因为线圈的存在,在线圈通断瞬间会产生尖峰,会影响音质效果;压电式蜂鸣器没有线圈,不会存在尖峰脉冲的影响。另外,压电式蜂鸣器的声音分贝与电压成正比,而且电压等级一般高于电磁式蜂鸣器。

无论压电式蜂鸣器还是电磁式蜂鸣器,均可分为有源蜂鸣器和无源蜂鸣器。有源蜂鸣器和无源蜂鸣器的区别是对输入信号的要求不一样。所谓"源"并非指电源,而是指振荡源,有源蜂鸣器内部带振荡源,驱动发音简单,只要提供工作电压,就能发出固定频率的声音。无源蜂鸣器内部不带振荡源,仅用直流信号无法令其发声,需要在外部提供一定频率的驱动信号,通过控制振荡频率发出不同的声音,因此无源蜂鸣器可以模拟曲调实现音乐效果。从外观上看,有源蜂鸣器两个引脚长度不同,分别连接电源正负极,长脚为正极,短脚为负极;无源蜂鸣器则没有正负极,两个引脚长度相同。两种蜂鸣器的引脚朝上放置时,可以看到有绿色电路板的是无源蜂鸣器,没有电路板而用黑胶封闭的是有源蜂鸣器。

蜂鸣器在发声时需要较大的电流,没有足够的电流时,声音会变小甚至无声。实际电路中常通过增加一个三极管来放大电流,NPN 型和 PNP 型三极管均可,如图 5.38 所示。如采用 NPN 三极管,当 BEEP 信号为高电平时三极管导通,蜂鸣器发声;如采用 PNP 三极管,当 BEEP 信号为低电平时三极管导通,蜂鸣器发声。

图 5.39 是一种实用的蜂鸣器驱动电路,该电路在图 5.38 的基础上增加了一些元器件,可有效提高电路性能。电路中三极管 Q1 起开关的作用,当节点 BEEP 为低电平时,Q1 截止,蜂鸣器无电流通过,不发声;BEEP 为高电平时,Q1 导通,蜂鸣器有电流通过,可以发声。电阻 R2 是下拉电阻,一端与 GND 连接,当 BEEP 端悬空时,即状态不确定时,由于 Q1 基极连至 GND,有一个稳定的低电平,三极管被关断。电阻 R1 是三极管 Q1 基极的限流电阻;电容 C2 为旁路电容,能够对刺耳的高频信号起到旁路的作用;电阻 R3 是蜂鸣器的限流电阻,改变阻值可调整蜂鸣器的响度。实际电路中有时会在 R3 处放置两个阻值相同的电

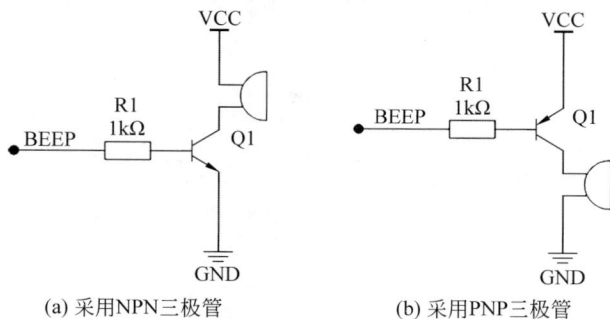

(a) 采用NPN三极管　　　(b) 采用PNP三极管

图 5.38　蜂鸣器驱动电路

阻,这样既起到分流的作用,又方便调试电路。例如,在一个电阻能满足功率要求的情况下,再并联一个电阻可以增加蜂鸣器响度,或在选取不到合适电阻时,利用并联方式得到所需阻值。

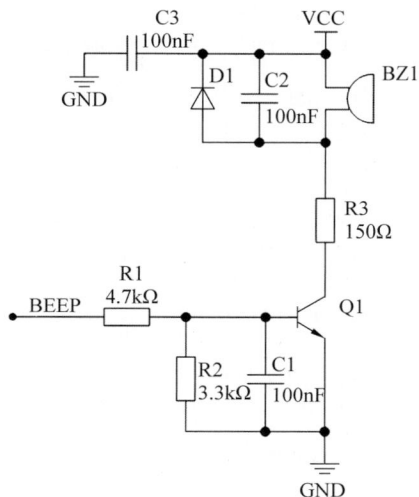

图 5.39　实用的蜂鸣器驱动电路

如图 5.39 所示电路中的蜂鸣器为无源蜂鸣器,电路中需要增加一个二极管,即图中 D1。这是因为无源蜂鸣器工作时须接入 PWM 脉冲信号,使三极管 Q1 处于不停的通断中。当三极管 Q1 导通时,有电流流过蜂鸣器,而无源蜂鸣器是一个感性器件,通过的电流不能突变,所以 Q1 导通时,电路中电流是逐渐增大的,当三极管截止时,感性元件会阻止电流减小,因而会产生反向电动势,对三极管造成冲击。D1 在此处称为续流二极管,可以将电感中产生的电流消耗掉,起到保护三极管的作用。

5.4.2　超声波测距

人耳能听到的声波频率为 20Hz～20kHz,低于 20Hz 的声波为次声波,高于 20kHz 的声波为超声波(Ultrasound)。超声波的特点是方向性好、穿透力强、易于获得较集中的声能,可用来测距、测速、清洗、焊接、杀菌消毒等。由于超声波对液体、固体的穿透能力很大,在碰到杂质或分界面会产生显著反射,形成回波,碰到活动物体能产生多普勒效应,因此超声波测距对环境有较好的适应能力。

利用超声波测距有多种方法,如相位检测法、声波幅值检测法及往返时间检测法。相位检测法是通过测量返回波与发射波之间的相位差判断距离,精度高,但测量距离较短且电路复杂;声波幅值检测法是根据返回波幅度大小判断距离,结构简单、成本低,但精度差;往返时间检测法是通过回波的往返时长来判断距离,性价比介于前二者之间,因此得到广泛应用。

往返时间检测法的原理是:通过发射器向某一方向发射超声波,同时开始计时,若超声波在空气中传播时碰到障碍物会立即返回,当接收器收到反射波后停止计时,就可以得到往返时间,再根据传播速度便可以计算出发射点到障碍物的实际距离。

图 5.40 是超声波测距示意图,图中距离 H 为超声波发射器和接收器的中心距离,距离 D 为探头距障碍物实际距离,根据勾股定理可以得出

$$D = \sqrt{L^2 - \frac{H^2}{4}} \qquad (5\text{-}7)$$

又根据超声波在均匀介质中匀速直线传播的特性,得出 $2L = vt$,其中 v 为超声波的传播速度,在空气中的传播速度约为 340m/s,t 为传播时间,通常 D 远大于 H,代入式(5-7),近似可得

$$D \approx L = \frac{1}{2}vt \qquad (5\text{-}8)$$

HC-SR04 是一款常见的超声波测距模块,可提供 $2 \sim 400\text{cm}$ 的非接触式距离感测功能,测距精度达到 3mm,内部包括超声波发射器、接收器与控制电路,图 5.41 为 HC-SR04 测距模块接口原理图。其中,TRIG 引脚用于触发超声波脉冲,ECHO 引脚接收反射信号。其工作原理如图 5.42 所示,外部控制器通过 TRIG 引脚向超声波测距模块发出一个 $10\mu\text{s}$ 以上的高电平,测距模块上的主芯片发出 8 个 40kHz 的超声波脉冲,同时 ECHO 引脚变为高电平,并通过接收器检测回波信号,当接收到信号后,ECHO 引脚变为低电平,高电平持续时间就是超声波从发射到返回的时间。外部控制器在检测到 ECHO 引脚为高电平时开启计时器,待引脚变为低电平时获取计数值,计算出时间后利用式(5-8)即可算出距离。

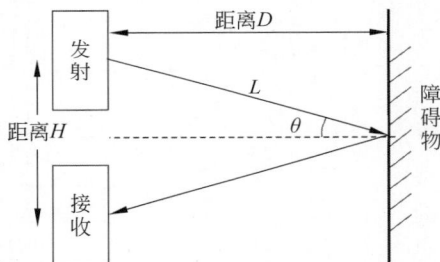

图 5.40 超声波测距示意图

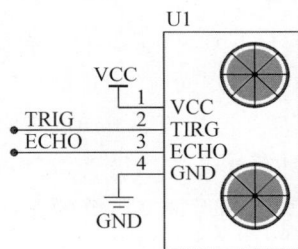

图 5.41 HC-SR04 测距模块接口原理图

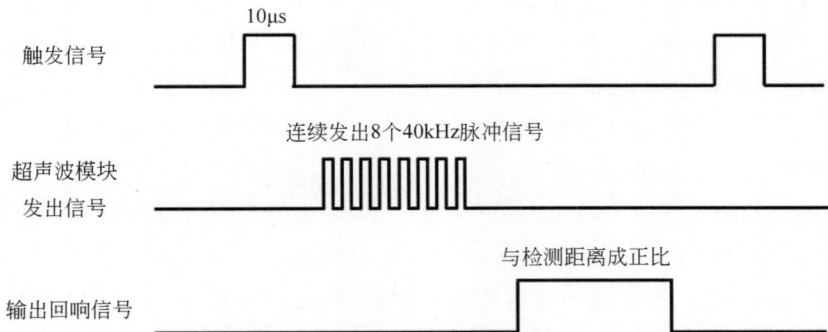

图 5.42 HC-SR04 超声波模块测距工作原理

有些超声波模块在此基础上使用了带 UART 或 I²C 功能的 MCU,MCU 负责距离的计算,用户通过接口可以设置相关的参数,如测距上限、传输频率等,也可以获取测量值,使用这样的模块时应先了解其功能、接口和传输协议。

5.4.3 温湿度传感器

人类的生存和社会活动与温度、湿度密切相关。据研究表明,室内最适合的温度在18～24℃,相对湿度保持在50％～60％为宜。对于温度和湿度的感知离不开温度传感器和湿度传感器。

温度传感器是指能感受温度并转换成可输出信号的传感器。温度传感器种类较多,按测量方式可分为接触式和非接触式两类;按照材料及元件特性可分为热电阻和热电偶两类。热电阻温度传感器是利用导体或半导体的电阻值随温度变化的特性进行测温的一种传感器,具有性能稳定、使用灵活等优点。热电偶温度传感器利用了热电效应,通过将两种不同金属的导线焊接在一起组成闭合回路,当两端存在温度梯度时回路中有电流通过,将产生的电势差转换成温度值即实现测温。这种传感器性能稳定,测温范围大,可远距离传输,而且结构简单,使用方便。

湿度传感器是一种测量空气或其他气体中水汽含量的传感器,广泛应用于工业、农业和生活领域中。湿度传感器种类较多,按照工作原理可分为电容式、电阻式、热敏电阻式等。电容式湿度传感器是在电极上沉积对湿度敏感的电介质层,当电介质吸收或释放环境中的水蒸气后介电常数会发生改变,通过测量电容值就可以获取湿度。电容式湿度传感器精度高、响应速度快,适用于大多数应用场合。电阻式湿度传感器则是利用材料在不同湿度下的电阻变化进行湿度测量。电阻式湿度传感器价格便宜,但精度不如电容式传感器。热敏电阻式湿度传感器是利用潮湿空气对温度的影响来测量湿度。例如,通过将电阻线圈加热并检测电阻的变化,可以反映出环境湿度的大小。热敏电阻式湿度传感器精度较高,但响应速度较慢。除以上三种外,还有振动式湿度传感器、纳米阵列湿度传感器等。

DHT11是一款常用的温湿度复合传感器,包括一个电阻式感湿元件和一个NTC测温元件,并与内部的一个高性能8位单片机相连。DHT11的供电电压为3～5.5V,温度测量范围为0～50℃,误差在±2℃,湿度的测量范围为20％～90％RH(Relative Humidity,相对湿度),误差在±5％RH。

DHT11采用单总线结构,系统中的数据交换、控制由一根线完成,具有线路简单、成本低廉的特点,且便于总线扩展和维护。表5.10是DHT11温湿度传感器引脚说明,电路设计时只需在DATA引脚接一个约4.7kΩ的上拉电阻,总线闲置时其状态为高电平。图5.43是DHT11数字温湿度传感器实物图和电路原理图。

表 5.10 DHT11 温湿度传感器引脚说明

引　脚	名　称	说　明
1	VDD	供电 3～5.5V
2	DATA	串行数据,单总线
3	NC	不接
4	GND	接地,电源负极

DHT11工作时序如图5.44所示,可分为4部分。

(1) 主机发送复位信号,包括开始信号(低电平)和延时等待(高电平)。

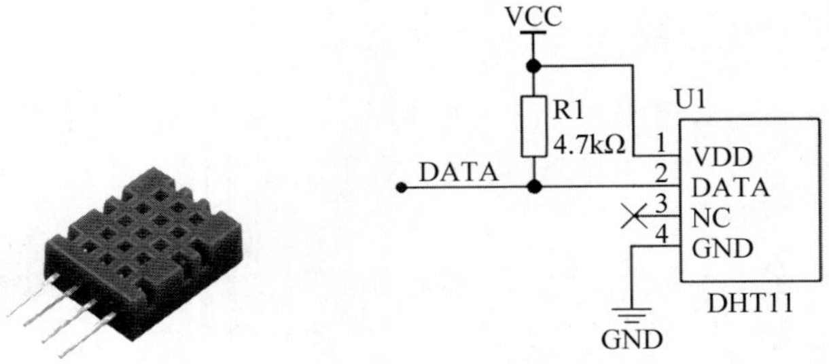

(a) 实物图 (b) 电路原理图

图 5.43　DHT11 数字温湿度传感器实物图和电路原理图

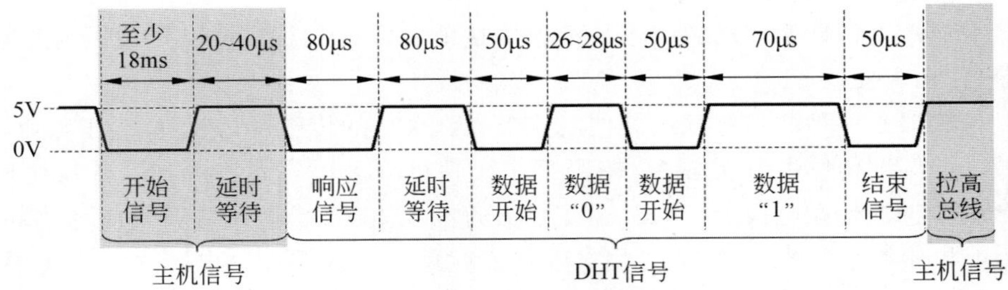

图 5.44　DHT11 工作时序

主机拉低总线至少 18ms,然后拉高总线,延时 20~40μs。

(2) DHT11 发送响应信号,包括响应信号(低电平)和延时等待(高电平)。

DHT11 检测到复位信号后,拉低总线 80μs 表示响应,告诉主机数据已准备好,然后拉高总线 80μs。

主机检测总线信号,如信号为高电平,表示未检测到 DHT11,需检查线路是否连接正常。如果检测到总线被拉低,表示 DTH11 响应,开始计时,直至总线拉高,计算出低电平时间,总线被拉高后重新计时,检测高电平是否持续 80μs,满足时序要求即准备接收数据。

(3) 数据传输。

DHT11 每次传送数据时先将总线拉低,时长 50μs,然后拉高电平传输 1 位数据,以高电平的长短定义数据是 0 还是 1,持续 26~28μs 表示数据"0",持续 70μs 表示数据"1",共传回 40 位。

(4) 传输结束。

当最后 1bit 数据传送完毕后,DHT11 拉低总线 50μs,表示数据传输完毕,随后总线被上拉电阻拉高进入空闲状态。

DHT11 的数据共 40 位(5 字节),高位在前、低位在后。数据分小数部分和整数部分,具体格式为

```
××××××××.××××××××   ××××××××.××××××××   ××××××××
       湿度                   温度              校验和
```

传感器数据输出的是二进制数据,校验和为前四字节相加。如从 DHT11 传感器中读到数据如表 5.11 所示。

表 5.11 DHT11 温湿度传感器数据实例

参数	湿 度		温 度		校 验 和
字节	byte4	byte3	byte2	byte1	byte0
类型	整数	小数	整数	小数	整数
二进制	00110010	00000000	00011010	00000000	01001100
十进制	50	0	26	0	76

计算后得到：湿度 = byte4.byte3 = 50.0％RH；温度 = byte2.byte1 = 26.0℃；byte4、byte3、byte2、byte1 相加后等于 76，与收到的校验和（byte0）相等，说明数据接收正确。

第 6 章

基 础 实 验

本章按照数字逻辑电路特点,将基础实验分成组合逻辑、时序逻辑、接口电路三大类,每类实验设置若干任务并给出设计指导,读者可有选择地完成其中的设计,个别任务在设计时须自行查阅相关资料。通过本章实验,读者可加深对课程内容的理解,培养分析、设计和调试数字逻辑电路的基本技能。

6.1 组合逻辑电路设计

6.1.1 实验目的

通过本实验进一步了解典型组合逻辑电路的功能和特点,掌握使用硬件描述语言设计组合逻辑电路的方法,巩固和加深对课程基本理论知识的理解。

(1) 通过数据选择器、编码器、译码器等典型组合逻辑电路的设计与测试,掌握典型组合逻辑电路的工作原理及基本分析和设计方法。

(2) 学会使用 Verilog 设计组合逻辑电路。

(3) 学会使用 Testbench 编写测试程序。

(4) 学习使用 EDA 软件进行电路设计、编译和仿真。

(5) 学习实验平台的使用及下载电路的整个过程。

6.1.2 实验任务及要求

实验任务分为如下 6 个。

(1) 七段显示译码电路的设计。

(2) 通用逻辑 IC——7448 显示译码器的实现。

(3) 数据选择器的设计。

(4) BCD 码加法器的设计。

(5) 二进制转 BCD 码电路的设计。

(6) 简单 ALU 的设计。

任务 1:七段显示译码电路的设计

1. 要求

利用 Verilog 设计七段显示译码电路。通过开关输入 4 位二进制数(0～F),经译码后产生对应的字形码,在数码管上显示出 0～F;有使能控制信号,该信号有效时可显示字形码,无效时则不显示;小数点显示可控。

2. 实验指导

阅读 5.2 节有关数码管的基本原理,了解共阳极、共阴极数码管以及其特点,图 6.1 为七段显示译码电路框图,表 6.1 为七段显示译码电路端口描述。如果输入仅覆盖 0～9,也可称为 BCD-七段显示译码电路。

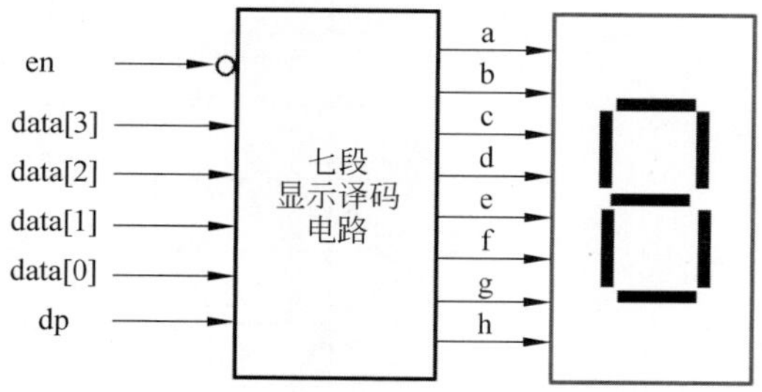

图 6.1 七段显示译码电路框图

表 6.1 七段显示译码电路端口描述

方 向	信 号 名	位宽	说 明
input	en	1	使能端
	data	4	4 位二进制数
	dp	1	小数点控制
output	a、b、c、d、e、f、g、h	1	数码管段选信号

根据实验台开关、数码管电路原理及译码电路的逻辑功能,补全表 6.2 中译码电路的真值表,可参考附录 A 中的数码管字形码。

表 6.2 七段显示译码电路真值表

使能	小数点	输入				输出								显示
en	dp	data[3]	data[2]	data[1]	data[0]	a	b	c	d	e	f	g	h	
1	1/0	x	x	x	x								dp	全灭
0	1/0	0	0	0	0								dp	0
0	1/0	0	0	0	1								dp	1
0	1/0	0	0	1	0								dp	2
0	1/0	0	0	1	1								dp	3
0	1/0	0	1	0	0								dp	4
0	1/0	0	1	0	1								dp	5
0	1/0	0	1	1	0								dp	6
0	1/0	0	1	1	1								dp	7

使能	小数点	输		入		输			出					显示
en	dp	data[3]	data[2]	data[1]	data[0]	a	b	c	d	e	f	g	h	
0	1/0	1	0	0	0								dp	8
0	1/0	1	0	0	1								dp	9
0	1/0	1	0	1	0								dp	A
0	1/0	1	0	1	1								dp	B
0	1/0	1	1	0	0								dp	C
0	1/0	1	1	0	1								dp	D
0	1/0	1	1	1	0								dp	E
0	1/0	1	1	1	1								dp	F

设计译码电路时要了解被控数码管的工作原理,如果实验台提供了多位数码管并采用动态扫描方式,可选取其中一个数码管来显示。为此,译码电路中需增加一个输出信号对数码管的位选端进行控制,如 sel 为位选控制信号,假设低电平有效,代码如下:

```
assign sel=1'b0;
```

设计完成后先进行仿真验证,然后进行引脚分配。分配时,先选择合适的开关和数码管,将选定外设的元器件编号(见原理图或电路板)及对应的 FPGA 引脚编号填入表 6.3 中,如信号 data[3]用开关 1 控制,开关 1 在原理图上标注为 SW1,并与 FPGA 的引脚 AB16 相连,则"引脚编号"处填 AB16,"元件编号"处填 SW1。核对无误后将引脚编号填入 EDA 软件的约束文件并综合,成功后可下载到实验台测试。

表 6.3　七段显示译码电路输入/输出端口引脚编号

端口名称	输	入	端				输		出			端			
	控制端		待显示数据				数码管段选信号								位选
	en	dp	data[3]	data[2]	data[1]	data[0]	a	b	c	d	e	f	g	h	sel
引脚编号															
元件编号															

任务 2：通用逻辑 IC——7448 显示译码器的实现

1. 要求

用 Verilog 实现一个与 7448 功能一致的显示译码器。输入用开关控制,输出可以选用 LED 或共阴极数码管,如实验台只提供共阳极数码管,可将输出端取反后再与数码管相连。

2. 实验指导

7448 是用于驱动共阴极数码管的逻辑 IC,该芯片的功能如表 6.4 所示。

表 6.4　7448 显示译码器的功能

十进制 或功能	输　入						BI/ RBO	输　出							字 形
	LT	RBI	D	C	B	A		a	b	c	d	e	f	g	
0	H	H	L	L	L	L	H	H	H	H	H	H	H	L	0
1	H	×	L	L	L	H	H	L	H	H	L	L	L	L	1
2	H	×	L	L	H	L	H	H	H	L	H	H	L	H	2
3	H	×	L	L	H	H	H	H	H	H	H	L	L	H	3
4	H	×	L	H	L	L	H	L	H	H	L	L	H	H	4
5	H	×	L	H	L	H	H	H	L	H	H	L	H	H	5
6	H	×	L	H	H	L	H	L	L	H	H	H	H	H	6
7	H	×	L	H	H	H	H	H	H	H	L	L	L	L	7
8	H	×	H	L	L	L	H	H	H	H	H	H	H	H	8
9	H	×	H	L	L	H	H	H	H	H	H	L	H	H	9
10	H	×	H	L	H	L	H	L	L	L	H	H	L	H	c
11	H	×	H	L	H	H	H	L	L	H	H	L	L	H	⊐
12	H	×	H	H	L	L	H	L	H	L	L	L	H	H	∪
13	H	×	H	H	L	H	H	H	L	L	H	L	H	H	c
14	H	×	H	H	H	L	H	L	L	L	H	H	H	H	▬
15	H	×	H	H	H	H	H	L	L	L	L	L	L	L	ᵗ
消隐	×	×	×	×	×	×	L	L	L	L	L	L	L	L	
脉冲消隐	H	L	L	L	L	L	L	L	L	L	L	L	L	L	
测灯	L	×	×	×	×	×	H	H	H	H	H	H	H	H	

LT：Lamp Test　RBI：Ripple Blanking Input　BI：Blanking Input　RBO：Ripple Blanking Output

（1）7 段译码功能（LT＝1、RBI＝1）。

测灯输入端（LT）和动态灭零输入端（RBI）接无效电平时，7448 处于译码状态，根据 D、C、B、A 的输入，产生 7 段数码管的驱动信号（高电平有效）。

（2）消隐功能（BI＝0）。

BI/RBO 为复用引脚，作为输入时为 BI，输出时为 RBO。BI＝0 时处于消隐状态，此时与 LT、RBI 以及 DCBA 输入无关，输出为全"0"，7 段数码管熄灭。设计时可简化，将复用引脚设置为两个端口，即 BI 为输入，RBO 为输出。

（3）测灯功能（LT＝0）。

LT 端输入低电平时进入测灯状态，此时与 RBI 及 DCBA 输入无关，输出为全"1"，数码管 7 个字段均点亮，用于判别是否有字段损坏。

（4）动态灭零功能（LT＝1、RBI＝0）。

当 LT 端输入高电平、RBI 端输入低电平时，如果 DCBA＝0000，输出为全"0"，显示器熄灭,即不显示"0",同时 RBO 输出 0。如果 DCBA≠0,则正常译码显示,此时 RBO 输出 1。动态灭零主要用于多个数码管显示时熄灭高位的"0",使用时只需将前级的 RBO 与后级的 RBI 相连。

设计时需注意 BI、LT、RBI 信号的优先级顺序(BI＞LT＞RBI),可以利用 if 语句实现该电路。

任务 3：数据选择器的设计

1. 要求

(1) 用 Verilog 实现一个 4 位八选一数据选择器,数据可以是个人学号、日期、时钟等有意义的数,采用 8421 BCD 码;通过控制数据选择端,将数据依次输出到 LED 灯上。

(2) 将 4 位八选一数据选择器和七段数字显示译码器相连(图形或文本方式),控制数据选择端,将数据依次显示在数码管上。

2. 实验指导

(1) 输出用 LED 显示。

图 6.2 为 4 位八选一数据选择器逻辑符号,表 6.5 为数据选择器模块端口描述。输入部分由开关控制,输出部分用 LED 灯显示。数据输入共 8 路,加上使能端和数据选择端,共 36 个输入。实验台通常提供不了这么多开关,可根据实际数量选择,不能通过开关输入的信号用 parameter 定义。如实验台上只能提供 12 个开关,可以用在 in1[3:0]、in2[3:0]、sel[2:0] 和 en 上,数据的高 6 路(共 24 位)通过 parameter 定义。如日期的数据格式为 xxxx/xx/xx,最低两位表示"日",用开关控制,"年"和"月"通过 parameter 定义,如 2、0、2、4、0 和 5,用 BCD 码表示,代码为

```
parameter year1=4'h2,year2=4'h0,year3=4'h2,year4=4'h4,month1=4'h0,month2=
4'h5;
```

端口赋值时设置为对应的参数即可,如"**assign** in8＝year1"。

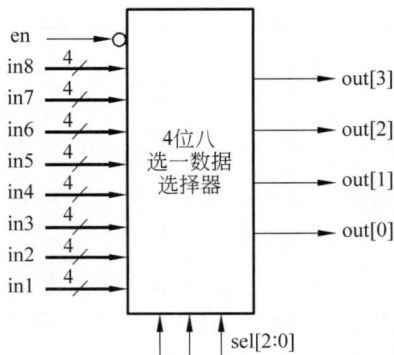

图 6.2 4 位八选一数据选择器逻辑符号

表 6.5 数据选择器模块端口描述

方向	信号名	位宽	说　明
input	en	1	使能端
	in8～in1	4	数据输入端
	sel	3	选择端
output	out	4	数据输出端

根据数据选择器逻辑功能填写表 6.6,并根据该表进行电路设计及仿真验证。通过后,在实验台上选择合适的开关和 LED,将选定外设的元器件编号(见原理图或电路板)及对应的 FPGA 引脚编号填入表 6.7 和表 6.8 中,在 EDA 软件中设置约束并进行综合,然后下载测试。

表 6.6　4 位八选一数据选择器真值表

输　　入				输　　出
en	sel[2]	sel[1]	sel[0]	out
1	×	×	×	0
0	0	0	0	
0	0	0	1	
0	0	1	0	
0	0	1	1	
0	1	0	0	
0	1	0	1	
0	1	1	0	
0	1	1	1	
0	1	1	1	

表 6.7　数据选择器电路输入端对应引脚编号

端口名称	输　入　端											
	次低位				最低位				数据选择端			使能端
	in2[3]	in2[2]	in2[1]	in2[0]	in1[3]	in1[2]	in1[1]	in1[0]	sel[2]	sel[1]	sel[0]	en
引脚编号												
元件编号												

表 6.8　数据选择器电路输出端对应引脚编号

端口名称	输　出　端			
	out[3]	out[2]	out[1]	out[0]
引脚编号				
元件编号				

（2）输出用数码管显示。

如果输出用数码管显示,将设计好的 4 位八选一数据选择器和 BCD-七段显示译码显示电路相连即可,如图 6.3 所示。如采用文本方式进行连接,可查阅 2.2 节关于模块实例化的说明。数据选择器的输出接 BCD-七段显示译码电路的输入,两个模块共用一个使能端。实验过程与 LED 显示相似,这里不再赘述。

任务 4：BCD 码加法器的设计

1. 要求

用 Verilog 实现一位（或两位）8421 BCD 码加法器。输入接开关,输出通过 BCD-七段显示译码模块与数码管相连。

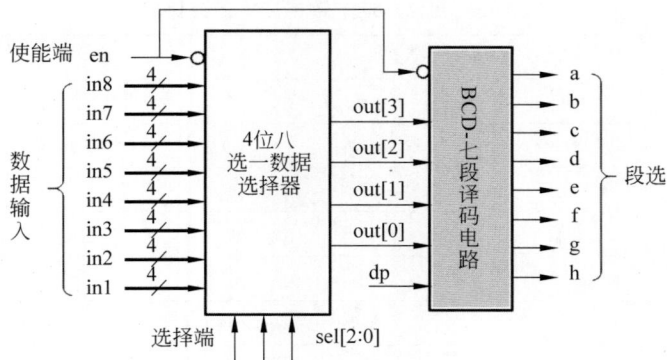

图 6.3　4 位八选一数据选择器设计框图(数码管显示)

2. 实验指导

日常生活中人们习惯使用十进制数,数字系统在人机交互时通常也采用十进制数。为了消除惯用的十进制与计算机能够识别的二进制之间的差别,引入了 BCD(Binary-Coded Decimal)编码,该编码用二进制形式表示十进制数,所以也称为二-十进制码。常见的 BCD 码有 8421 BCD 码、2421 BCD 码、5421 BCD 码、余 3 码以及格雷码等。

8421 BCD 码是最常用的 BCD 码,它和四位自然二进制码相似,各位的权值分别为 8、4、2、1,四位二进制数 0000～1001 表示十进制数 0～9,1010～1111 为无效数。当两个二进制数相加时,如果和大于 1001,就必须进行修正。修正的基本方法是将"和"运算的结果加 0110 并产生一个进位数,这样便可跳过 1010～1111 这 6 个无效数。BCD 码加法器的输出可直接送到 BCD-七段显示译码电路进行显示,如图 6.4 所示。一位 BCD 码加法器模块端口描述如表 6.9 所示。

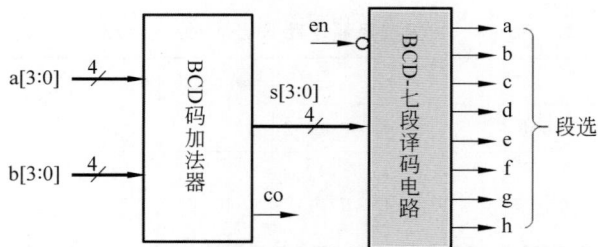

图 6.4　一位 BCD 码加法器设计框图

表 6.9　一位 BCD 码加法器模块端口描述

类　型	信　号　名	位　宽	功　能　描　述
input	a	4	加法器第一个数据输入端
	b	4	加法器第二个数据输入端
output	s	4	加法器运算结果
	co	1	加法器输出进位标志

两位以上 BCD 码相加时,修正规则如下。

(1) 将低位的两个 BCD 数相加,如果计算结果小于或等于 9,该位不需修正;反之,需要加 6 进行修正,并向高位产生进位。

(2)将高位的两个 BCD 数和低位产生的进位相加,如果计算结果小于或等于 9,该位不需修正;反之,加 6 进行修正,并向高位产生进位。

(3)若存在更高位,重复步骤(2),直至所有位处理完毕。

任务 5：二进制转 BCD 码电路的设计

1. 要求

将 8 位二进制数转换为 BCD 码,用 Verilog 实现。二进制数通过开关输入,转换后的 BCD 码接 LED 显示。

2. 实验指导

二进制转换为 BCD 码可应用于需要十进制显示的场合,如数字时钟、温度显示等。较为简单的实现方式是采用取余/取整方法,但这种方式会占用较多的逻辑资源。通常使用加 3 移位法(Double Dabble Method),也称作大四加三法。

以 8 位二进制数为例,具体算法如下。

(1)将待转换的二进制数左移 1 位,移出的数存入 BCD 码的低位。

(2)判断 BCD 码百位、十位、个位中的数是否大于 4,如大于 4,该位中的数加 3。

(3)重复以上操作,直到二进制数全部移完,最后一次移位不需要加 3 调整。

(4)移位过程中,如果移位后的数值大于 4,将数值加 3,再进行移位。n 位二进制数,需进行 n 次移位。

以二进制数 11010011 为例(0xD3),数值为 211,转换为 BCD 码的过程见表 6.10,表中加灰底显示的为"加 3"后的结果。

表 6.10 二进制(0xD3)转 BCD 码示例

操 作	百位	十位	个位	二 进 制 数	
输入				1101	0011
左移 1 位			1	1010	011
左移 1 位			11	0100	11
左移 1 位			110	1001	1
加 3			1001	1001	1
左移 1 位		1	0011	0011	
左移 1 位		10	0110	011	
加 3		10	1001	011	
左移 1 位		101	0010	11	
加 3		1000	0010	11	
左移 1 位	1	0000	0101	1	
加 3	1	0000	1000	1	
左移 1 位	10	0001	0001		
BCD	2	1	1		

二进制转 BCD 码电路逻辑符号如图 6.5 所示,表 6.11 为该电路端口描述。

图 6.5 二进制转 BCD 码电路逻辑符号

表 6.11 二进制转 BCD 码电路端口描述

类　型	信　号　名	位　宽	功　能　描　述
input	bin	8	二进制数
output	bcd	12	转换后的 BCD 码

对于加 3 移位法算法,有以下两种实现方案。

方案 1:先设计一个 20 位的加 3 移位模块;然后,实例化 8 个模块并进行串接,每个模块移位后送入下级处理,最后一级取高 12 位输出作为 BCD 码。该电路内部结构如图 6.6 所示。

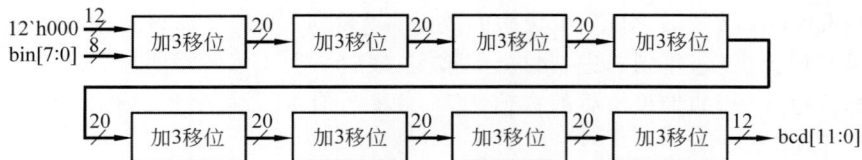

图 6.6 二进制转 BCD 码实现方案 1 电路内部结构

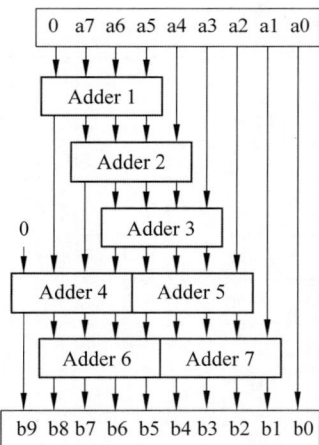

图 6.7 二进制转 BCD 码实现方案 2 电路内部结构

方案 2:设计一个 4 位的加 3 修正模块,实例化 7 个模块,通过"错位"输入实现移位效果,内部结构如图 6.7 所示。

该方案实现原理:首先,设计一个 Adder 模块用于加 3 修正,该模块输入/输出均为 4 位,当输入大于 4 时,加 3 调整;否则,保持原值。然后,将 0 和 a7、a6、a5 组合构成左移 3 次后的数据,经 Adder 1 模块对该数据进行修正,输出的数据低 3 位和 a4 组合送入 Adder 2 模块,即实现第 4 次移位,修正后输出。同理再经过 Adder 3 模块,实现左移 5 次的数据修正;经 Adder 1、Adder 2 和 Adder 3 模块处理后的数据与 a2 构成左移 6 次的数据,再通过 Adder 4 和 Adder 5 模块对高四位和低四位分别进行数据修正。接着,通过 Adder 6 和 Adder 7,实现左移 7 位后的数据修正。最后,高位填入 0 并与最低位的 a0 构成最终左移 8 次的数据,该 12 位数据即为转换后的 BCD 码。

任务 6:简单 ALU 的设计

1. 要求

(1) 设计一个具有多种运算功能的 4 位 ALU,A 和 B 表示操作数,C 表示运算结果,

OP用来选择运算功能,功能定义如表 6.12 所示。

表 6.12 ALU 运算功能定义

选择 OP	M＝H 逻辑操作	M＝L 算术操作	
		Cin＝H(无进位)	Cin＝L(有进位)
0 0 0	F＝$\overline{A}$	F＝A	F＝A 加 1
0 0 1	F＝A B	F＝A 加 B	F＝A 加 B 加 1
0 1 0	F＝A＋B	F＝A 加 $\overline{B}$	F＝A 加 $\overline{B}$ 加 1
0 1 1	F＝A⊕B	F＝$\overline{A}$ 加 B	F＝$\overline{A}$ 加 B 加 1
1 0 0	F＝$\overline{AB}$	F＝$\overline{A}$ 加 $\overline{B}$	F＝$\overline{A}$ 加 $\overline{B}$ 加 1
1 0 1	F＝$\overline{A}$B	F＝A 加 A	F＝A 加 A 加 1
1 1 0	F＝A＞＞B	F＝A 减 1	F＝A
1 1 1	F＝A＜＜B	F＝A 减 B 减 1	F＝A 减 B

(2) 运算结果有相应的标志位,分别是符号标志 SF(Sign Flag)、进位/借位标志 CF(Carry Flag)、溢出标志 OF(Overflow Flag)、结果为零标志 ZF(Zero Flag)。

2. 实验指导

图 6.8 为 ALU 逻辑符号,表 6.13 是该模块端口描述。A 和 B 是输入 ALU 的两个 4 位数,Cin 代表 ALU 的初始进位信号,ALU 经 M 和

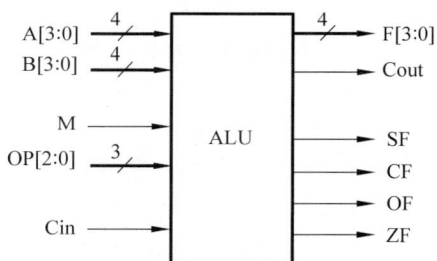

图 6.8 ALU 逻辑符号

OP 控制产生结果 F,Cout 为向高位产生的进位,SF、CF、OF 和 ZF 是输出的标志信息,分别对应符号、进位/借位、溢出和结果为零标志。在计算机系统中,标志位通常会被记录到程序状态字(PSW)中,以便系统能实时掌握 ALU 的运行状态。

表 6.13 ALU 模块端口描述

类 型	信 号 名	位宽	说 明
input	A[3:0]	4	ALU 第一个数据输入端
	B[3:0]	4	ALU 第二个数据输入端
	OP[2:0]	3	ALU 运算功能编码
	M	1	1:逻辑运算 0:算术运算
	Cin	1	低位的进位信号
output	F[3:0]	4	ALU 运算结果
	Cout	1	向高位产生的进位信号
	SF、CF、OF、ZF	1	标志位

（1）符号标志 SF。

SF 用来标识 ALU 运算结果，即 F 的符号位，仅对带符号数有意义。例如，若 F＝1001，则 SF 置 1；若 F＝0101，则 SF 置 0。

（2）进位/借位标志 CF。

CF 主要用于标识 ALU 执行加/减运算时，最高位是否存在进位和借位。如无符号数 A 为 1010、B 为 1100，则 A＋B＝1010＋1100＝10110，计算结果的最高位 1 是执行运算时最高位产生的进位，此时 CF 应置 1，否则 CF 置 0。CF 通常对无符号数运算有实际意义，对带符号数无意义。

（3）溢出标志 OF。

当计算结果超出存储位数时会造成输出结果错误，称为溢出，OF 用于标识是否发生了溢出。如两个用补码表示的 4 位二进制数 A 和 B 分别为 0111 和 0110，则 A＋B＝0111＋0110＝1101，两个正数相加运算结果为负数（－3），显然运算结果不正确。这是因为 A＋B＝13，超出了 4 位二进制补码数的表示范围，发生了溢出，应将 OF 置 1。

（4）结果为零标志 ZF。

ZF 主要用于标识当前运算结果 F 是否为 0，如果 F＝0，则 ZF 置 1，否则 ZF 置 0。

6.1.3 实验步骤

1. 电路设计

根据使用的开发平台，参考 3.3 节或 3.4 节完成工程建立、电路设计、仿真以及引脚分配。需要注意：

（1）建立工程时要选择与实验台对应的 FPGA 芯片。

（2）采用 Verilog 代码设计电路时注意设计规范，重点关注信号的命名、代码缩进、注释等要求；采用图形方式设计电路时注意电路模块放置位置要合理，避免绘图时连线过远，不便连接的信号可以通过定义网络节点相连。

2. 电路下载

下载前实验台勿通电，要检查硬件环境是否就绪。首先检查外设与 FPGA 引脚是否已连接，如有的实验台只将 FPGA 引脚引出，并未通过 PCB 走线与外设相连，此时需要通过外接线进行手工连接；有的实验台 FPGA 引脚虽通过 PCB 走线与外设相连，但为复用方式，即外设不能同时使用，需通过模式键进行选择。连线完成后检查下载电缆是否连接正确，待全部检查后再通电下载。

3. 观察实验现象并记录

控制输入，观察实验台数码管、LED 等外设的变化并记录。根据实验现象，判断电路的逻辑功能是否满足设计要求，如不符合，分析问题产生的原因并给出解决方法，并进行修改验证，直到电路符合设计要求为止。

4. 实验数据处理

将源程序或电路图、仿真波形、引脚分配情况等进行截图，待实验结束后撰写实验报告。

6.2 寄存器电路设计

6.2.1 实验目的

通过触发器、锁存器、寄存器等时序电路的设计与测试,掌握寄存器电路的分析和设计方法;学会使用 Verilog 设计寄存器电路。

6.2.2 实验任务及要求

实验任务分为以下 5 个。

(1) D 锁存器和 D 触发器的串联。

(2) 边沿检测电路的设计。

(3) 寄存器堆的设计。

(4) 通用逻辑 IC——74194 双向移位寄存器的实现。

(5) 四人抢答器电路的设计。

任务 1:D 锁存器和 D 触发器的串联

1. 要求

(1) 用 Verilog 实现图 6.9 所示的 D 触发器串联;编写 Testbench 仿真程序;din、rst_n 接开关,clk 接按键,Q0～Q3 接 LED。

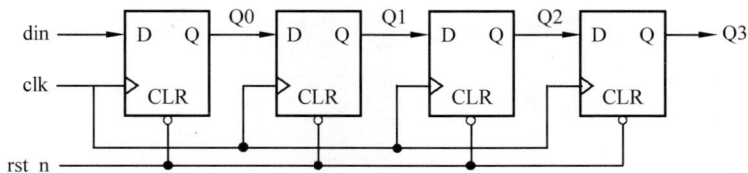

图 6.9　D 触发器串联

(2) 用 Verilog 实现图 6.10 所示的 D 锁存器串联;编写 Testbench 仿真程序;din、en 接开关,Q0～Q3 接 LED。

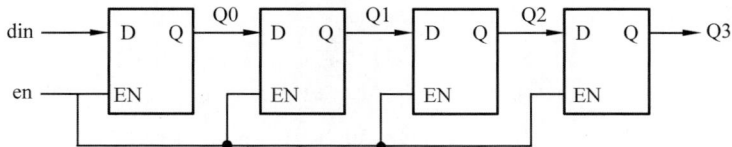

图 6.10　D 锁存器串联

2. 实验指导

组合逻辑电路瞬时输出值只与当前输入变量有关,时序逻辑电路的输出不仅与当前时刻输入变量有关,还和上一时刻的状态有关,因此时序电路中需要包含一些存储器件来记忆输入变量的过去值,这些器件通常由锁存器和触发器构成。

锁存器在时钟信号为有效电平期间,不断检测所有输入端,任何满足输出改变条件的输入均会改变输出端,而触发器只有在时钟信号变化的瞬间才会改变输出值。锁存器不同于触发器,它不锁存数据时,输出端的信号随输入信号变化,就像信号通过一个缓冲器一样,一旦锁存信号起作用,数据则被锁住,不再随输入信号变化。在某些运算器电路中有时采用锁存器作为数据暂存器,而触发器可用作数字信号的寄存,常用于移位寄存、分频和波形发生器等场合。

锁存器为电平触发,对应 Verilog 程序:

```
always @(*)
```

寄存器为时钟触发,对应 Verilog 程序:

```
always @(posedge clk)
```

或

```
always @(negedge clk)
```

实验完成后可对比以上电路,分析各有何特点。

任务 2:边沿检测电路的设计

1. 要求

利用寄存器设计一个上升沿、下降沿和双边沿检测电路,电路逻辑符号和波形图如图 6.11 所示,其中 din 为待检测信号,rise_edge 为上升沿检测信号,down_edge 为下降沿检测信号,both_edge 为双边沿检测信号。编写 Testbench 进行仿真。

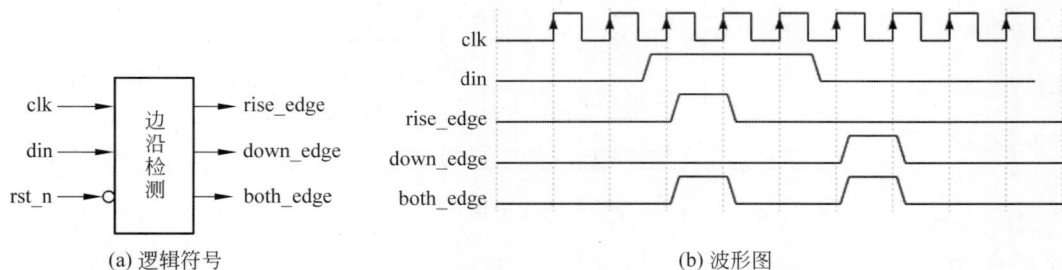

(a) 逻辑符号   (b) 波形图

图 6.11　边沿检测电路的逻辑符号和波形图

2. 实验指导

边沿检测技术在数字电路设计中经常使用,它可以检测输入信号边沿的变化,并根据检测结果启动后续的电路功能,因此广泛应用于时序控制、数据采集和数字信号处理等场合。

实现边沿检测需要捕捉信号电平的变化,可利用寄存器在串接方式下输出为上一时刻输入的特性来实现。图 6.12 可说明边沿检测的原理,din 为待检测信号,clk 为时钟信号,上升沿触发。图中可以看到,在第 1 个时钟上升沿时检测到 din 为低电平,在第 2 个时钟上升沿时检测到高电平,如果保存这两个时钟采样的结果就能够判断输入信号出现上升沿。同理,利用第 3、4 个时钟沿可检测到信号中出现的下降沿。需要注意的是,采样时钟频率应高于信号频率,否则会丢失信号,如图中第 5~6 个时钟的高电平维持较短,时钟上升沿到来时,未能检测到该高电平,从而漏检此刻信号中出现的跳变。

对一个持续电平进行边沿检测,就可以做到无论该电平持续多少个时钟周期,最终可转

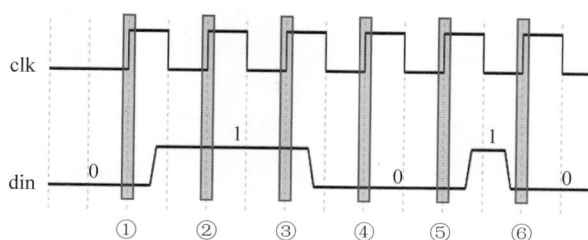

图 6.12 边沿检测的原理

换为只持续一个周期的信号,而该信号可以作为后级电路的有效事件。

边沿检测最直接的实现方式是采用两级寄存器串联,即第一级寄存器锁存当前时钟沿到来时的输入电平,第二级寄存器锁存上一时钟沿到来时的输入电平,如两个寄存器锁存信号电平不同,说明信号出现了跳变,再利用组合逻辑电路判断是上升沿还是下降沿。图 6.13(a)为上升沿检测电路原理图,DFF1 的输出接 DFF2 的输入,DFF2 寄存前一时刻的信号,DFF1 寄存当前信号。根据图 6.13(b)波形图可知,DFF2 输出取反后与 DFF1 输出进行"与"运算可实现上升沿检测。

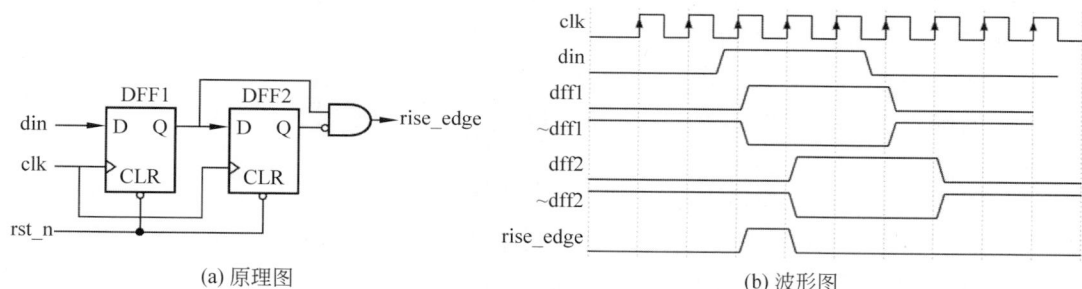

(a) 原理图　　　　　　　　　　　(b) 波形图

图 6.13 两级寄存器实现上升沿检测

对应的 Verilog 代码如下:

```verilog
module edge_detect(
  input clk,rst_n,din,
  output rise_edge
);

reg dff1,dff2;

always @ (posedge clk or negedge rst_n)
begin
  if (!rst_n) begin
    dff1 <= 1'b0;
    dff2 <= 1'b0;
  end
  else begin
    dff1 <= din;
    dff2 <= dff1;
  end
```

```
end

assign rise_edge = ~dff2 & dff1;
//assign rise_edge = {dff2,dff1}==2'b01 ? 1'b1:1'b0;      //与上一行代码等效
endmodule
```

如果待测信号 din 是一个异步信号，din 信号的变化可能会发生在 clk 时钟的边沿处，第一级寄存器 DFF1 的输出就会进入亚稳态，并且会传递给 rise_edge 和 down_edge 信号，进而影响下一级电路的正常工作。因此，在异步信号边沿检测时，可在上述电路基础上多加一级寄存器，即先将异步信号同步，再进行边沿检测，从而减小亚稳态发生的概率。对系统稳定性要求较高的数字系统中，可以加入更多级的寄存器以提高系统稳定性。

参考以上设计，修改程序加入下降沿和双边沿检测。

任务 3：寄存器堆的设计

1. 要求

（1）设计一个由 8 个 4 位寄存器构成的寄存器堆，该寄存器堆支持寄存器地址选择，能够写入任意 4 位值，并且可从任意一个寄存器中读取数据。

（2）读操作不需要时钟控制，写操作在时钟上升沿写入。

（3）用译码器、寄存器组、数据选择器等基本电路实现。

（4）各输入信号可以接按键或开关，输出接 LED 或数码管。

2. 实验指导

一个寄存器由 n 个触发器组成，只能记忆一个字，字的长度为 n 位。当需要记忆多个字时，就需要使用多个寄存器组成寄存器堆。为方便访问其中的寄存器，对寄存器堆中的寄存器统一编码，称为寄存器号或者寄存器地址，每个寄存器通过指定寄存器地址进行访问。寄存器堆逻辑符号如图 6.14 所示，寄存器堆端口描述见表 6.14。

表 6.14 寄存器堆端口描述

类型	信号名	位宽	说　　明
input	clk	1	工作时钟
	reset	1	复位信号
	w_r	1	读/写信号
	w_data	4	写入数据
	addr	3	地址信号
output	r_data	4	读出数据

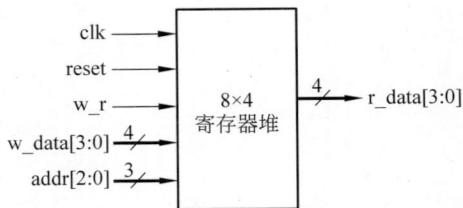

图 6.14 寄存器堆逻辑符号

本实验要求采用基本电路完成设计，可参考图 6.15 寄存器组逻辑框图完成设计。先实例化 4 个寄存器，构成寄存器堆。对于寄存器堆，写入时要确定将数据写入哪个寄存器，可以通过译码电路选择相应的寄存器；读出时要确定从哪个寄存器读出，可以通过数据选择器完成，寄存器地址作为数据选择器的选择控制端。设计的关键是：地址译码器的输出信号如何使能对应的寄存器。

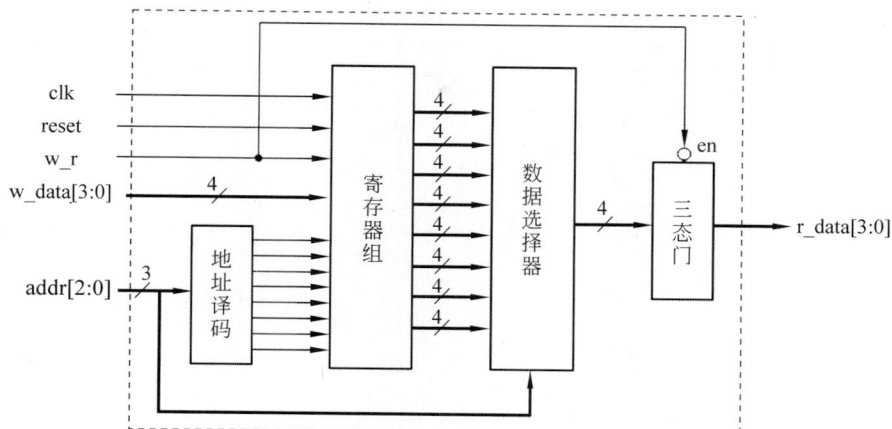

图 6.15　寄存器组逻辑框图

任务 4：通用逻辑 IC——74194 双向移位寄存器的实现

1. 要求

用 Verilog 实现一个与 74194 功能一致的双向移位寄存器。输入接开关，输出接 LED。

2. 实验指导

74194 是一个带并行输入的四位双向移位寄存器，功能如表 6.15 所示，具备清 0、保持、并行输入、右移和左移功能。

表 6.15　74194 双向移位寄存器功能表

输　入						输　出				功能
clrn	s1	s0	clk	slsi	srsi	q[0]	q[1]	q[2]	q[3]	
0	×	×	×	×	×	0	0	0	0	清 0
1	×	×	0	×	×	q[0]	q[1]	q[2]	q[3]	保持
1	0	0	↑	×	×	q[0]	q[1]	q[2]	q[3]	
1	1	1	↑	×	×	d[0]	d[1]	d[2]	d[3]	并行输入
1	0	1	↑	×	1	1	q[0]	q[1]	q[2]	右移
1	0	1	↑	×	0	0	q[0]	q[1]	q[2]	
1	1	0	↑	1	×	q[1]	q[2]	q[3]	1	左移
1	1	0	↑	0	×	q[1]	q[2]	q[3]	0	

图 6.16 为 74194 双向移位寄存器逻辑符号，端口功能描述见表 6.16。

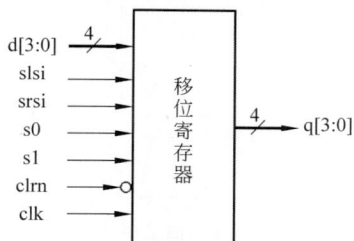

图 6.16　74194 双向移位寄存器逻辑符号

表 6.16　74194 双向移位寄存器端口功能描述

类　型	信　号　名	位宽	功　能　描　述
input	clk	1	工作时钟
	clrn	1	清 0 信号(异步,低电平有效)
	s0、s1	1	模式选择
	slsi	1	左移串行输入
	srsi	1	右移串行输入
	d	4	并行输入
output	q	4	并行输出

本实验可以采用行为级描述方式实现,按照功能表编写程序,需要注意异步清 0 的表达形式。

异步清 0 与时钟不同步,清 0 信号有效时,无须触发脉冲,立即清 0。always 语句敏感信号中包括时钟信号和清 0 信号。无论低电平清 0 还是高电平清 0,清 0 信号优先级最高,该信号在 if 语句中最先判断,其他信号则放在 else 中。

同步清 0 与异步清 0 不同,必须要等待时钟信号的有效沿(上升或下降)时,再判断清 0(复位)信号是否有效,二者必须保持同步才能保证清 0(复位),always 语句敏感信号列表中只有时钟信号。

任务 5:四人抢答器电路的设计

1. 要求

设计一个四人抢答器,功能如下:有四个选手 A、B、C、D 和一个主持人,主持人控制抢答过程,当主持人按下按键后抢答开始,最先按下抢答键的选手抢答成功,对应 LED 亮,其余选手按键失效,主持人再次按下按键可以重新抢答。用寄存器记录锁定情况和抢答结果。

2. 实验指导

四人抢答器和第 3 章的四人表决器实例不同,从 4 个人中选择按下最快的,需要利用时钟信号采样按键的瞬时值,是一个时序逻辑电路。设计时可以选择一个频率相对高的时钟进行采样,最先按下者产生的信号一旦被采样,其他选手的操作被屏蔽,可以在电路内部设置一个标志位来控制。图 6.17 为四人抢答器逻辑符号,表 6.17 为四人抢答器端口说明。为增强显示效果,可以加入数码管显示选手号码。

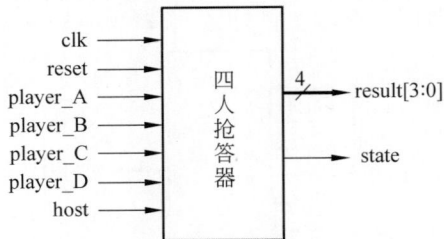

图 6.17　四人抢答器逻辑符号

表 6.17 四人抢答器端口说明

方向	信 号 名	位宽	说 明
input	clk	1	工作时钟
	reset	1	复位信号
	player_A、player_B、player_C、player_D	1	选手 A、B、C、D
	host	1	主持人
output	result	4	抢答结果
	state	1	抢答状态

6.3 计数器电路设计

6.3.1 实验目的

(1) 通过计数器、分频器、PWM 等时序电路的设计与测试,掌握计数器电路的基本设计方法。

(2) 学会使用硬件描述语言设计计数器电路,并利用计数器解决实际问题。

6.3.2 实验任务及要求

实验任务分为如下 6 个。

(1) 通用逻辑 IC——74163 计数器的实现。

(2) 集成计数器的扩展。

(3) 分频器的设计。

(4) 序列发生器的设计。

(5) PWM 输出电路的设计。

(6) 看门狗电路的设计。

任务 1：通用逻辑 IC——74163 计数器的实现

1. 要求

(1) 用 Verilog 实现一个与 74163 功能一致的计数器。

(2) 将计数器和 BCD-七段显示译码电路相连,计数结果显示在数码管上;利用按键按下或释放时产生的跳变作为计数时钟。

2. 实验指导

计数器是数字系统中应用最多的一种时序逻辑电路。计数器不仅能用于对时钟脉冲计数,还可以用于分频、定时、产生节拍以及进行数字运算等功能。

74163 是一种常用的四位二进制可预置的同步加法计数器。该计数器有 5 个控制端、4 个数据输入端和 5 个输出端,其逻辑功能如表 6.18 所示,其中 rco 表示进位,当从 0000~1111 计满一轮且 ent 为 1 时,rco 为 1,其他时候均为 0。74163 具有清 0、置数、保持、加 1 等功能。

表 6.18　74LS163 逻辑功能

输　入					输　出					说明
clrn	ldn	ent	enp	clk	q[3]	q[2]	q[1]	q[0]	rco	
0	×	×	×	↑	0	0	0	0	0	清 0
1	0	×	×	↑	d[3]	d[2]	d[1]	d[0]	*	置数
1	1	1	1	↑	计数				*	加 1
1	1	0	×	×	q[3]	q[2]	q[1]	q[0]	*	保持
1	1	×	0	×	q[3]	q[2]	q[1]	q[0]	0	保持

　* 当计数器记为 1111 且 ent=1 时,rco=1。

从 74163 功能表上可以看出,清 0 的优先级高于置数功能,编写代码时先在 if 语句中判断清 0 条件,再在 else 语句中判断置数条件。

先实现 74163 计数器,再参考图 6.18 完成与数码管的连接。

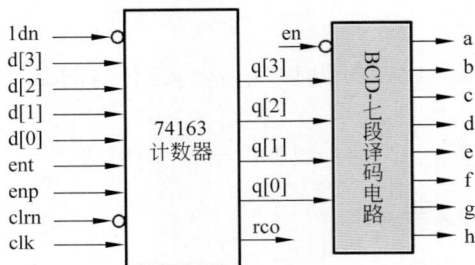

图 6.18　74163 计数器与 BCD-七段显示译码电路连接

任务 2：集成计数器的扩展

1. 要求

(1) 用集成计数器设计一个任意进制(大于 16 且小于 256)计数器,可选择十进制计数器 74160/74162 和十六进制计数器 74161/74163。

(2) 计数方式可选择同步清 0 或同步置数。

(3) 将计数结果显示在数码管上。

2. 实验指导

集成计数器是一种定型产品,函数关系已固化在芯片中,它的状态分配及编码是不可更改的。按计数进制分类,有十进制(74160、74162)、4 位二进制(74161、74163)、8 位二进制(74590),表 6.19 中列出了部分常用集成计数器。

表 6.19　部分常用集成计数器

型　号	计 数 模 式	清 0 方式	预置数方式
74160	十进制"加"计数器	异步(低电平有效)	同步(低电平有效)
74162	十进制"加"计数器	同步(低电平有效)	同步(低电平有效)
74161	4 位二进"加"计数器	异步(低电平有效)	同步(低电平有效)
74163	4 位二进"加"计数器	同步(低电平有效)	同步(低电平有效)

多个集成计数器组合起来可以构成计数值更大的计数器,下面以模72的计数器为例,介绍模大于16的计数器的设计。

(1) 清0方式(以74163为例)。

清0与置数都是通过反馈方式来改变原有计数长度的,即当计数器计数到某一数值时,电路产生清0脉冲或置数脉冲,使计数器恢复到起始状态,从而达到改变计数器模的目的。模72计数器的工作状态如图6.19所示。

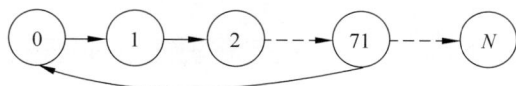

图6.19 模72计数器的工作状态

以74163为例,由于74163清0功能与时钟脉冲有关,当清0端出现有效电平时,并不能马上清0,该有效电平只是成功清0的必要条件,还需要一个时钟脉冲才能够清0。因此利用同步清0功能构成 N 进制计数器时,应在输入第 $N-1$ 个计数脉冲时,通过控制电路产生清0信号,这样当第 N 个脉冲到来时,计数器实现清0。如模为72时,应在计数到71时产生清0信号。需要注意的是,如果采用的集成计数器是异步清0方式,如74161,此时清0与计数脉冲无关,当清0信号有效时,计数器会立刻清0。

图6.20为采用两片74163设计的模72计数器。U2为计数器的高位,U1为计数器的低位。U1的enp、ent始终为1,因此该模块一直处于计数状态。而U1的rco信号连至U2的enp和ent,当U1计数到1111时,rco输出高电平,使能U2的enp、ent,此时U2处于计数状态,当下一个脉冲到来时,U2实现加1。当计数到71时需要清0,由于 $(71)_{10}=(47)_{16}=(0100\ 0111)_2$,即 q_6、q_2、q_1 和 q_0 应同时为1,因此需要接一个四输入与门,与运输的结果可直接从rco端(并非U2上的rco)输出,作为向高位的进位信号,同时再接一个非门(清0是低电平有效)作为U1和U2的清0信号。

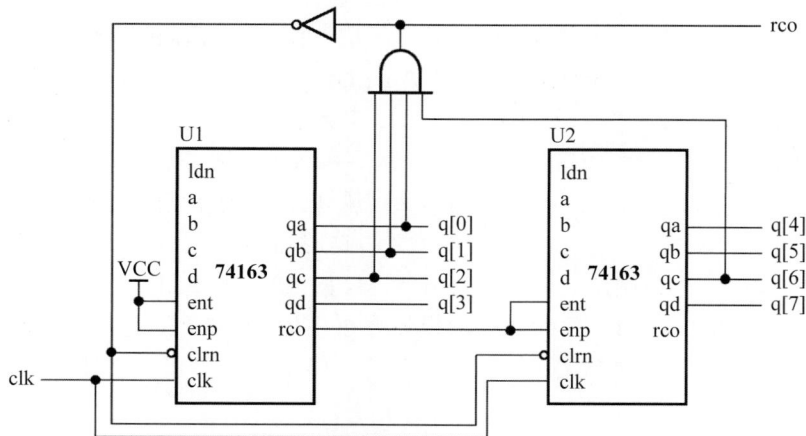

图6.20 采用两片74163设计的模72计数器(清0方式)

(2) 置数方式(以74160为例)。

置数方式也分为同步置数和异步置数,这里只讨论同步置数方式。与同步清0相似,模72的计数器,只需在计满71时,发出LDN有效信号,当下一个时钟脉冲到来时,完成置数,本例中只需置入 0 即可。图 6.21 设计中采用的集成计数器是 74160，该计数器是一个十进制计数器。因为 $(71)_{10} = (0111\ 0001)_{BCD}$，故在 q_6、q_5、q_4 和 q_0 同时为 1 时置数。其他信号连接与清 0 方式相同，这里不再赘述。由于计数结果为 BCD 码，输出可直接与 BCD-七段显示译码电路相连。

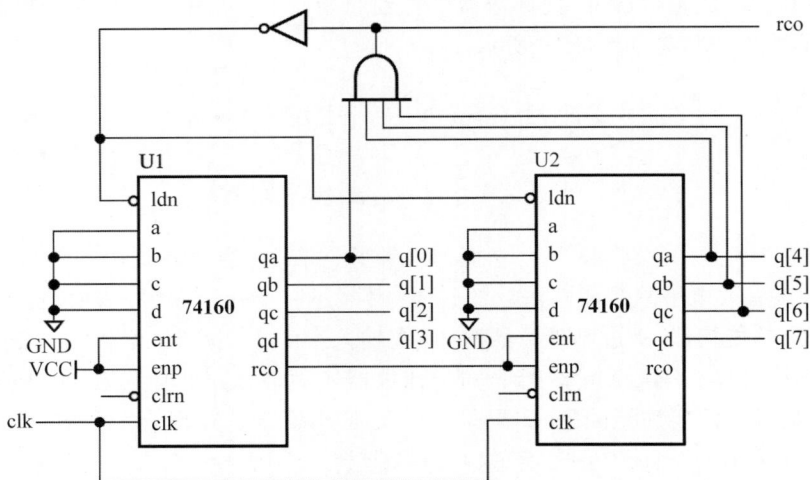

图 6.21　用 74160 设计的模 72 计数器（置数方式）

任务 3：分频器的设计

1. 要求

（1）对基准频率 sys_clk 进行分频，得到频率分别为 1Hz、10Hz、100Hz 和 1kHz 的时钟信号，分频器逻辑符号如图 6.22 所示。

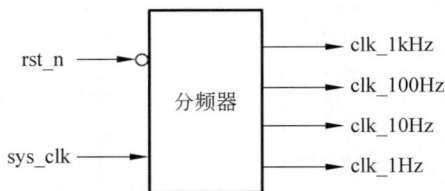

图 6.22　分频器逻辑符号

（2）将分频器与计数器电路相连，分频器生成的 1Hz 信号作为计数器的计数时钟，其他频率信号接 LED。

2. 实验指导

数字系统工作时往往需要多种不同频率的时钟，而实际电路中通常只提供单一频率的外部输入时钟，这时可以采用分频或倍频方式得到各频率时钟。目前大部分设计中广泛使用集成锁相环（如 Intel 的 PLL、Xilinx 的 DLL）实现时钟的分频、倍频以及相移设计，但对时钟的设计要求不太严格时，通过自主设计进行时钟分频的方式仍非常流行。这种方式不用消耗太多的逻辑单元就可以实现所需时钟，还可以节省锁相环资源。

分频器最常见的设计方式是利用加法计数器来实现，通过对高频时钟信号计数，在输出端就可以得到相应频率的信号。假设时钟信号的频率为 f_i，计数器为 N，则输出信号的频率为

$$f_o = f_i / N \tag{6-1}$$

由于输出频率是输入频率的 $1/N$，所以称为 N 分频器，可在计数周期达到分频系数中

间数值($N/2-1$)时进行时钟翻转。如设计一个带复位的分频器，输入时钟频率为 50MHz，输出频率为 5MHz，计数值 N 可以设置为 10，实现代码如下：

```verilog
module clk_div # (parameter N = 10)        //分频系数
 (
   input clk, rst_n,
   output reg clk_div
);

reg [3:0] cnt;

always @ (posedge clk or negedge rst_n)
   if (!rst_n)
   begin
     cnt      <= 1'b0;
     clk_div <= 1'b0;
   end
   else if (cnt == N/2 - 1)
   begin
     cnt      <= cnt + 1'b1;
     clk_div <= 1'b1;
   end
   else if (cnt == N - 1)
   begin
     cnt      <= 1'b0;
     clk_div <= 0;
   end
   else
     cnt <= cnt + 1;
endmodule
```

10 分频仿真波形如图 6.23 所示，计数器从 0 开始计数，计数至 4 时信号翻转，分频后时钟高低电平宽度相同，占空比为 50%，输出信号周期为输入信号的 10 倍。

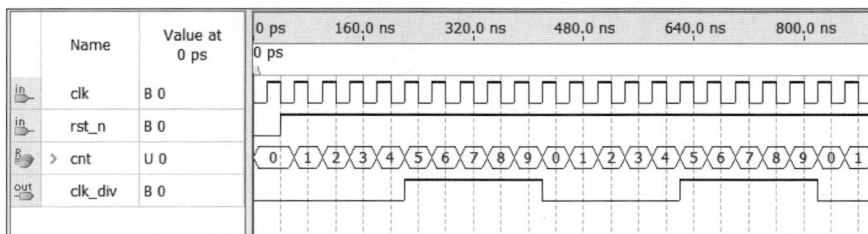

图 6.23　10 分频仿真波形

如果将以上代码中的 N 换成奇数，如 5，可输出一个 10MHz 的时钟，5 分频仿真波形如图 6.24 所示，计数值在 0～1 时为低电平，在 2～4 时为高电平，由于计数值不能均分，占空比达不到 50%。

如果想实现一个占空比为 50% 的奇数分频，可以利用待分频时钟的上升沿和下降沿各产生一个时钟，再进行或/与运算，代码如下：

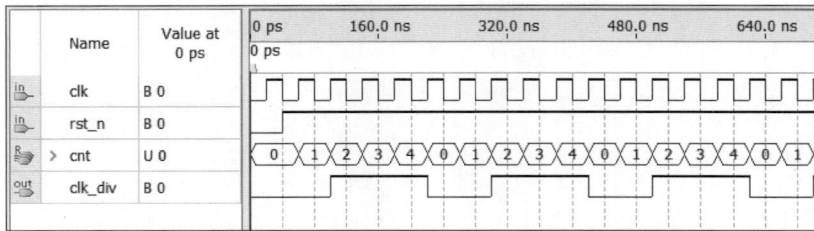

图 6.24 5 分频仿真波形

```verilog
module clk_div_odd # (parameter N = 5)              //分频系数
  (
    input clk, rst_n,
    output clk_div
  );
  reg [3:0] cnt;
  reg clk_div_p, clk_div_n;

  always @ (posedge clk or negedge rst_n)
    if (!rst_n)
      cnt <= 1'b0;
    else if (cnt == N - 1)
      cnt <= 1'b0;
    else
      cnt <= cnt + 1'b1;

  always @ (posedge clk or negedge rst_n)          //上升沿产生 N 分频
    if (!rst_n)
    begin
      clk_div_p <= 1'b0;
    end
    else if (cnt == N / 2)
      clk_div_p <= 1'b1;
    else if (cnt == N - 1)
      clk_div_p <= 0;

  always @ (negedge clk or negedge rst_n)          //下降沿产生 N 分频
    if (!rst_n)
    begin
      clk_div_n <= 1'b0;
    end
    else if (cnt == N / 2)
      clk_div_n <= 1'b1;
    else if (cnt == N - 1)
      clk_div_n <= 0;

  assign clk_div = clk_div_p | clk_div_n;          //或操作,输出分频时钟

endmodule
```

图 6.25 为占空比为 50％的 5 分频仿真波形,clk_div_p 和 clk_div_n 分别为中间产生的分频时钟,经或运算后 clk_div 占空比为 50％。

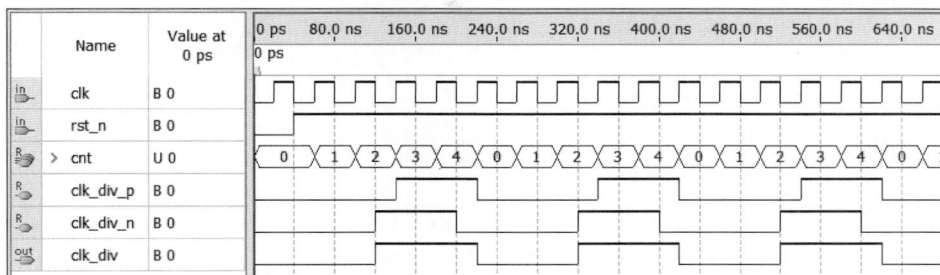

图 6.25　占空比为 50％的 5 分频仿真波形

参考以上设计,给出分频系数即可实现本任务。

任务 4：序列发生器的设计

1. 要求

利用计数器实现一个“10110001”序列发生器;以 1Hz 的频率输出,接 LED 显示。

2. 实验指导

序列发生器能够在同步脉冲作用下循环产生一串周期性的二进制信号,在通信系统、数字 IC 设计等领域有着广泛的应用。常见的序列发生器包括简单序列发生器、编码型发生器(如曼彻斯特编码)、伪随机序列发生器等。

序列发生器通常有移位寄存器法、计数器法、状态机法三种实现方案。

(1) 移位寄存器法。

方法一:仅使用移位寄存器实现,序列从移位寄存器的最高位输出,每个时钟将数据的最高位转移到最低位,输入/输出之间无组合逻辑电路反馈,电路工作频率高,但移位寄存器的长度取决于序列长度,占用电路面积大。如产生序列“10010111”,代码如下。

```verilog
module sequence_generator (
    input clk, rst_n,
    output reg dout
);

reg [7:0] data;

always @ (posedge clk or negedge rst_n)
begin
  if (!rst_n) begin
    dout <= 0;
    data <= 8'b10010111;          //待产生的序列,根据需要修改
  end
  else begin
    dout <= data[7];
    data <= {data[6:0], data[7]};
```

```
        end
      end
  endmodule
```

方法二：使用移位寄存器和组合逻辑电路实现，该方法可以减小移位寄存器的宽度，步骤如下。

① 根据给定序列确定循环周期 L，即移位次数，移位寄存器位数为 n，满足 $2^{n-1} < L \leqslant 2^n$。

② 将序列码按移位规律每 n 位一组，划分为 L 组，如出现重复序列，则移位寄存器位数加 1，重复上述过程，直到 L 组中序列全部唯一。

③ 根据 L 组中的序列列出移位寄存器的态序表和反馈函数表，求出反馈函数 F 的表达式。

例如序列"10010111"，循环次数 L 为 8，移位寄存器位数 n 为 3。按照 3 位一组，可划分为 100、001、010、101、011、111、111、110，但这种划分出现重复状态 111；取 n 为 4，重新划分状态为 1001、0010、0101、1011、0111、1111、1110、1100，没有重复状态，故移位寄存器位数定为 4。根据序列内容列出态序表，见表 6.20，其中 $Q_3 \sim Q_1$ 为移位寄存器内的各状态，Z 表示序列中紧邻当前状态的下一位数据，如已取到最低位将跳转到最高位，直到填完最后一个状态结束，Q_3 输出为序列内容。对应的卡诺图如图 6.26 所示，化简后得到激励函数为

$$Z = \overline{Q_3} Q_2 Q_0 + \overline{Q_3}\, \overline{Q_2} Q_1 \overline{Q_0} + Q_3 Q_2 \overline{Q_1}\, \overline{Q_0} + Q_3 \overline{Q_2} Q_1 Q_0 \tag{6-2}$$

表 6.20 "10010111"序列态序表

序　号	Q_3	Q_2	Q_1	Q_0	Z
1	1	0	0	1	0
2	0	0	1	0	1
3	0	1	0	1	1
4	1	0	1	1	1
5	0	1	1	1	1
6	1	1	1	1	0
7	1	1	1	0	0
8	1	1	0	0	1

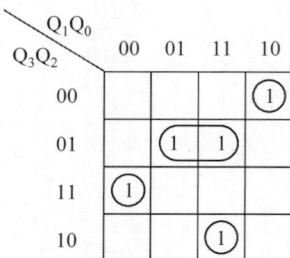

图 6.26 "10010111"序列卡诺图

根据激励函数(6-2)，用 Verilog 实现，参考代码如下。

```verilog
module sequence_generator (
   input clk, rst_n,
   output dout
);

   reg [3:0] q;
   wire z;

   always @ (posedge clk or negedge rst_n)
   begin
     if (!rst_n)
       q <= 4'd1001;
     else
       q <= {q[2:0], z};
   end

   assign z =  ~q[3] & ~q[2] &  q[1] & ~q[0]
            |  q[3] &  q[2] & ~q[1] & ~q[0]
            |  q[3] & ~q[2] &  q[1] &  q[0]
            | ~q[3] &  q[2] &  q[0];

   assign dout = q[3];

endmodule
```

与方法一相比,移位寄存器的输出经过反馈网络连接到输入端,电路的工作速度有所下降,但节省了寄存器资源。

(2)计数器法。

用计数器法实现序列发生器与移位寄存器法的方法二类似,电路由时序电路和组合电路组成,不同之处是方法二中的状态由移位寄存器产生,输出取寄存器的最高位。计数型序列发生器中,用计数器代替移位寄存器产生时序状态,输出由组合电路产生。计数器的状态设置与输出序列无直接关系,对于输出序列的更改比较方便。计数器法实现"10010111"序列发生器如表 6.21 所示。

表 6.21　计数器法实现"10010111"序列发生器

Q_2	Q_1	Q_0	Z
0	0	0	1
0	0	1	0
0	1	0	0
0	1	1	1
1	0	0	0
1	0	1	1
1	1	0	1
1	1	1	1

(3)状态机法实现。

与计数器法类似,可参考 4.3 节状态机内容进行设计。

任务 5：PWM 输出电路的设计

1. 要求

根据实验台提供的资源选取一项完成。

(1) 产生一路 PWM 输出，由两个独立按键控制，可动态提高或降低占空比，实现调光（接 LED）或调速（接直流电机）。

(2) 产生一路 PWM 输出并接至 LED，动态提高或降低占空比，实现呼吸灯效果。

(3) 产生一路 PWM 输出并接至 180 度舵机，通过控制占空比实现角度控制。

2. 实验指导

PWM(Pulse Width Modulation，脉宽调制)是一种对模拟信号电平进行数字编码的方法，它利用了面积等效原理，即冲量相等而形状不同的窄脉冲加在具有惯性的环节上时效果基本相同，可以大幅度降低系统的成本和功耗，广泛应用在测量、通信、工控等方面。当前许多微控制器中都包含 PWM 控制器。

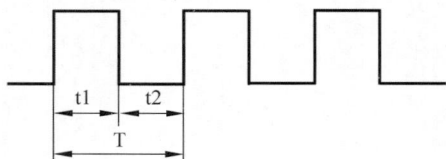

图 6.27　一个时钟周期为 T 的 PWM 信号

PWM 通过控制直流电源的开关频率，即按一个固定的频率接通和断开电源，并根据需要改变一个周期内"接通"和"断开"时间的长短，从而改变负载两端的电压。PWM 中对外做功的能量来自高电平，高电平所占的比例称为占空比，图 6.27 是一个时钟周期为 T 的 PWM 信号，其中 t1 是高电平的时间，t2 是低电平的时间，T 是一个周期的时间，t1/T 就是占空比。PWM 的关键在于对占空比的控制，占空比大，通过转换电路所得到的平均电压值高，输出的能量就大；占空比小，输出的电压信号的平均值低，输出的能量就小。

理论上，通过对通断时间的控制，可以输出不大于最高电压值的任意一个等效模拟电压。图 6.28 中 PWM 信号的最高电压为 5V，占空比 20%、50% 和 75% 所对应的平均电压分别是 1V、2.5V 和 3.75V。由此可知，通过控制直流电源的开关频率，可使平均输出电压发生改变，如果用 PWM 去控制电机就可改变电机的转速。一个周期内，开的时间长，平均电压就高，转速就高；关的时间长，平均电压就低，转速就低。对于直流电机、舵机的工作原理可参考 5.3 节内容。

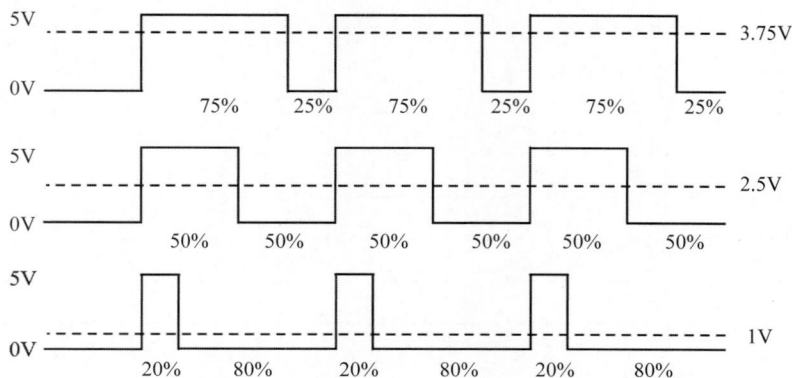

图 6.28　不同占空比下的 PWM 信号

任务 6：看门狗电路的设计

1. 要求

用硬件描述语言设计一个窗口看门狗电路,具体要求:计数器窗口下限值固定,上限可修改;输入信号除时钟外接开关,输出信号接 LED,需在 5～10s 内"喂狗"一次,否则产生复位信号。

2. 实验指导

由微控制器或处理器组成的计算机系统在工作时常常会受到外界电磁场的干扰,造成各种寄存器、内存的数据混乱以及程序指针错误等,使程序陷入死循环,叫作程序"跑飞",导致系统无法继续正常工作,严重时会产生不可预料的后果。为了能够对系统运行状态进行实时监测,产生了一种专门用于监测系统运行状态的模块或者芯片,即"看门狗"(Watchdog)。

看门狗电路内部包含一个定时器和一个复位控制器。正常工作时,系统须定期向看门狗电路发送"喂狗"信号(如写入特定值到看门狗寄存器),以重置定时器。如果系统因故障陷入停滞或死循环,无法按时发送"喂狗"信号,定时器将超时,触发复位控制器对系统进行复位,从而恢复正常运行。

看门狗电路包括独立看门狗和窗口看门狗两种。

独立看门狗(Independent Watchdog,IWDG)的工作原理是一个递减计数器不断地递减计数,当减到 0 之前如果没有喂狗就会产生系统复位。IWDG 用于防止程序跑飞、陷入死循环、死机等异常情况,主要是为了提高系统的可靠性。

窗口看门狗(Window Watchdog,WWDG)之所以被称为窗口,是因为窗口看门狗对喂狗时间设置了一个区间,即一个上限时间和一个下限时间,如图 6.29 所示,t1 为上限值,t2 为下限值,只能在这个区间喂狗,过早或过晚喂狗都会产生复位。WWDG 可以灵活设置窗口大小,适用于精度要求较高的场合,如检测程序的时效性,防止软件出现异常,如果程序在规定的窗口时间内没有喂狗会触发复位,从而监测程序的运行是否正常。

窗口看门狗逻辑符号如图 6.30 所示,各端口描述见表 6.22。该电路可由分频器、减计数器、比较逻辑组成。为了便于观察运行效果可以用分频器产生一个 1Hz 的时钟作为工作时钟,喂狗信号用开关,产生的复位信号用 LED 显示。

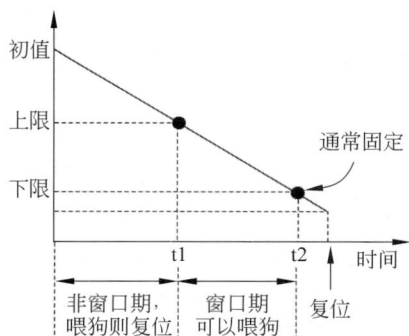

图 6.29　窗口看门狗工作原理

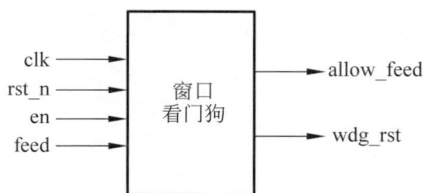

图 6.30　窗口看门狗逻辑符号

表 6.22　窗口看门狗端口描述

类　　型	信　号　名	位　　宽	说　　明
input	clk	1	工作时钟
	rst_n	1	复位信号
	en	1	使能信号
	feed	1	喂狗信号
output	allow_feed	1	允许喂狗
	wdg_rst	1	系统复位

图 6.31 为窗口看门狗工作时序，上限值为 9，下限值为 5，其中 feed 为"喂狗"信号，allow_feed 表示允许发出喂狗信号，wdg_rst 表示看门狗发出的复位信号。时序图分为 3 段，第 1 段中当 cnt＝14 时，出现 feed 信号，由于未到上限值，产生复位信号，wdg_rst 为高；第 2 段中当减计数器计数到 6 时，收到喂狗信号，即 feed 为高，计数器修改初值为 15，重新计数；第 3 段中当计数到下限值 5 时未及时喂狗，计数器修改初值并产生系统复位信号。

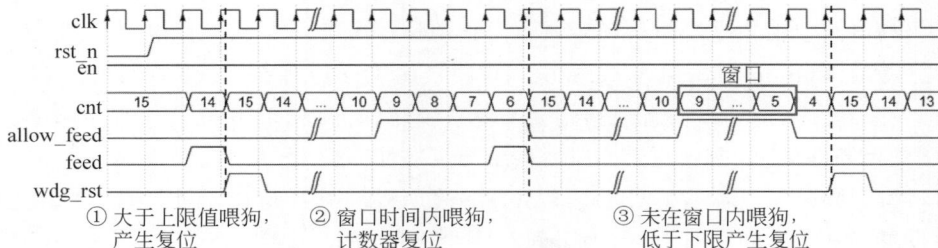

图 6.31　窗口看门狗工作时序

本任务实现的关键点是计数器处于上限和下限等关键点或窗口区间时应执行何种操作。

6.4　状态机电路设计

6.4.1　实验目的

通过流水灯、序列检测器等电路的设计与测试，掌握摩尔型状态机和米利型状态机的基本分析方法和设计方法，巩固和加深对课程基本理论知识的理解。掌握使用硬件描述语言设计状态机电路的方法。

6.4.2　实验任务及要求

实验任务分为如下 4 个。
（1）流水灯的设计。
（2）序列检测器的设计。
（3）多字节数据发送。
（4）状态机的嵌套。

任务1：流水灯的设计

1. 要求

（1）利用状态机实现一个流水灯，显示模式为从左至右或从右至左轮流点亮LED，也可自定义显示模式。

（2）用Verilog编写状态机程序。

2. 实验指导

阅读4.3节，掌握状态机的工作原理和编程风格。由于实验台提供的时钟频率较高，不易观察到LED灯的变化，可以利用分频器产生1Hz的时钟，用该时钟作为流水灯电路的输入时钟。

任务2：序列检测器的设计

1. 要求

从以下要求中选取一项完成。

（1）设计一个8位序列的序列检测器（从个人学号、出生日期等有意义的数字中截取两位，转换成8421 BCD码，如34，检测序列为00110100），不考虑序列重叠。

（2）设计一个011101序列检测器，考虑重叠序列的检测。

2. 实验指导

阅读4.3节内容，理解1011序列检测器的设计原理及两种状态机的实现方法。为了方便提供检测序列，可自行设计一个序列发生器，将该模块的输出作为序列检测器的输入，可参考6.3节序列发生器的设计。

序列检测有重叠检测和非重叠检测两种，其中重叠检测是指一个序列中，子序列之间有部分重叠，这些重叠区域也需要进行检测；而非重叠检测对于已检测出存在目标序列的输入序列，不再放入新的子序列中进行检测，即使部分序列和后续未检测序列可组成一个目标序列。

对于任务中第2项要求，目标序列"011101"中低两位的"01"与高两位一致，重叠序列检测时需注意，已检测出的序列不能完全丢弃，绘制状态图时要有所考虑。

任务3：多字节数据发送

1. 要求

利用状态机实现多字节数据的发送，具体要求如下。

（1）发送6字节数据，内容为日期或时间等信息，如"24-10-31 08:30:00"；仅发送一次，发送时每字节之间延迟1s，日期和时间之间延迟3s，发送完后数据线上保持最后1字节。

（2）有启动发送功能，用开关或按键控制；输出接LED或数码管。

2. 实验指导

实际应用中有时需要一次性发送或接收多字节的数据。例如，通过UART接口发送一个5字节的数据，而UART接口一次只能以串行方式发送1字节，需要分5次才能发送完；液晶屏等外设在工作前需要进行初始化，需要控制器发送多个命令进行配置。对于发送端而言，只需要把数据组织好，依次发送即可，因此非常适合采用状态机来实现。设计时，先列出需要的状态数,根据发送要求确定单次发送还是循环发送,并列出各状态间的转移条件,然后利用状态图或状态表描述发送过程,最后利用两段式或三段式状态机结构实现。该模块逻辑符号如图 6.32 所示。

本任务可划分三个模块,分别是控制器模块、1 秒计时模块和 3 秒计时模块,三个模块的连接关系如图 6.33 所示。1 秒计时和 3 秒计时两个模块功能相似,由计数器构成,收到主控制器发出的 start 信号开始计时,计够时间后发出 over 信号;控制器模块由状态机进行控制,发送 1 字节后启动计时模块,收到 over 信号后进入下一个状态发送下一字节,直到全部发完。

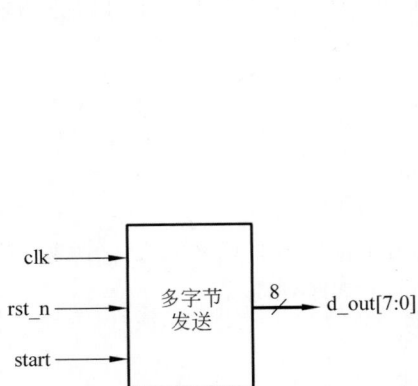

图 6.32　多字节发送模块逻辑符号

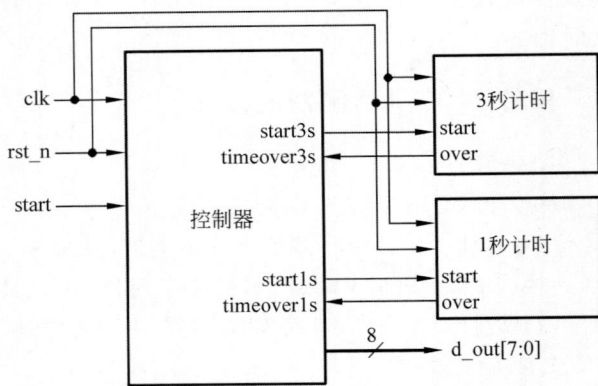

图 6.33　多字节发送模块的连接关系

任务 4：状态机的嵌套

1. 要求

利用状态机控制 LED 灯(4~8 盏)变化。以 4 盏为例,变化规律如下。

(1) 4 盏 LED 先同时点亮,再同时熄灭。

(2) 从左至右逐个点亮 LED 灯,每次仅亮 1 盏。

(3) 每次点亮两盏,但交替亮灭。

(4) 按以上规律循环执行,每次状态改变间隔 1s。

2. 实验指导

状态机嵌套是指将系统划分为多个层,每层包含一个状态机。各状态机描述一个特定的状态集合以及状态之间的转移规则,有自己的输入和输出,可以与其他状态机进行交互,从而形成整体的控制行为,这种结构适用于描述复杂的系统行为。高层状态机可以通过向下层状态机发送信号启动或触发状态转换,下层状态机也可向上层状态机反馈信息,以便上层状态机做出相应的决策。

表 6.23 列出了任务要求中 4 盏 LED 灯的状态变化,可以利用状态机的嵌套实现该电路的控制。这里设置一个两层的状态机,一个是外部状态机(父状态),有 3 个状态,用来控制 3 盏灯灯光效果的转换,分别定义为 S0、S1 和 S2;另一个是内部状态机(子状态),用于执行一系列点亮或熄灭 LED 的动作,共两个,状态数分别是 2 和 4。以父状态 S0 为例,对应的子状态机内部状态定义为 S00 和 S01。每一个子状态机在结束时输出一个 done 信号,父

状态机根据子状态机的输出进行转换。在一些数据通信中,可将状态机嵌套作为一种实现方式,如 UART 多字节通信中,在外层状态机中按序发送各字节,内层状态机实现底层的 UART 通信,将传入的字节按位发出。

表 6.23　4 盏 LED 灯的状态变化

父　状　态	子　状　态	LED 状态
1	1	●●●●
	2	○○○○
2	1	●○○○
	2	○●○○
	3	○○●○
	4	○○○●
3	1	●○●○
	2	○●○●

●表示亮　○表示灭

6.5　常用外设驱动电路的设计

6.5.1　实验目的

通过本实验内容的学习,掌握如何利用组合逻辑电路和时序电路解决实际问题;掌握常用简单外设接口电路的工作原理及控制方法;学会使用 Verilog 设计矩阵式键盘、动态数码管、LED 点阵、蜂鸣器、LCD 等外设的驱动电路,为后续综合设计做好准备。

6.5.2　实验任务及要求

实验任务分为如下 8 个。
(1) 按键消抖电路的设计。
(2) 动态数码管驱动电路的设计。
(3) 矩阵式键盘控制器的设计。
(4) LED 点阵扫描电路的设计。
(5) 蜂鸣器演奏音乐。
(6) 超声波测距。
(7) LCD1602 液晶屏控制器的设计。
(8) VGA 显示控制器的设计。

任务 1：按键消抖电路的设计

1. 要求
设计一个按键消抖电路,输出接 LED 灯,每按一次 LED 状态翻转一次。
2. 实验指导
按键在闭合或断开时不能立刻进入稳定状态,而是会出现一段抖动,如图 6.34 所示。

这主要是由于按键的不稳定性引起的,抖动时间的长短和开关的机械特性有关,一般在 5ms~20ms。为确保按键每次闭合只做一次处理,必须进行消抖。按键消抖电路逻辑符号如图 6.35 所示。

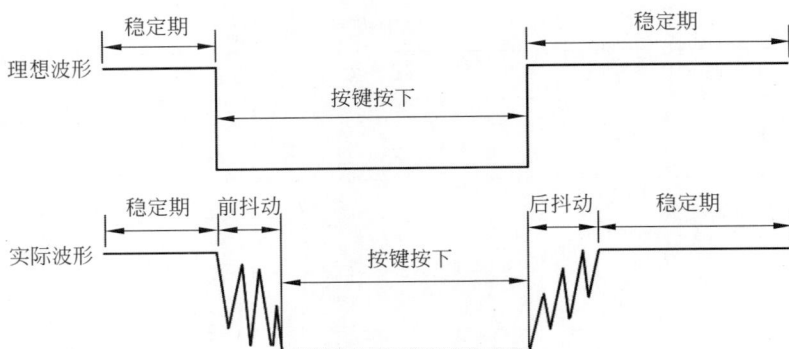

图 6.34　按键抖动波形

按键消抖可分为软件消抖和硬件消抖。软件消抖的实质在于降低按键输入端口的采样频率,将高频抖动略去,软件消抖需要占据一定的系统资源。硬件消抖是在信号输入系统之前消除抖动干扰,FPGA 平台下可通过 D 触发器、计数器、状态机等方式实现。

（1）D 触发器方式。

按键电路在设计时大多采用按下为低电平。这种情况下,消抖的关键就是获取稳定的低电平状态。因此,对于一个按键信号,可以采取多次采样的方法进行判断,如连续 3 次采样都是低电平,则认为按键已被按下,如图 6.36 所示。

图 6.35　按键消抖电路逻辑符号　　　　图 6.36　采用 3 个 D 触发器进行按键消抖

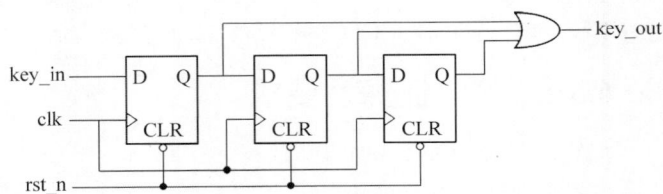

对应的 Verilog 代码如下:

```verilog
module key_debounce (
    input clk,rst_n,key_in,
    output wire key_out
);

    reg dff1, dff2, dff3;

    always @ (posedge clk or negedge rst_n)
    begin
      if (!rst_n) begin
        dff1 <= 1'b1;
```

```
        dff2 <= 1'b1;
        dff3 <= 1'b1;
    end
    else begin
        dff1 <= key_in;
        dff2 <= dff1;
        dff3 <= dff2;
    end
  end

  assign key_out = dff1 | dff2 | dff3;

endmodule
```

设计时,可适当增加 D 触发器的个数以延长消抖时间,使数据更加稳定可靠。

（2）计数器方式。

计数器方式利用了计数器具有延时的特性,这里提供两种实现方案。

方案 1 是采取延迟采样的方式,即检测第一次下降沿后开始计时（仅一次）,时长 20ms,此时已越过抖动期,可直接读取按键状态。

方案 2 是待信号变化平稳后持续 20ms 再进行采样,即每检测到下降沿便重新开始,当持续计数到 20ms 时,读取按键状态。

（3）状态机方式。

根据图 6.34,将按键从空闲到按下再到抬起划分为四个不同的状态:空闲、前抖动、按下、后抖动。利用边沿检测及计数器实现各状态的切换,先画出状态转换图,再进行代码设计。

任务 2:动态数码管驱动电路的设计

1. 要求

设计动态数码管驱动电路,将学号、生日或时间等数字显示在多个数码管上。

2. 实验指导

阅读 5.2 节了解动态数码管基本原理图,并查阅手册弄清实验台上数码管电路的具体控制方式。

动态扫描方式除需要一个译码模块外,还要提供一个位译码模块来控制 8 个数码管依次点亮,共需要 16 个输出引脚,分别是 8 个位选信号和 8 个段控制信号,大大降低了对器件引脚资源的占用。此外,还需要注意扫描频率的选择,频率太低,LED 会出现闪烁现象,频率太高,每个 LED 点亮的时间太短,亮度不够,一般选取 1ms 左右为宜（频率 1kHz）。

图 6.37 为动态数码管显示电路框图,图中的显示模块可利用之前完成的实验设计。动态扫描电路提供数据选择器的选择信号和动态数码管的位选信号。假设动态数码管的位选信号为低电平有效,用 Verilog 编写程序实现动态扫描电路时,8 个位选信号 ds1～ds8 应轮流为低电平,该电路可以使用译码器或移位寄存器来实现。

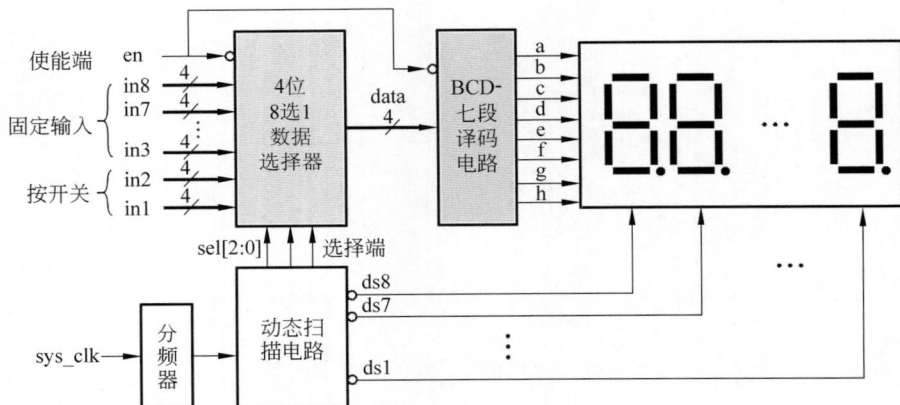

图 6.37　动态数码管显示电路框图

任务 3：矩阵式键盘控制器的设计

1. 要求

从以下要求中选取一项完成。

（1）实现矩阵式键盘识别，将按键显示在数码管上。

（2）具备连续输入功能，每按下一个键，已输入数字左移一位，并显示在动态数码管上；有退格键，每按一次向右移动一位，删除最低位，高位左侧数码管熄灭。

2. 实验指导

矩阵式键盘是一种常见的数据输入设备，在各种电子设备中有广泛的应用。为了减少对输入/输出引脚的占用，矩阵式键盘往往采用行/列扫描方式工作。阅读 5.1 节了解矩阵式键盘的基本原理，并查阅手册弄清实验台键盘的控制方式。

假设 4×4 键盘硬件结构如图 6.38 所示，采用行扫描方式，其扫描时序如图 6.39 所示，SWR0～SWR3 依次变为低电平，读取 SWC 的值，可识别对应按键，如 SWR0 和 SWC1 均为低电平时，按键 1 按下。

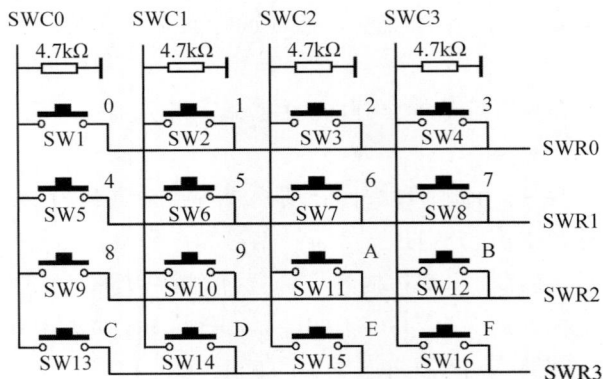

图 6.38　4×4 键盘硬件结构

图 6.40 为 4×4 键盘扫描逻辑符号，参考图 6.39 时序编写程序，此外还需设计分频模块、BCD-七段显示译码电路，可参考前面的实验完成设计，然后将这些模块连接在一起。

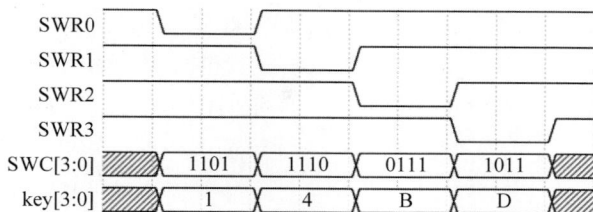

图 6.39　4×4 键盘行扫描时序图

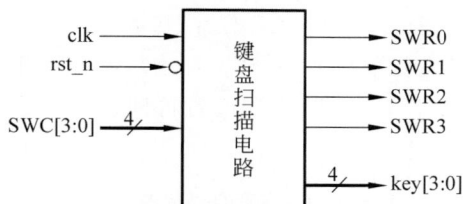

图 6.40　4×4 键盘扫描逻辑符号

对于连续输入模式,可以使用移位寄存器来存储已按下的键值。

任务 4:LED 点阵扫描电路的设计

1. 要求

从以下要求中选取一项完成。

(1) 设计扫描电路,静态显示任意一个数字或汉字。

(2) 设计扫描电路,动态显示一组数字或汉字。

2. 实验指导

阅读 5.2 节 LED 点阵工作原理等相关内容,查阅实验台 LED 点阵原理图,确定 LED 点阵的类型及驱动方式。图 6.41 为 LED 点阵驱动模块逻辑符号,ROW 为行扫描信号,COL 列扫描信号,根据实验台电路确定行扫描和列扫描信号宽度。

设计时首先根据 LED 点阵器件的布局确定待显示内容的点阵字模,可借助一些开源的字模软件生成,根据偏好选择阴码或者阳码;然后,确定点阵的扫描方式是行扫还是列扫,将字模信息

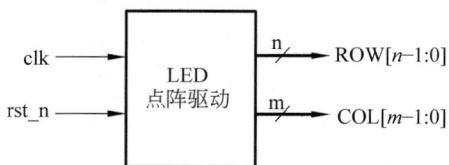

图 6.41　LED 点阵驱动模块逻辑符号

存入声明的存储器变量中;利用计数器或状态机形成动态变化的地址信息,送入存储器提取对应行或列的字模信息。

LED 点阵的驱动方式与动态数码管显示相似,可参考该实验中电路的结构框图。

任务 5:蜂鸣器演奏音乐

1. 要求

从以下要求中选取一项完成。

(1) 设计电路驱动蜂鸣器播放"新年好"音乐,简谱如图 6.42 所示。

(2) 设计电路驱动蜂鸣器播放一段自选音乐。

新年好

$1={}^{\flat}E \quad \dfrac{3}{4}$

♩ = 100

do do	do	sol	mi mi	mi	do do mi	sol	sol	fa mi	re
11	1	5	**33**	3	1	**13**	5	5	**43**	2	-

新年 好 啊 新年 好 啊 祝福 大 家 新年 好

re mi	fa	fa	mi re	mi	do do mi	re	sol	si re	do
23	4	4	**32**	1	1	**13**	2	**5**	**72**	1	-

我们 唱 歌 我们 跳 舞 祝福 大 家 新年 好

图 6.42 "新年好"乐曲简谱

2. 实验指导

乐曲能连续演奏所需的基本数据是组成乐曲的每个音符的频率值(音调)和每个音符持续的时间(音长)。

(1) 音的高低(音调)。

简谱中用七个阿拉伯数字(1~7)表示音的高低,即 do、re、mi、fa、sol、la、si。为了表示更高或更低的音,会对基本音符增加标记,例如,在基本音符上方加一个"·",表示该音升高一个八度,称为高音;在基本音符下方加一个"·",表示该音降低一个八度,称为低音。人耳可以听到频率为 20Hz~20kHz 的声波,不同的音符拥有不同的频率。表 6.24 列出了各音符对应的频率。

表 6.24 各音符对应的频率

音 名	唱 名	简谱符号	频率/Hz		
			低 音	中 音	高 音
C	do	1	262	523	1047
D	re	2	294	587	1175
E	mi	3	330	659	1319
F	fa	4	349	698	1397
G	sol	5	392	784	1568
A	la	6	440	880	1760
B	si	7	494	988	1967

(2) 音的长短(音长)。

音乐中的时间被分成均等的片段,每一时间片段被称为单位拍,即一拍。简谱中的七个基本音符,除表示音的高低外,还表示时值长短的基本单位(一拍),称为四分音符。其他音符均是在四分音符的基础上,用加记短横线"-"和附点"·"表示。如在音符右侧加记"-"表示音符时值增长,该符号称为增时线。增时线越多,音符的时值越长。在音符下方加记"-"表示音符时值缩短,该符号称为减时线。减时线越多,音符的时值越短。在音符的右侧加记"·"使音符时值增长,该符号称为附点。加记附点的音符称为附点音符,附点音符的长短由附点前的音符来决定。附点的意义在于增长原音符时值的一半,常用于四分音符和小于四分音符的各种音符之后。简谱中常见音符记法及对应时值如表 6.25 所示。

表 6.25 简谱中常见音符记法及对应时值

音 符	简谱记法	时 值
全音符	5 - - -	4 拍
二分音符	5 -	2 拍
四分音符	5	1 拍
八分音符	5	1/2 拍

续表

音　符	简 谱 记 法	时　值
十六分音符	$\underset{=}{5}$	1/4 拍
附点四分音符	5 ·	3/2 拍(1+1/2)
附点八分音符	5 ·	3/4 拍(1/2+1/4)
附点十六分音符	$\underset{=}{5}$ ·	3/8 拍(1/4+1/8)

　　需要清楚的是,一拍的长短只是一个相对的概念,可以是 1s 或更长,也可以是 0.5s 或更短。如果乐谱前标明"每分钟 100 拍"或"♩=100",则一拍的时长就是 0.6s(也就是把 1min 平均分成 100 份,每一份的时长 0.6s 即一拍的时值)。

　　利用蜂鸣器播放音乐,可参考图 6.43 所示完成各模块的设计。这里以"新年好"乐谱为例,说明各模块的功能。

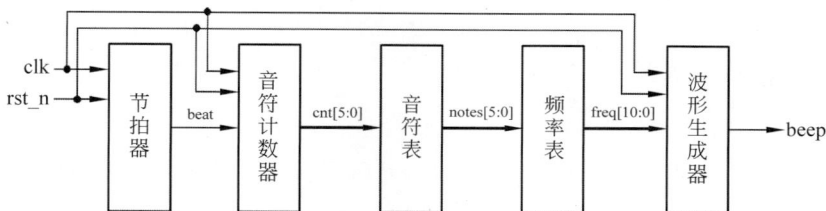

图 6.43　蜂鸣器播放音乐电路结构框图

　　① 节拍器。乐谱上标明每分钟 100 拍,即每拍时长 600ms,考虑到乐谱中包含八分音符(1/2 拍),故将八分音符的时长(300ms)作为基本节拍长度。假设系统时钟 50MHz,一个时钟周期应为 20ns。节拍器由计数器构成,当计数至 14 999 999 时即为 300ms,此时 beat 信号输出高电平表示产生一拍,计数器清 0 重新计数,beat 输出低电平。

　　② 音符计数器。该模块为按序访问乐谱音符提供序号,由计数器构成。该乐谱拍号为 3/4 拍(以四分音符为 1 拍,每小节有 3 拍),节拍器中已确定按八分音符为一拍,故每小节记录 6 个音符,以第一小节为例,音符为 1、1、1、1、5 和 5。8 个小节共 48 位,因此可设计一个 0~47 的计数器,计数值为 cnt,宽度为 6 位,节拍器 beat 端口每产生一个高电平,cnt 加 1。

　　③ 音符表和频率表。音符表记录乐谱所有节拍的音调,根据输入的 cnt 值,输出对应的音符。该模块可以用组合电路实现,类似译码器的功能;也可用时序电路实现,类似存储器的功能。

　　频率表与音符表对应,用于提供音符对应的频率。两模块之间的连接信号 note 为音符编码,可根据编码方式定义其位宽,也将两个模块合并为一个模块。

　　④ 波形生成器。该模块根据输入频率产生与之对应的 PWM 波,可驱动蜂鸣器发声。图 6.44 为第 4 个音符中音 do 发声的时序图,cnt_beat 为节拍器内部计数器,50MHz 系统时钟下每记够 14 999 999 则产生一个节拍的 beat 信号。cnt[5:0] 为 3 表示当前是第 4 个音符,查询音频表后输出 notes 为 M1(用 parameter 定义其值),表示中音 do,再查询频率表得到 freq 为 523,波形生成器将根据该频率产生驱动蜂鸣器工作的 PWM 波形。由于 523Hz

频率对应时钟周期 1.912 046ms,除以系统时钟 20ns,计数个数应为 95 601 个。为了驱动蜂鸣器工作,在计数中点 47 801 处 beep 信号反转,这样就形成一个占空比为 50% 的 PWM 波形,驱动蜂鸣器发出中音 do,调整占空比可改变音量,其他音符发声与之类似。

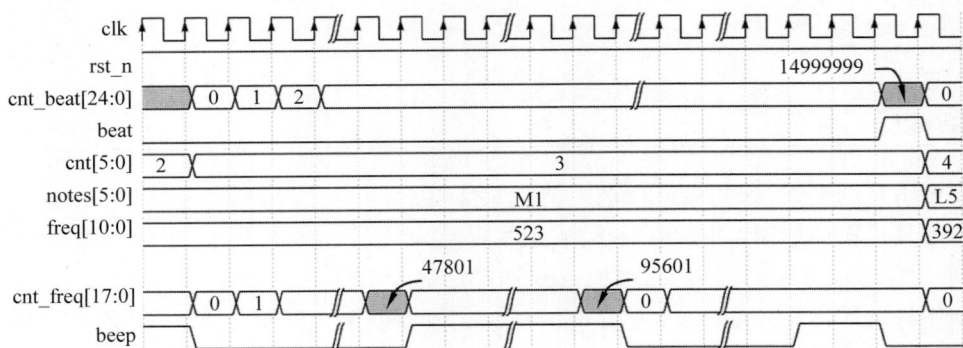

图 6.44 "新年好"乐谱中第 4 个音符(中音 do)发声时序图

任务 6:超声波测距

1. 要求

(1) 利用 Verilog 实现超声波测距,并将测量结果显示在动态数据管上,检测距离单位为 cm,精确到 mm。

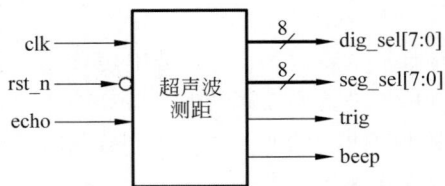

图 6.45 超声波测距模块逻辑符号

(2) 设定一个阈值,当距离小于该值时蜂鸣器发出报警声音或能根据距离发出不同频率的报警声音,距离越近响声越急促。

2. 实验指导

查阅 5.4 节超声波测距原理。

图 6.45 为超声波测距模块逻辑符号,可将该电路划分为分频器、超声波发送控制、距离检测、数码管显示、蜂鸣器驱动五个模块。其中分频器模块产生各模块所需的工作时钟;超声波发送控制模块负责实现持续 10μs 电平的输出,可利用计数器实现;距离检测模块对输入回响电平进行检测,并计算出检测距离;数码管显示模块将检测出的距离进行实时显示;蜂鸣器模块用于近距提示。

任务 7:LCD1602 液晶屏控制器的设计

1. 要求

实现 LCD1602 液晶屏控制器的设计,可自定义显示内容。

2. 实验指导

查阅 5.2 节 LCD1602 液晶屏工作原理及控制电路。

在 FPGA 上驱动液晶屏显示可采用状态机实现,基本思路是先完成 LCD 的初始化,然后写地址,最后写入显示数据,LCD1602 工作流程图如图 6.46 所示。

设计 LCD1602 液晶屏控制器时需要注意以下几点:

（1）正确的工作频率。

时钟管理需满足 LCD1602 模块的驱动时序。FPGA 平台外接时钟频率较高，不能直接驱动液晶模块，需要进行分频或通过计数器延时降低信号频率才能驱动。不同厂家生产的 LCD1602 的时序延时不同，但大多为微秒级，如使能信号最小值为 500ns，频率应维持在 2MHz 以内。

（2）必要的初始化。

LCD1602 能够正常工作的前提是先进行必要的初始化，常用初始化指令如下。

- 功能设置：8'h38（8 位总线、两行显示、5×7 点阵）。
- 显示开关及光标设置：8'h0c（画面开、不显示光标、不闪烁）。
- 显示地址设置：8'h06（地址自动加 1，禁止滚动）。
- 清屏设置：8'h01。

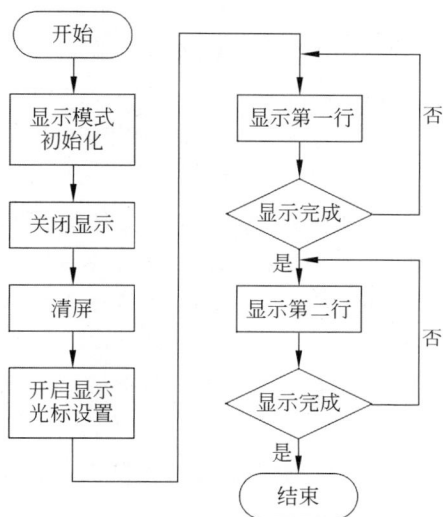

图 6.46 LCD1602 工作流程图

（3）如何显示数据。

初始化后，设置 DDRAM 指针为 8'h80（指令 8 中，D7 位固定为 1，D6～D0 为 DDRAM 地址，第一行首地址为 00，故发送字节 8'h80），然后发送待显示字符的 ASCII 码。

假设要在第 1 行第 1 列写入字符"A"，这时先写入 8'h80，然后再往该地址中写入"A"的字符码 0x41（ASCII 码），这样 LCD 的第 1 行第 1 列就会出现字符"A"，也就是说在 LCD 的某一特定位置显示某一字符时，遵循"先指定地址，后写入内容"的原则。

如果希望在 LCD 上显示一串连续的字符（如单词等），也可以不用每个字符发送前都指定地址，这是因为液晶控制模块中有一个地址计数器（Address Counter，AC）。该计数器的作用是负责记录写入或读取 DDRAM 数据的地址，能够根据用户的设定自动进行修改。如规定地址计数器在"写入 DDRAM 内容"完成后自动加 1，那么在第 1 行第 1 列写入一个字符后，如果不对字符显示位置（DDRAM 地址）重新设置，此时再写入一个字符，该字符会出现在第 1 行第 2 列。

第一行显示完成后，设置 DDRAM 指针为 8'hc0（第二行首地址为 8'h40，8'h80+8'h40＝8'hc0），然后发送待显示字符的 ASCII 码。

任务 8：VGA 显示控制器的设计

1. 要求

从以下要求中选取一项完成。

（1）设计 VGA 控制器，在屏幕上显示彩色条纹。

（2）设计 VGA 控制器，在屏幕上显示"SUCCESS"。

（3）设计 VGA 控制器，在屏幕上显示一张图片。

2. 实验指导

阅读 5.2 节 VGA 显示原理,查阅实验台手册,了解控制电路原理图及对应的 RGB 显示格式,并确定显示分辨率。

对于文字显示的实现,可以利用字模软件生成待显示文字的像素信息,建立对应的字库。对于图片显示,可以将图片以.coe(Vivado)或.mif(Quartus)文件的形式保存在 FPGA 内部 BRAM 或 DRAM 中,读取存储器数据后再送 VGA 接口显示。需注意的是,FPGA 片内 BRAM 的存储容量一般在 K 位量级,存储一幅 $640 \times 480 \times 24$ 位真彩色图像会占用 921 600 字节,约 900KB,如 FPGA 资源不足可适当降低图像色彩质量。

根据 VGA 常用分辨率时序表生成所需时钟频率,用于产生行、场同步信号。行扫描计数器和场扫描计数器需要与每个像素点、消隐数目相对应,以便得到正确的行列地址坐标。

6.6 常用接口协议设计

6.6.1 实验目的

通过 UART、SPI、I²C 等接口电路的设计,掌握常用接口的工作原理及相关协议,学会使用 Verilog 设计接口控制器并实现数据收发。

6.6.2 实验任务及要求

实验任务分为如下 3 个。

(1) UART 接口的设计。

(2) SPI 接口的设计。

(3) I²C 接口控制器的设计。

任务 1: UART 接口的设计

1. 要求

从以下要求中选取一项完成。

(1) 设计一个 UART 发送模块,利用串口调试助手接收数据并显示;该模块波特率固定、8 位数据位、1 位停止位、无校验位。

(2) 设计一个 UART 接收模块,利用串口调试助手发送数据,接收到的数据用 LED 显示;该模块波特率固定、8 位数据位、1 位停止位、无校验位。

(3) 设计一个 UART 控制器,具备发送和接收功能,通过串口调试助手进行回环测试;该控制器波特率固定、8 位数据位、1 位停止位、无校验位。

(4) 设计一个 UART 控制器,具备发送和接收功能;该控制器可设置波特率、数据位、停止位和校验方式。

(5) 与 UART 接口外设进行通信,如蓝牙串口模块、陀螺仪等。

2. 实验指导

UART(Universal Asynchronous Receiver/Transmitter,通用异步收发器)是一种实现异步串行通信的接口协议。UART 工作于数据链路层,只要通信双方采用相同的帧格式和波特率,就能在未共享时钟信号的情况下,仅用两根信号线完成数据通信。UART 支持RS232、RS485 等接口和标准规范,作为一种低速通信协议,广泛应用于工控、通信等领域。

(1) 数据格式。

UART 数据格式如图 6.47 所示,具体位说明如下。

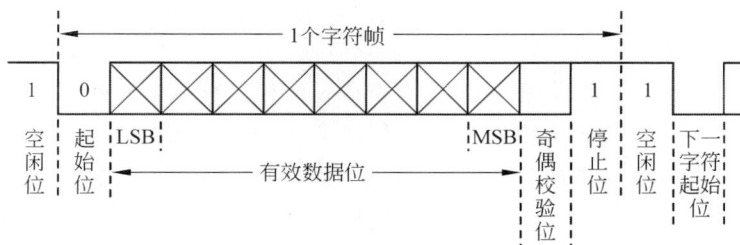

图 6.47　UART 数据格式

① 空闲位:UART 协议规定,当总线处于空闲状态时信号线的状态为"1",即高电平,表示当前线路上没有数据传输。

② 起始位:通信线路上没有数据传送时为高电平。发送数据时,首先发 1 个低电平信号,表示数据传输开始。

③ 数据位:起始位之后就是需要传输的数据,数据位可以是 5、6、7 或 8 位,发送时一般是低位在前,高位在后。低电平表示"0",高电平表示"1"。

④ 校验位:用于判别字符传送的正确性,有 3 种选择,即奇校验、偶校验、无校验,用户可根据需要选择。

⑤ 停止位:校验位后为停止位,表示 1 帧结束,用高电平表示。停止位可以是 1、1.5 或2 位。由于通信双方使用自己的时钟,设备之间可能会出现不同步,停止位可以起到校正时钟的作用。停止位个数越多,数据传输越稳定,但是数据传输速度也越慢。

(2) 时钟与波特率。

通信领域关于数据传输速率通常有两种描述方式,分别是比特率和波特率。比特率,指每秒传送的二进制位数,单位是 b/s 或 bps(比特/秒)。波特率,用单位时间内载波调制状态改变的次数来表示。在二进制的情况下,比特率与波特率数值相等。

常用的 UART 串口通信速率包括 9600、19 200、38 400、57 600、115 200 和 230 400 等。其中,9600 是常规的低速率,用于数据传输速度要求不高的场景,如微型嵌入式系统和传感器网络等;19 200、38 400 和 57 600 速率适用于一般的嵌入式系统和数据传输设备,例如机器人控制、音频传输等;115 200 是中等的速率,适用于速度较快的数据传输任务,例如高速数据采集和图像传输等;230 400 是高速率,适用于需要快速传输大量数据的场景,例如工业控制中的实时信号处理等。通信时,双方必须事先设定相同的波特率才能成功通信,否则无法通信或丢失数据。

在 FPGA 中实现串口通信时,需要将时钟进行分频,使时钟频率近似等于波特率。设FPGA 硬件板子的时钟频率为 100MHz,如果需要的波特率为 9600Hz,那么分频系数计算方式如下:

$$分频系数 = \frac{时钟频率}{波特率} = \frac{100\text{MHz}}{9600\text{Hz}} \approx 10\,417$$

（3）数据接收。

UART 数据接收模块的设计要比发送模块复杂,需要考虑起始位的检测及信号的采样。

① 检测起始位。串口处于空闲状态时,发送端为高电平,接收端 RXD 收到的也是高电平,发送端拉低后开始数据传输,因此接收模块需要检测下降沿,可采用"边沿检测电路的设计"中提到的两级触发器方案。

② 信号采样。根据采样定理,采样频率至少是信号最高频率的两倍才能确保信号的完整性。实验室环境下,串口发送的数据相对稳定,选择数据中点采样即可。在工业领域,由于干扰较多,信号通常会产生冲激,中点采样有可能受到影响,常采用过采样技术,即多次采样以保证接收数据的准确性,如 8 倍过采样和 16 倍过采样。以 16 倍过采样为例,如图 6.48 所示,将每位数据等分成 16 份,在中间脉冲 6～11 处进行多次采样来确定数值以提高准确性。

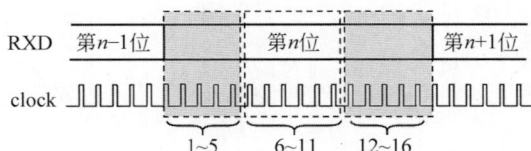

图 6.48　UART 接收时采用 16 倍过采样

设计时可适当简化,如设置一个模 16 计数器,仅在中点采样,如图 6.49 所示。过程如下：当检测到起始位下降沿时,开始对采样时钟计数,计数到 7 时,即到达起始位的中间位置,如采样值为 0,表明当前为起始位,计数器清 0；若采样值不为 0,说明检测到的下降沿为干扰,计数器清 0,重新开始检测,直到检测到真正起始位后,计数器清 0。之后每计到 15 时（信号中间点）对信号进行采样并暂存,同时计数器清 0,重新计数,直到约定的数据个数接收完。如果没有校验位,开始检测停止位,采样停止位时如果值为 1,字符被接收；反之,表明传输有问题,已接收字符作废。如果 FPGA 硬件板子的时钟频率为 100MHz,波特率为 9600Hz,接收端时钟的分频系数计算方式如下：

$$分频系数 = \frac{时钟频率}{波特率 \times 16} = \frac{100\mathrm{MHz}}{9600\mathrm{Hz} \times 16} \approx 651$$

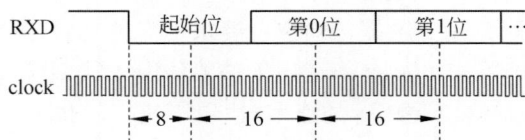

图 6.49　16 倍过采样简化方案

（4）实现方式。

对于底层 UART 通信模块的设计可以采用状态机或计数器实现。

采用状态机设计可参考 UART 通信格式,将通信过程分为五个阶段：空闲位、起始位、数据位、校验位和停止位,状态机实现方案如图 6.50 所示。其中,图 6.50（a）是将每一个数据位设置成 1 个状态,以 8 位数据位为例,共 12 个状态,图 6.50（b）是将数据位合并为 1 个数据状态,另设置一个计数器,每发送或接收一次计数值加 1,根据计数值决定是否跳出数据状态。如无校验位,可直接跳至停止位。每次状态转换,需根据波特率产生触发条件。

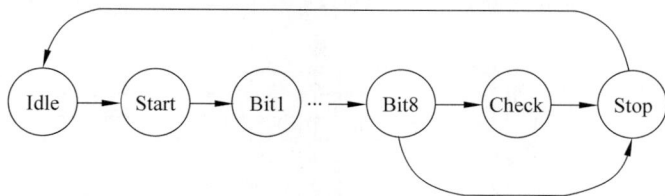

(a) 12个状态

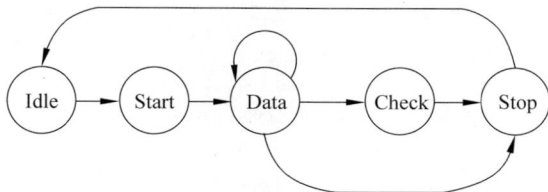

(b) 5个状态

图 6.50 UART 通信模块两种状态机实现方案

计数器方式实现与状态机类似,根据状态数设定计数值,计数条件同状态机法。

设计过程中如需要进行多字节数据发送或接收,可参考 6.4 节任务 3 用状态机实现。

任务 2:SPI 接口的设计

1. 要求

设计并实现 SPI 接口控制器;从实验台提供的 SPI 接口外设中选择一个实现控制,如 OLED 屏、EEPROM、RTC(实时时钟)等。

2. 实验指导

SPI(Serial Peripheral Interface)是一种高速、全双工、同步的通信接口规范,由 Motorola 公司推出,现已成为行业标准,广泛用于嵌入式系统,并常用于传感器、EEPROM、Flash、RTC、ADC 等芯片。SPI 通信协议的优点是支持全双工通信,通信方式较为简单,数据传输速率高;缺点是没有流控制,没有应答机制,在数据可靠性上有一定缺陷。

(1) 基本定义。

SPI 采用主从通信模式,包含主机(Master)和从机(Slave)两个角色。SPI 接口有 3 线式或 4 线式两种,以 4 线式 SPI 接口为例,该接口有四个信号,分别是 SCLK、MOSI、MISO、SS。

① SCLK(Serial Clock):时钟信号,由主机提供,用于同步数据传输。

② MOSI(Master Out,Slave In):主机输出、从机输入,用于主机向从机发送数据。

③ MISO(Master In,Slave Out):主机输入、从机输出,用于从机向主机发送数据。

④ SS(Slave Select):从机选择信号线,由主机控制,用于选择与主机通信的从机,通常低电平有效。

不同厂家对这四个信号可能会有不同的命名,如 MISO 可以是 SOMI、DOUT、DO、SDO 或 SO;MOSI 可以是 SIMO、DIN、DI、SDI 或 SI;SS 可以是 CE、CS 或 SSEL;SCLK 可以是 SCK。

根据从机设备的数量,连接方式可分为一主一从和一主多从,图 6.51 中的系统由一个主机和三个从机构成,主机通过从机选择信号 SS1~SS3 来选择需要通信的从机。

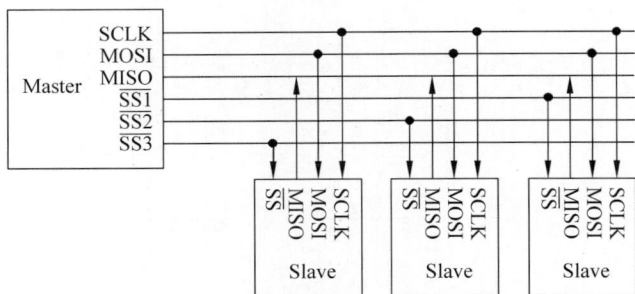

图 6.51　基于 SPI 总线的一主机三从机系统

(2) 通信过程。

① 初始化。通信前,主机通过拉低片选信号(SS)来选择从机,建立与特定从机的连接,确保只有被选中的从机参与通信。

② 数据传输。主机通过 MOSI 线向从机发送数据,从机通过 MISO 线向主机发送数据。主机提供时钟信号 SCLK,用于同步数据传输,具体方式取决于时钟极性(CPOL)和时钟相位(CPHA)的设置,共 4 种组合,如表 6.26 所示。每种模式都有其特定的数据采样和数据发送时序,其中,时钟极性 CPOL 决定了空闲时 SCLK 的电平的高低,时钟相位 CPHA 的"0"和"1"决定了何时采样和数据传送。这 4 种模式中,模式 0 和模式 3 应用较广泛,大多数 SPI 器件都同时支持这两种工作模式,具体使用哪种模式可查阅相关数据手册。

表 6.26　SPI 总线的 4 种通信模式

模　　式	CPOL	CPHA	空 闲 状 态	采　　样	数 据 传 送
0	0	0	低电平	上升沿	下降沿
1	0	1	低电平	下降沿	上升沿
2	1	0	高电平	下降沿	上升沿
3	1	1	高电平	上升沿	下降沿

以主机和从机进行全双工通信为例,主机发给从机 0xB2,从机发给主机 0x59,采用模式 0 通信(CPOL=0、CPHA=0),时序图如图 6.52 所示。首先 SS 由高电平变为低电平,代表 SPI 通信开始。CPOL 为 0,表示 SCLK 空闲为低电平,CPHA=0 表示第一个为上升沿,

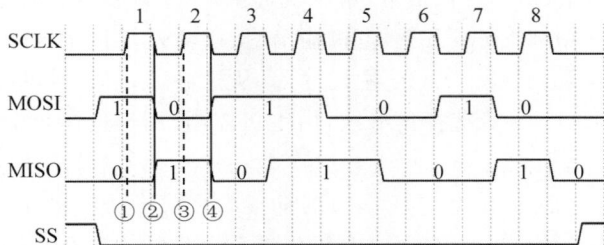

图 6.52　主机和从机之间 SPI 全双工通信时序图(1 字节)

第二个为下降沿。采用模式 0 时,SCLK 奇数沿为上升沿,与 MOSI、MISO 信号的中点对齐,主机和从机在此采样。这里以前 4 个边沿为例说明传输过程:边沿 1 为上升沿,主机通过 MOSI 发送数据 1,从机利用该上升沿采样到数据 1;从机通过 MISO 发送数据 0,主机采样到数据 0。边沿 2 为随后到来的下降沿,主机和从机同时更换数据(MOSI 变为 0,MISO 变为 1),为下一次传送做准备。边沿 3 为上升沿,主机和从机分别采样到 0 和 1。边沿 4 是下降沿,进行下一次数据准备(MOSI 为 1,MISO 为 0),以此类推,共经过 8 个时钟完成数据传送。

③ 通信结束。通信结束后,主机将片选信号 SS 拉高,断开与从机的连接,结束当前数据传输。

(3)实现过程。

利用 FPGA 实现对外设的控制,FPGA 应为主机端,可按以下步骤实现。

首先,确定从机所支持的数据读写模式,主机应与其保持一致。有些 SPI 控制芯片的数据手册中会直接说明,有些则没有提及,对于这种情况可分析时序图,通过时钟空闲时的电平状态及 MOSI/MISO 在上升沿还是下降沿采样做出判断。

其次,分析整体工作时序,很多外设底层采用相同的通信模式,但因功能不同,数据的发送顺序及定义不同,通过阅读数据手册对主要功能或命令协议进行归类,从中抽象出状态模型。

最后,对主机的功能进行划分,如分为底层 SPI 通信模块和收发控制模块,然后分别利用状态机、计数器等方式实现控制。

任务 3:I²C 接口控制器的设计

1. 要求

设计并实现 I²C 接口控制器;从实验台提供的 I²C 接口外设中选择一个实现控制,如 LCD1602 液晶屏、OLED 屏、陀螺仪、温度传感器等。

2. 实验指导

(1)I²C 总线的概念。

I²C(Inter-Integrated Circuit)总线是 PHILIPS 公司在 20 世纪 80 年代开发的两线式串行总线,用于连接微控制器及其外围设备。图 6.53 为 I²C 总线拓扑图。该总线基本特点如下。

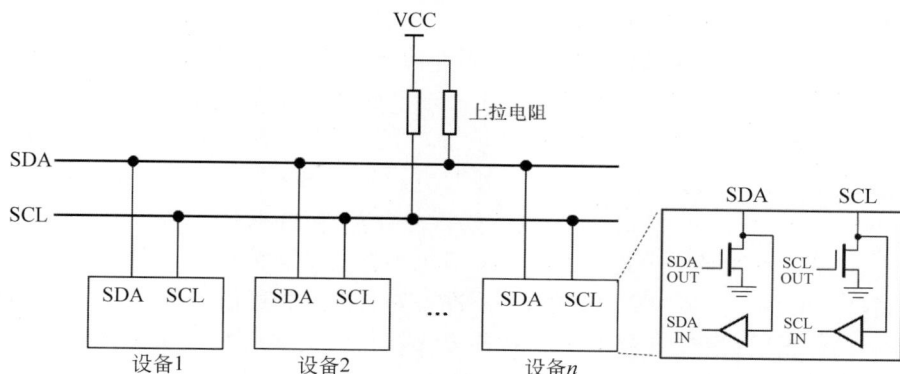

图 6.53 I²C 总线拓扑图

① I²C 串行总线只使用两根信号线,一根是双向串行数据线 SDA,另一根是时钟线 SCL,时钟信号由主控器件产生。

② I²C 支持多个主机或多个从机通信,所有 I²C 设备的 SDA 端接到总线 SDA 上,SCL 端接到总线的 SCL 上。总线上的设备都有一个唯一的地址,主机通过地址实现对不同设备的访问。I²C 协议中规定设备地址可以是 7 位或 10 位,实际中 7 位的地址应用比较广泛。

③ I²C 设备内部输出电路设计成开漏(Open Drain,OD)输出或开集(Open Collector,OC)电极输出,总线上需外接上拉电阻或电流源,用来给总线提供高电平。

④ I²C 具有多种传输模式,对应不同的传输速率,分别是标准模式(100kbps)、快速模式(400kbps)和高速模式(可达 3.4Mbps)。

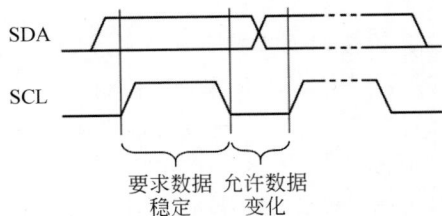

图 6.54 I²C 数据有效性

(2) I²C 总线协议。

I²C 总线进行数据传送时,在时钟信号的高电平期间,数据线上的数据(数据或地址)必须保持稳定,只有时钟信号为低电平时,数据线上的电平状态才允许变化,即数据在时钟线 SCL 的上升沿到来之前准备好,在下降沿到来之前保持稳定,如图 6.54 所示。

此外,数据传送过程中还有三种特殊类型信号,分别是开始信号、结束信号和应答信号,如图 6.55 所示。

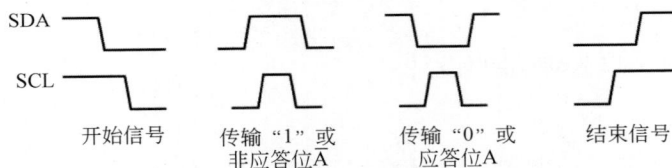

图 6.55 I²C 通信中的特殊信号

① 开始信号(Start)。

SCL 为高电平时,SDA 由高电平向低电平跳变,开始传送数据。协议中常用 S 表示。

② 结束信号(Stop)。

SCL 为高电平时,SDA 由低电平向高电平跳变,结束传送数据。协议中常用 P 表示。

③ 应答信号(Acknowledge)。

每个数据字节或地址字节传输完成后,紧邻的下一个时钟周期为应答位。接收应答前,发送方必须释放 SDA 线,使接收方能够在下一个时钟周期的低电平期间下拉 SDA 线。当时钟变为高电平时,如果读取到 SDA 为低电平,则表示接收方应答(ACK),说明接收方已成功接收该字节,可以发送下一字节;如果接收方未下拉 SDA 线,上拉电阻使 SDA 保持高电平,发送方在 SCL 高电平时读取到 SDA 线自然为高电平,即表示接收方未应答(NACK)。以下几种情形会出现 NACK:总线上不存在符合发送地址的设备,没有设备做出应答;接收方正在执行某些实时功能,尚未准备好与发送方通信;传输过程中,接收方接收到不能理解的数据或命令;传输过程中,接收方无法接收更多的数据字节;主机完成数据读取向从机发送传输结束的信号。

总之,主机和从机均可以发送 ACK 或 NACK 信号,NACK 并不只是表示字节没有成功接收,也可以表示主机告诉从机不再需要发送数据。

I²C 总线数据传输中有三种读/写格式。

① 主机只写入从机,传输格式如图 6.56 所示,数据传送方向不变。

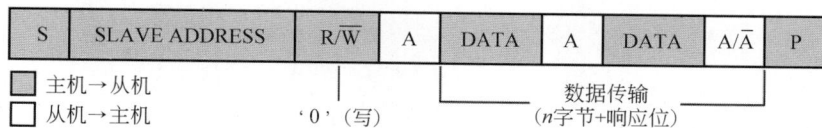

图 6.56　主机写数据

② 如果主机只读取从机数据,传输格式如图 6.57 所示。主机将 R/$\overline{\text{W}}$ 位设置为 1,同 I²C 地址一起发送,等待从机应答后开始读取数据,数据接收完成后主机产生应答。若主机要终止本次传输,发送一个非应答信号 NACK,通知从机结束数据发送,并释放数据线 SDA,以便主机发送一个结束信号 P。

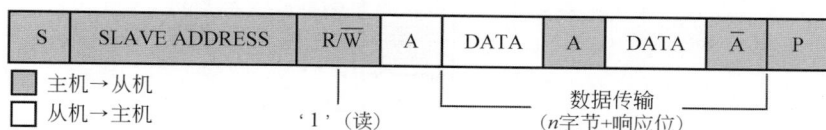

图 6.57　主机读数据

③ 除以上两种基本读写格式外,I²C 通信中更常用的是一种复合格式,如图 6.58 所示。当需要改变传送方向时,要重发起始信号和从机地址且 R/$\overline{\text{W}}$ 位取反。该格式可用于读/写操作,一般在第 1 次传输中,主机通过 SLAVE ADDRESS 寻找到从机后,发送一段“数据”,该数据通常表示从机内部的寄存器地址;在第 2 次传输时再对该地址的内容进行读或写。即第 1 次通信是告诉从机读写地址,第 2 次则进行具体的读写操作。

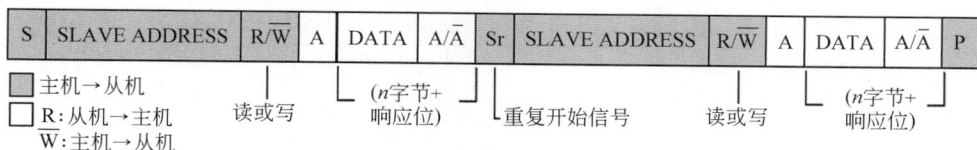

图 6.58　主机读写数据

图 6.59 为一次完整的 I²C 通信时序图,主机提供串行时钟 SCL,并产生起始和停止条件。SCL 在高电平期间,SDA 状态的改变可用来表示起始和停止条件,SDA 线上的数据状态仅在 SCL 低电平期间才能改变。应答信号由从机或主机发出,如果主机写数据,从机应答;如果主机读数据,主机应答。主机发出开始信号后,依次发出从机地址和读写标志,其中第 1~7 位为地址,第 8 位为读写位,第 9 位为从机返回的 ACK 应答;其后为第一数据字节,然后是一位应答位;后面继续发送第 2 数据字节;最后主机发出停止条件结束通信。

（3）实现过程。

这里以 I²C 接口的 LCD1602 液晶屏为例,说明 I²C 外设控制电路的设计方式。I²C 接口的 LCD 驱动电路的实现方式与并口的 LCD 类似,只是在数据通信时采用了 I²C 接口,因此可以用状态机来实现上层的工作逻辑,底层数据传送改为 I²C 通信,图 6.60 为 I²C 接口 LCD 逻辑框图。图中 ready 为就绪信号,表示 I²C 接口可用。

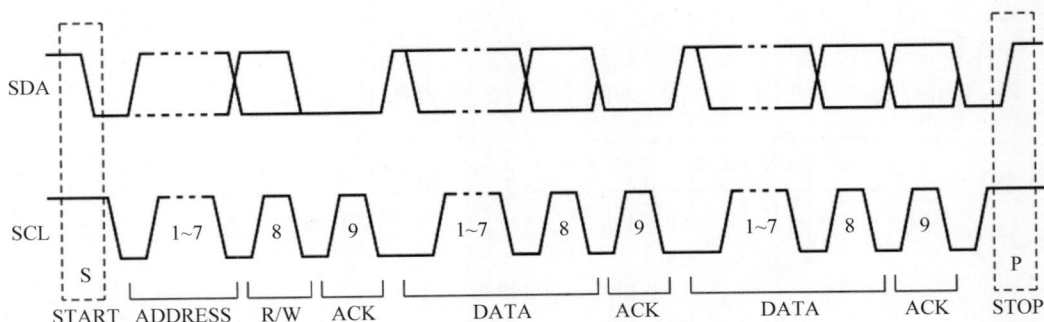

图 6.59　一次完整的 I^2C 通信时序图

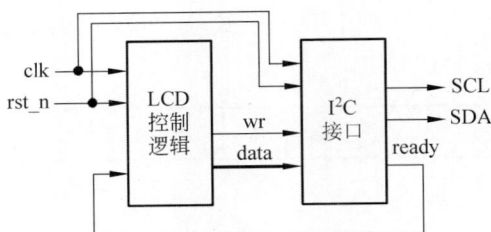

图 6.60　I^2C 接口 LCD 逻辑框图

① I^2C 接口部分。

I^2C 接口的主体部分宜用状态机来实现，可参考图 6.50 中 UART 的状态划分思路，并根据 I^2C 协议特性调整状态定义与转换条件。对于每一位数据的收发，要满足 I^2C 通信协议的要求，即主机向从机发送数据时，在 SCL 高电平期间 SDA 应保持稳定，SCL 低电平期间 SDA 切换至下一位数据。

下面以 I^2C 标准模式(速率100kbps)为例，介绍 I^2C 控制器的设计。该速率需要的 SCL 频率为 100kHz，为简化设计可采用占空比为 50% 的方波，先对系统时钟分频得到一个频率为 200kHz 的时钟 clk_200k，再对该时钟进行二分频产生 SCL 信号，利用 clk_200k 的上升沿触发 SDA 线上信号的变化，下降沿用来触发 SCL 的翻转，时序图如图 6.61 所示。这样既方便产生开始和结束条件，又能保证在 SCL 的高电平期间，SDA 稳定不变。

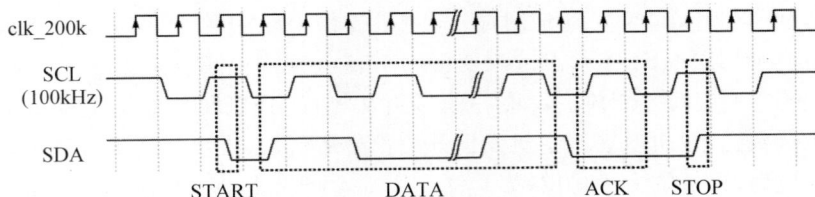

图 6.61　I^2C 接口简化实现方案时序图

在 FPGA 中实现 I^2C 控制时，SCL 可定义为单向输出端口，SDA 定义为双向端口，此外再定义一个寄存器型变量 sda_dir，用于控制 SDA 的方向。同时，定义一个寄存器型变量 sda_out，用于存储当前需要输出的数据，定义一个寄存器变量 sda_in，用于存储读入的数据。如果只有写操作可以不用定义 sda_in，代码如下：

```
output reg SCL
inout           SDA
reg sda_dir;                          //SDA 方向控制：读出或写入
reg sda_out;                          //SDA 输出信号
wire sda_in;                          //SDA 输入信号，有读操作时可以声明该变量
assign SDA= sda_dir? sda_out : 1'bz;  //如果是输出，引脚 SDA 输出数据跟随 sda_out
                                      //寄存器的数据，如果是输入就拉为高阻
assign sda_in = SDA ;                 //输入线，数据跟随 SDA，有读操作时添加此行
```

该代码综合结果如图 6.62 所示，sda_dir 为高电平时，IO_BUF 三态门打开，sda_out 赋值给 SDA，此时 SDA 作为输出。当 sda_dir 为低电平时，IO_BUF 三态门关闭，呈高阻状态，SDA 作为输入端口，其数据可以从 sda_in 读入。通过 inout 双向端口可以实现数据的读写。

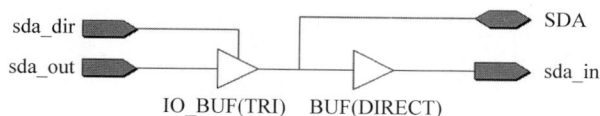

图 6.62　SDA 三态门电路综合结果

② LCD 控制逻辑。

参考液晶屏数据手册及图 6.46 流程图，与并行驱动方式中的主状态机基本一致，仅数据传输改为 I²C 实现。

第 7 章

综 合 设 计

综合设计是学习数字逻辑电路设计的一个重要环节,通过该环节的训练能够深化、拓宽课程中学习到的知识,提升系统设计能力和实践能力。本章首先介绍数字系统设计的基本概念、方法,然后以"数字秒表"为例详细介绍实现一个数字系统的全过程,最后提供一些实际项目作为练习。

7.1 数字系统设计

7.1.1 数字系统的构成

对数字量进行算术运算和逻辑运算的电路称为数字逻辑电路,这些电路能够实现某种特定的功能,因此也称为功能部件级电路,如译码器、数据选择器、计数器等。如果将这些功能单一的逻辑电路组合起来实现数据的存储、传送和处理等相对复杂的功能,则称为数字系统(Digital System)。

数字系统从逻辑上可以划分为控制子系统(控制器)和数据子系统(数据处理器),数据子系统决定数字系统完成哪些操作,而控制子系统决定何时完成这些操作,因此控制子系统控制着整个系统的操作进程,是数字系统的核心。图 7.1 是数字系统一般结构,其中控制子系统根据外部信号决定是否启动系统,并根据数据子系统提供的状态信息决定下一步完成何种操作,同时发出相应的控制信号控制数据子系统实现相应操作。数字系统与逻辑功能部件的区别主要在于是否存在控制器。

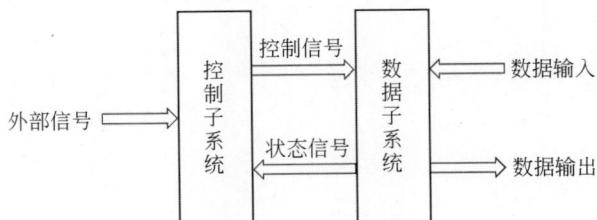

图 7.1 数字系统一般结构

7.1.2 设计方法

数字系统通常有两种设计方法,分别是自底向上的设计方法和自顶向下的设计方法。

1. 自底向上的设计方法

自底向上(Bottom-Up)的设计是传统的设计方法,主要设计思想是设计者选择标准集成电路,如各种门电路、译码器、加法器、计数器等,采用类似"搭积木"的方式逐级向上构建高层单元,直到设计出满足自己需要的系统为止。

自底向上的设计方法没有明显的规律可循,更多的是依赖设计者的经验,系统的各项指标只有在系统实现后才能进行测试,设计完成后的电路板通常面积较大,且芯片数量多、功耗高、可靠性低。倘若系统结构有较大的缺陷就需要重新设计,将会导致设计周期延长、研发经费增加。

2. 自顶向下的设计方法

自顶向下(Top-Down)的设计方法是从顶层入手,将整个系统划分为多个子系统,每个子系统完成相应的功能,然后对各个子系统进行分解,每个子系统由若干功能模块组成,如图 7.2 所示。系统划分完成后,对每个功能模块进行设计和仿真,经过"设计→验证→修改→再验证"的过程逐步完善电路设计,最终实现整个硬件的设计。

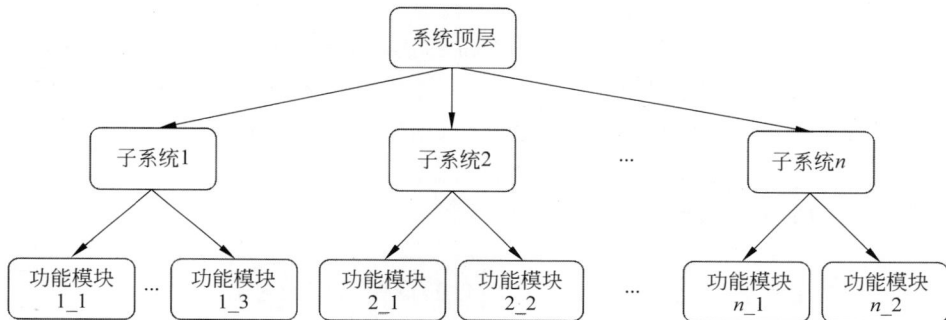

图 7.2 自顶向下的设计方法

Top-Down 设计方法更符合人们的思维习惯,加上 EDA 技术的发展使真正意义上的自顶向下设计成为可能,设计者更容易对复杂系统进行划分,而且仿真和调试可以在高层次上完成,有利于早期发现结构设计上的缺陷,提高设计的成功率,在一定的程度上提高了开发效率,因此 Top-Down 设计方法已成为设计的主流。实际设计过程中往往将这两种方法结合起来,以 Top-Down 设计为主,Bottom-Up 设计为辅。

7.1.3 设计过程

1. 明确系统功能

拿到一个设计题目后,先进行分析,了解功能需求是否清晰、具体。有些设计题目,需求方会给出较详细的需求,甚至指标都很明确,这时可以直接进入总体设计;有些题目只是一个较为简单的描述,没有细节说明,需要对题目进行分析,这时可以参考一些类似产品的设计,整理并罗列出具体、详细的功能要求,使设计要求具体化。

2. 总体设计

根据列出的功能对系统进行逻辑划分,并用框图的形式将各子系统或模块连接起来,构成整个系统的结构图。

功能逻辑划分的原则如下。

（1）负责系统内部信息与外部环境交互的模块划分为输入/输出模块。

与输入设备相连为系统提供操作信号的模块为输入模块，如按键或开关的消抖模块、矩阵式键盘的扫描模块等。

与输出设备相连用于驱动外设工作的模块称为输出模块，如动态数码管的扫描驱动模块，OLED、VGA、LCD 等显示器的驱动模块，蜂鸣器、电机等外设的驱动模块等。

（2）对系统内部数据进行处理的模块划分为数据子系统。如用于数据存储的存储器、寄存器；用于数据传送的多路选择器；用于数据处理的加法器、乘法器、运算器、比较器、计数器、移位寄存器等。

（3）为数据处理器提供时序信号和控制信号的模块划分为控制子系统。

3. 详细设计

借助状态机、时序图、ASM 图等工具完成各输入/输出模块、数据子系统和控制子系统的设计，并进行验证，以确保各模块能实现预定的逻辑功能。如未实现，应返回修改，直到实现预定的逻辑功能为止。

4. 系统调试

将验证完成后的子系统连接起来，构造系统的顶层电路，通过仿真、下载等方式对系统进行验证，观察能否完成预定的功能要求，如果未能通过测试，分析原因所在；如果是前一阶段的问题，需要返回重新设计并再次进行验证，直到最终满足设计要求。

7.2 设计实例——数字秒表

本节将以"数字秒表"为例，详细介绍该项目的设计与实现过程。"数字秒表"项目涉及译码器、数据选择器、分频器、计数器、存储器、状态机等模块的开发，可应用于大多数数字系统的设计，有一定的借鉴意义，读者阅读后可参考本例完成 7.3 节题目的设计。

市场上常见的数字秒表有单排二道、双排多道、三排多道等多种规格，其中单排显示的产品由于只能显示一行信息，基本只提供两道成绩的记录，按键为"三键"式控制，无"回看"按键。双排以上显示的产品由于显示资源丰富，可利用其中一行显示回看数据，具备多道成绩的记录，通常采用"四键"式按键，设有专门的"回看"键。此外，数字秒表还提供时钟、闹钟等计时功能。

本案例主要向读者呈现自顶向下设计的完整过程，在能涵盖基础知识的前提下，案例功能应尽可能清晰、简洁。因此本案例在参考实际产品功能的基础上，拟定了以下需求：设计一款单行显示、可记录 8 个数据且能够回看的数字秒表；对时钟和闹钟功能做简化处理，切换到这两个功能时仅显示一个固定的时间。

7.2.1 设计要求

根据上述需求，秒表应具备复位、启动、暂停、存储、回看等操作。信息为单行显示，秒表、时钟、闹钟需共享显示屏，可通过按键切换显示。因此，本案例中的数字秒表按以下设计可满足需求。

（1）提供四个机械按键用于操作数字秒表，分别为 SPLIT_RESET（分段_复位）、RECALL（回看）、MODE（模式）、START_STOP（启动_停止）。如需扩展实现时钟和闹钟功能,可在校时和设置闹钟时复用其中的按键,如将 SPLIT_RESET 键定义为"选择",在时、分、秒间切换,将 START_STOP 键定义为"设置",用于修改数据。系统复位后默认为秒表模式,可通过 MODE 键进行循环切换,顺序为"秒表—时钟—闹钟"。

(2)秒表计时精度通常有百分秒和千分秒两种,这里选择百分秒为计时精度。计时器最长计时为 1 小时,最长时间显示为 $59'59''99$,此外还需显示已存入记录数或回看记录的序号,秒表显示宽度至少需要 7 位。考虑到显示效果及功能扩展,系统采用 8 位数码管显示,该宽度也可满足时钟和闹钟对显示位数的需求。为方便数据观察,将次高位数码管熄灭以隔开记录数和计时信息,时、分、秒、百分秒用点亮的小数点隔开,数字秒表显示格式如图 7.3 所示。

图 7.3 数字秒表显示格式

(3)秒表记录 8 个数据,操作方式如下。

① 通过 START_STOP 键控制秒表在计时和暂停状态间切换。秒表暂停时,按 SPLIT_RESET 键秒表清 0。

② 计时状态下,RECALL 键无效,使用 SPLIT_RESET 键进行分段计时,最多记录 8 个数据,每按一次记录数加 1,记满 8 个后若再次按下该键,第 8 个数据被覆盖;暂停时,如存有记录,按 RECALL 键立即进入回看状态,显示第 1 条记录,连续按下 RECALL 键可逐条查看,查询到最后一条记录后,若继续查询,则返回第 1 条;回看状态下,按 SPLIT_RESET 键秒表清 0。

(4)时钟、闹钟仅显示一个固定的数字,控制器中不用给出相应的控制信号。

7.2.2 系统设计

根据以上要求,系统可划分为四个模块。

1. 输入模块

由于机械按键会产生抖动,操作秒表易造成多次触发,为了提供稳定的操作信号,需要对按键进行消抖处理,本模块主要实现 4 个按键的消抖处理。

2. 输出模块

与 8 个数码管相连,进行动态扫描,实现信息显示。

3. 数据子系统

数据子系统包括秒表计数器、存储器、数据选择器模块。秒表计数器用于秒表计时,具备运行和暂停功能;存储器用于存储秒表数据,能够进行读/写操作;数据选择器用来选择秒表、时钟或闹钟等信息。

4. 控制子系统

控制子系统是整个系统的核心,用于实现秒表计数器的启动、暂停、清 0、存储及回看功能,以及秒表、时钟、闹钟状态的切换显示,并提供系统各功能模块工作所需的时钟信号。控制器有同步控制和异步控制两种方式,采用同步控制时各操作受统一时序控制,时序关系简单,时序划分规整,易实现控制,因此采用同步控制方式。

将以上各模块组合可构成数字秒表系统结构图,如图 7.4 所示,其中时钟和闹钟模块为扩展功能,读者可自行完成。

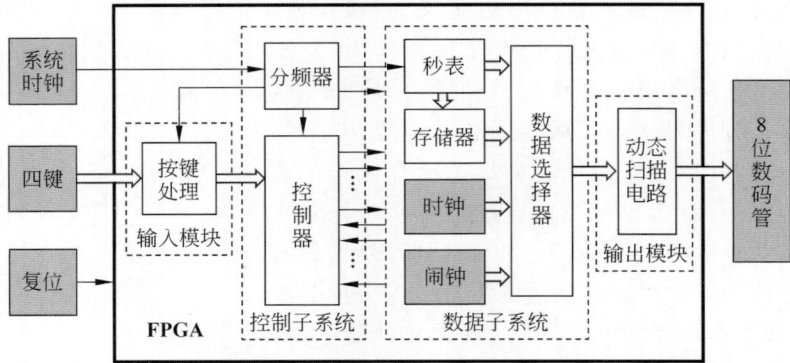

图 7.4   数字秒表系统结构图

本系统外设为按键与数码管,数字秒表外围电路图如图 7.5 所示。按键未按下时为高电平,按下为低电平。数码管采用共阳型,段选信号 a~h 高电平有效,位选信号 bit_sel[7:0] 低电平有效。

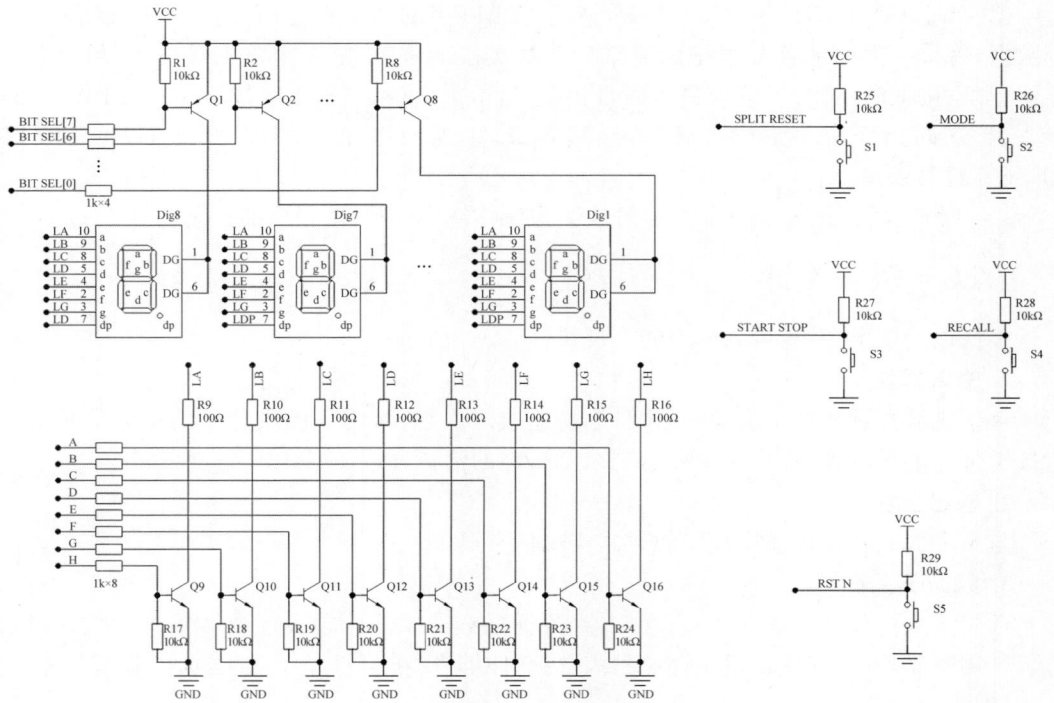

图 7.5   数字秒表外围电路图

7.2.3   详细设计

1. 输入模块

(1)模块及接口信号。

输入模块用来消除机械按键工作时产生的抖动,为控制器提供稳定的操作信号。由于抖动通常会持续 5～10ms,因此处理抖动所需的时钟频率可选择 1kHz 或更高频率。系统运行时,按键每按下一次应执行一次操作,如回看秒表数据时每按一次 RECALL 键记录序号加 1,秒表运行时按一下 START_STOP 键秒表暂停等,而按键从按下到释放是一个相对较宽的电平信号(即使做了消抖处理)。为避免控制器的时钟信号对该电平信号多次采样,产生按键多次按下的判断,需要将消抖后的按键信号处理为只占一个时钟周期的电平信号。此外,考虑在实现扩展功能(时钟、闹钟)时,需要进行校时,如果希望按键长按时能快速调整时间,应保留消抖后的按键信号,故按键处理模块逻辑符号如图 7.6 所示,按键处理模块信号说明见表 7.1。

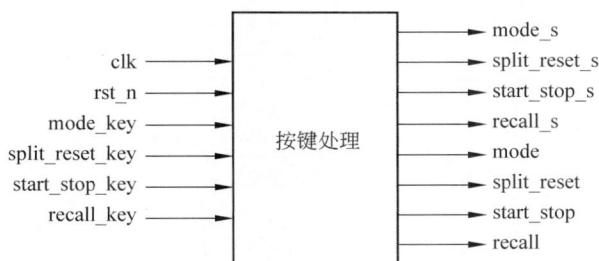

图 7.6 按键处理模块逻辑符号

表 7.1 按键处理模块信号说明

方 向	信 号 名	宽度	说 明
input	clk	1	时钟为 1kHz
	rst_n	1	系统复位信号,低电平有效
	mode_key	1	模式键,提供"秒表—时钟—闹钟"模式的切换
	split_reset_key	1	分段/复位键
	start_stop_key	1	启动/停止键
	recall_key	1	回看键
output	mode_s	1	消抖后模式信号
	split_reset _s	1	消抖后分段/复位信号
	start_stop_s	1	消抖后启动/停止信号
	recall_s	1	消抖后回看信号
	mode	1	消抖后模式信号(保持 1 个时钟周期)
	split_reset	1	消抖后分段/复位信号(保持 1 个时钟周期)
	start_stop	1	消抖后启动/停止信号(保持 1 个时钟周期)
	recall	1	消抖后回看信号(保持 1 个时钟周期)

(2) 设计思路。

可先利用状态机实现一个消抖模块,再通过实例化方式生成 4 个模块,分别与 4 个按键相连。图 7.7 为按键处理模块内部结构图,4 个按键信号经消抖模块后产生 mode_s、mode、 split_reset_s、split_reset、start_stop_s、start_stop、recall_s、recall 信号，这 8 个信号随后被送入控制器模块。

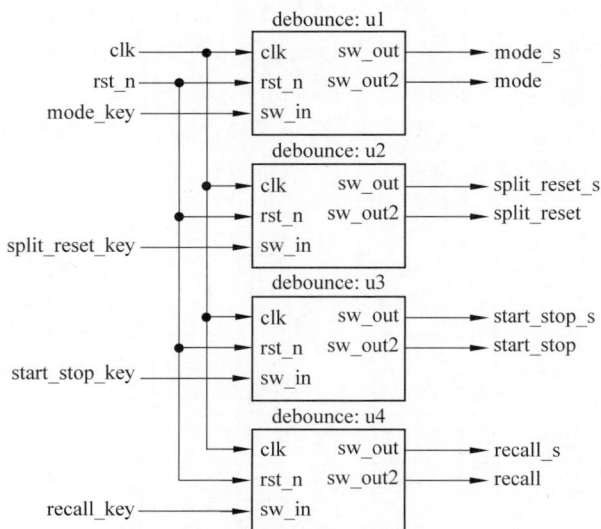

图 7.7　按键处理模块内部结构图

（3）电路实现。

从使用体验角度考虑，秒表应在按键按下而不是抬起时做出响应，故消抖时着重考虑按下时的前抖动，释放时产生的后抖动可简化处理。图 7.8 为按键消抖状态转换图，根据电路原理图 7.5 可知，按键未按下时为高电平，按下为低电平，因此按键未按下时处于 IDLE 状态，检测到低电平时进入 ST1 状态，此后如出现抖动，产生的高电平使状态机返回 IDLE 状态，并重新进行检测。如果连续 4 个时钟检测到低电平则认为按键已稳定按下，则进入 ST4 状态。按键释放可利用同一状态机处理，在 ST4 状态时如检测到 sw_in 为高电平，则认为按键已释放，进入 IDLE 状态，即使因抖动出现低电平，也会被随后接收到的高电平带回 IDLE 状态。本方案中模块时钟为 1kHz，经测试采用了 4 个状态可满足要求，如采样频率远高于 1kHz，抖动结束前状态机可能已跳转到 ST4，可根据调试情况适当增加状态数。

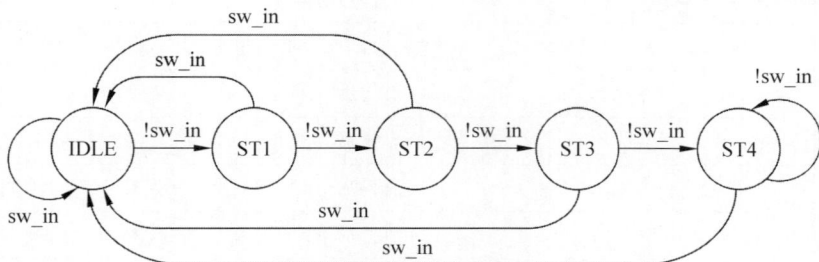

图 7.8　按键消抖状态转换图

设计代码如下，其中 debounce 模块为消抖电路，sw_out 信号为按键消抖后的信号，对该信号进行边沿检测可产生只占一个时钟周期的 sw_out2 信号，具体操作是：将 sw_out 信号打一拍（延迟 1 个时钟周期）存入 din_r，再对两信号进行逻辑运算。验证通过后，将

debounce 模块实例化即可实现 button_input 按键处理模块。

```verilog
//按键处理模块
module button_input (
    input wire clk, rst_n,
    input wire mode_key, split_reset_key, start_stop_key, recall_key,
    output wire mode_s, split_reset_s, start_stop_s, recall_s,
    output wire mode, split_reset, start_stop, recall
);
  debounce u1 (
      .clk(clk),
      .rst_n(rst_n),
      .sw_in(mode_key),
      .sw_out(mode_s),
      .sw_out2(mode)
  );
  debounce u2 (
      .clk(clk),
      .rst_n(rst_n),
      .sw_in(split_reset_key),
      .sw_out(split_reset_s),
      .sw_out2(split_reset)
  );
  debounce u3 (
      .clk(clk),
      .rst_n(rst_n),
      .sw_in(start_stop_key),
      .sw_out(start_stop_s),
      .sw_out2(start_stop)
  );
  debounce u4 (
      .clk(clk),
      .rst_n(rst_n),
      .sw_in(recall_key),
      .sw_out(recall_s),
      .sw_out2(recall)
  );
endmodule

//按键消抖模块
module debounce (
    input wire clk, rst_n, sw_in,
    output reg   sw_out,
    output wire sw_out2
);

  parameter IDLE = 5'b00001, ST1 = 5'b00010, ST2 = 5'b00100, ST3 = 5'b01000, ST4 =
5'b10000;

  reg [4:0] current_state, next_state;
  reg din_r;           //sw_out 信号打一拍存入 din_r
```

```verilog
    always @ (posedge clk, negedge rst_n) begin
      if (!rst_n) current_state <= IDLE;
      else current_state <= next_state;
    end

    always @ (current_state or sw_in) begin        //状态转换逻辑
      next_state = IDLE;
      case (current_state)
        IDLE: if (!sw_in) next_state = ST1;
              else next_state = IDLE;
        ST1:  if (!sw_in) next_state = ST2;
              else next_state = IDLE;
        ST2:  if (!sw_in) next_state = ST3;
              else next_state = IDLE;
        ST3:  if (!sw_in) next_state = ST4;
              else next_state = IDLE;
        ST4:  if (!sw_in) next_state = ST4;
              else next_state = IDLE;
        default: next_state = IDLE;
      endcase
    end

    always @ (negedge clk, negedge rst_n) begin
      if (!rst_n) sw_out <= 1'b1;
      else begin
        case (current_state)
          ST1: sw_out <= 1'b1;
          ST2: sw_out <= 1'b1;
          ST3: sw_out <= 1'b1;
          ST4: sw_out <= 1'b0;
          default: sw_out <= 1'b1;
        endcase
      end
    end
    //将消抖后的 sw_out 信号处理为只占一个时钟周期的电平信号
    always @ (negedge clk, negedge rst_n) begin
      if (!rst_n) begin
        din_r <= 1'b0;
      end
      else begin
        din_r <= sw_out;        //打一拍
      end
    end

    assign sw_out2 = din_r & ~sw_out;

endmodule
```

代码中 sw_out 输出和打一拍均采用时钟下降沿触发,当有按键按下时,产生的 sw_out2 信号宽度为一个时钟周期,且中点正好对应时钟上升沿,方便采样。

（4）仿真测试。

对 debounce 模块进行仿真验证，Testbench 程序如下：

```verilog
`timescale 1ns/1ns
`define clock_period 5
module debounce_tb;
  //Ports
  reg  clk;
  reg  rst_n;
  reg  sw_in;
  wire  sw_out;
  wire  sw_out2;
  debounce  debounce_inst (
    .clk(clk),
    .rst_n(rst_n),
    .sw_in(sw_in),
    .sw_out(sw_out),
    .sw_out2(sw_out2)
  );
  initial
  begin
    clk = 0;
    rst_n = 0;
    sw_in = 1;
    #10 rst_n = 1;
    repeat(5)
    begin
      #10 sw_in = 0;
      #10 sw_in = 1;
    end
    #10 sw_in = 0;
    #150 sw_in = 1;
    repeat(5)
    begin
      #10 sw_in = 0;
      #10 sw_in = 1;
    end
    #30 $stop;
  end
  always # `clock_period  clk = ~ clk ;
endmodule
```

图 7.9 为 debounce 模块波形仿真图，在 20～120ns 期间，sw_in 信号存在抖动，输出信号 sw_out 保持高电平，直到连续 4 个时钟采样到 sw_in 为低电平后 sw_out 输出低电平，表示按键已稳定按下。此后当检测到 sw_in 为高电平时，sw_out 输出高电平，表示按键已释放。sw_out 在 160ns 左右出现下降沿，经连续两个时钟采样后，sw_out2 输出宽度为 1 个时钟的高电平。

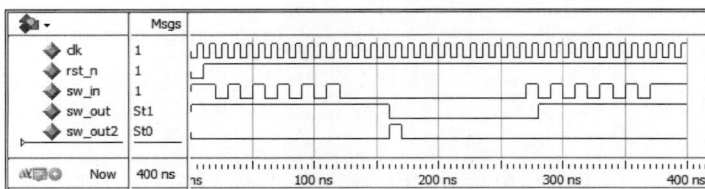

图 7.9 debounce 模块波形仿真图

2. 输出模块

（1）模块及接口信号。

本模块为 8 位数码管的驱动电路。由于人眼收集信号的极限为 1/24s，当物体变化频率超过 24Hz 时，大脑感受不到物体的变化，经计算：1/24/8≈5ms，即每个数码管至少 5ms 亮一次就可以在 8 个数码管上同时看到显示信息，故本模块输入时钟应在 1kHz 以上。图 7.10 为动态扫描模块逻辑符号，表 7.2 为动态扫描模块信号说明。

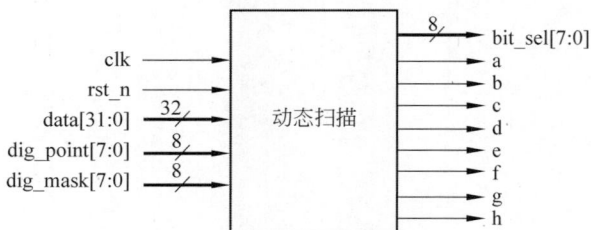

图 7.10 动态扫描模块逻辑符号

表 7.2 动态扫描模块信号说明

方 向	信 号 名	宽度	说 明
input	clk	1	动态扫描频率 1kHz
	rst_n	1	系统复位信号，低电平有效
	data	32	8 位数码管显示数据
	dig_point	8	小数点控制信号，1：亮；0：灭
	dig_mask	8	数码管位屏蔽信号，1：不显示，0：显示
output	bit_sel	8	动态数码管位选信号
	a、b～f	1	动态数码管段选信号

（2）设计思路。

动态扫描电路由 3 个模块构成，如图 7.11 所示。u1 是实现"扫描"的关键，该模块可有多种实现方案，常用的方式是采用 1 个 3 位八进制的计数器和 1 个 3-8 译码器实现扫描，也可以通过移位寄存器实现。u2 类似一个数据选择器，根据 u1 输出的位选信号，选择译码电路 u3 所需的数字、小数点及位屏蔽信号。

（3）电路实现。

实现代码如下，其中 3 段 always 语句所实现的电路分别与图 7.11 中的 3 个模块对应。

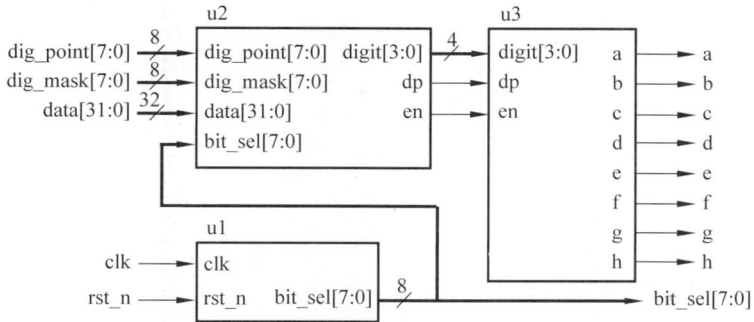

图 7.11 动态数码管模块内部结构图

```verilog
module dynamic_digital_tube (
    input wire clk, rst_n,
    input wire [31:0] data,
    input wire [7:0] dig_point, dig_mask,
    output reg [7:0] bit_sel,
    output reg a, b, c, d, e, f, g, h
);

    //数码管显示字符
    localparam NUM_0 = 7'b1111110;   //0
    localparam NUM_1 = 7'b0110000;   //1
    localparam NUM_2 = 7'b1101101;   //2
    localparam NUM_3 = 7'b1111001;   //3
    localparam NUM_4 = 7'b0110011;   //4
    localparam NUM_5 = 7'b1011011;   //5
    localparam NUM_6 = 7'b1011111;   //6
    localparam NUM_7 = 7'b1110000;   //7
    localparam NUM_8 = 7'b1111111;   //8
    localparam NUM_9 = 7'b1111011;   //9
    localparam OFF   = 7'b0000000;   //全灭

    reg en, dp;
    reg [3:0] digit;

//利用移位寄存器实现动态扫描 u1
    always @(posedge clk or negedge rst_n) begin
      if (!rst_n) begin
        bit_sel <= 8'b1111_1110;
      end
      else begin
        bit_sel <= {bit_sel[6:0], bit_sel[7]};   //循环左移
      end
    end

    //数据选择电路 u2
    always @(*) begin
        case (bit_sel)
```

```verilog
      8'b1111_1110: begin
        digit = data[3:0];
        dp   = dig_point[0];
        en   = dig_mask[0];
      end
      8'b1111_1101: begin
        digit = data[7:4];
        dp   = dig_point[1];
        en   = dig_mask[1];
      end
      8'b1111_1011: begin
        digit = data[11:8];
        dp   = dig_point[2];
        en   = dig_mask[2];
      end
      8'b1111_0111: begin
        digit = data[15:12];
        dp   = dig_point[3];
        en   = dig_mask[3];
      end
      8'b1110_1111: begin
        digit = data[19:16];
        dp   = dig_point[4];
        en   = dig_mask[4];
      end
      8'b1101_1111: begin
        digit = data[23:20];
        dp   = dig_point[5];
        en   = dig_mask[5];
      end
      8'b1011_1111: begin
        digit = data[27:24];
        dp   = dig_point[6];
        en   = dig_mask[6];
      end
      8'b0111_1111: begin
        digit = data[31:28];
        dp   = dig_point[7];
        en   = dig_mask[7];
      end
      default: begin digit = 4'd0;dp=1'b1;en=1'b1;end
    endcase
  end

//数码管译码电路 u3
  always @(*) begin
    if (!en) begin
      case (digit)
        4'b0000: {a,b,c,d,e,f,g,h} = {NUM_0, dp};
        4'b0001: {a,b,c,d,e,f,g,h} = {NUM_1, dp};
```

```
            4'b0010: {a,b,c,d,e,f,g,h} = {NUM_2, dp};
            4'b0011: {a,b,c,d,e,f,g,h} = {NUM_3, dp};
            4'b0100: {a,b,c,d,e,f,g,h} = {NUM_4, dp};
            4'b0101: {a,b,c,d,e,f,g,h} = {NUM_5, dp};
            4'b0110: {a,b,c,d,e,f,g,h} = {NUM_6, dp};
            4'b0111: {a,b,c,d,e,f,g,h} = {NUM_7, dp};
            4'b1000: {a,b,c,d,e,f,g,h} = {NUM_8, dp};
            4'b1001: {a,b,c,d,e,f,g,h} = {NUM_9, dp};
            default: {a,b,c,d,e,f,g,h} = 8'h00;
        endcase
    end
    else begin
        {a,b,c,d,e,f,g,h} = {OFF, 1'b0};
    end
end
endmodule
```

（4）仿真测试。

对动态扫描电路进行仿真验证，Testbench 程序如下：

```
`timescale 1ns/1ns
module dynamic_digital_tube_tb;
  //Ports
  reg  clk;
  reg  rst_n;
  reg [31:0] data;
  reg [ 7:0] dig_point;
  reg [ 7:0] dig_mask;
  wire [ 7:0] bit_sel;
  wire a,b,c,d,e,f,g,h;

  dynamic_digital_tube  dynamic_digital_tube_inst (
    .clk(clk),
    .rst_n(rst_n),
    .data(data),
    .dig_point (dig_point),
    .dig_mask(dig_mask),
    .bit_sel(bit_sel),
    .a(a),.b(b),.c(c),.d(d),.e(e),.f(f),.g(g),.h(h)
  );

initial begin
clk=0;rst_n=0;
#10 rst_n=1;data=32'h12345678;
    dig_mask=8'b0101_0000; dig_point =8'b0000_1000;
#100 $stop;
end

always #5  clk = ~clk ;

endmodule
```

图 7.12 为动态扫描电路仿真波形,从波形中可以看出随着位选信号的变化,译码电路输出对应字符的字形码。在 40ns 附近,bit_sel[3] 为 1,该位显示数字 5 且小数点亮(h 为高);由于 dig_mask[6] 和 dig_mask[4] 为 1,表示该两位被屏蔽,在 50ns 和 70ns 附近时,对应段选信号输出低电平,数码管不显示。

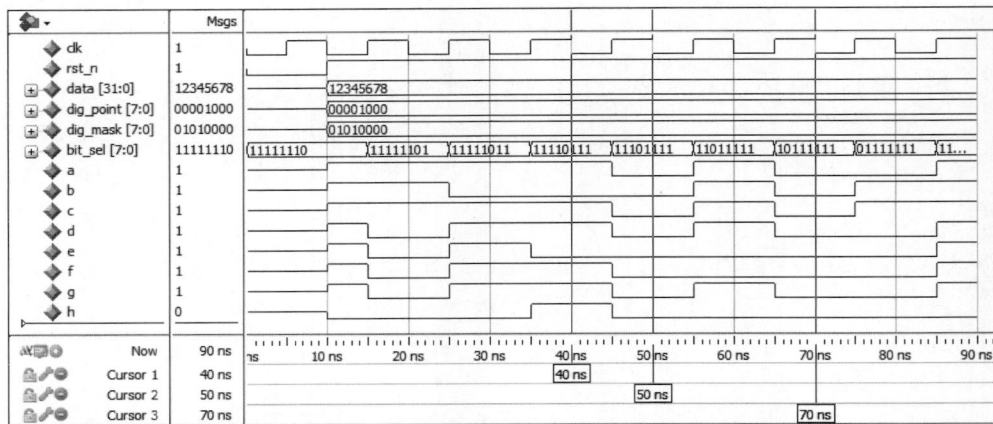

图 7.12　动态扫描电路仿真波形

3. 数据处理模块——秒表的设计

(1) 模块及接口信号。

秒表计数器用来提供秒表计时,显示格式为 00′00″00,其中最低两位代表百分秒,计时精度是 10ms,故需要频率为 100Hz 的时钟作为基准计时。图 7.13 为秒表模块逻辑符号,表 7.3 为秒表模块信号说明。

图 7.13　秒表模块逻辑符号

表 7.3　秒表模块信号说明

方　　向	信　号　名	宽度	说　　　　　明
input	clk	1	秒表计数单位为 10ms,频率为 100Hz
	clear	1	计数器清 0,低电平有效
	en	1	使能信号:高电平计数,低电平暂停
output	out	24	计数器输出

(2) 设计思路。

秒表模块的核心是实现一个"60-60-100"进制的计数器,有以下 3 种实现方案。

方案 1 是实现 1 个模为 $60\times60\times100$ 的计数器。这种方法的计数器个数少、设计简单，但计数结果为二进制形式，不能直接送到数码管译码电路显示，需要分离出分、秒、百分秒的个位和十位。可采用取余/取整方法，如计数值为 cnt，参考式(7-1)提取分钟、秒、百分秒，但该方法会消耗较多的资源；也可使用加 3 移位算法(见 6.1 节中的二进制转 BCD 码电路的设计)，实现起来较取余/取整方式复杂，但资源占用少。

$$\begin{cases} minute = cnt/6000 \\ second = (cnt\%6000)/100 \\ centisecond = (cnt\%6000)\%100 \end{cases} \tag{7-1}$$

方案 2 是分别实现 3 个模为 60、60 和 100 的计数器，这种方法计数结果同样不能直接显示，需要分离出分、秒、百分秒的个位和十位，处理方法与方案 1 类似。

方案 3 是实现 6 个计数器，分别与分、秒、百分秒的十位和个位对应。与前述两种方法相比，实现方式略复杂，但计数结果为 BCD 码，可直接送显。由于不涉及取余、取整操作，可节省逻辑资源。

方案 2 和方案 3 中存在多个计数器，需要进行级联，级联方式与计数时钟有关。如后级计数器的时钟来自前级的输出，即异步计数器，线路连接相对简单，但计数器中各触发器无法同步翻转，适用于速度较慢的场合。如各计数器的时钟为同一脉冲，即同步计数器，后级计数器的计数使能信号与前级有关，连线相对复杂，但计数器中各触发器能够同步翻转，工作速度快。

这里采用方案 3 实现，秒表计时模块由 6 个计数器组成并采用同步方式计数。图 7.14 为秒表模块内部结构图，其中每个模块内部包含两个计数器。各计数器均采用 clk 作为同步时钟，前级输出的 rco 进位信号作为后级的使能信号。

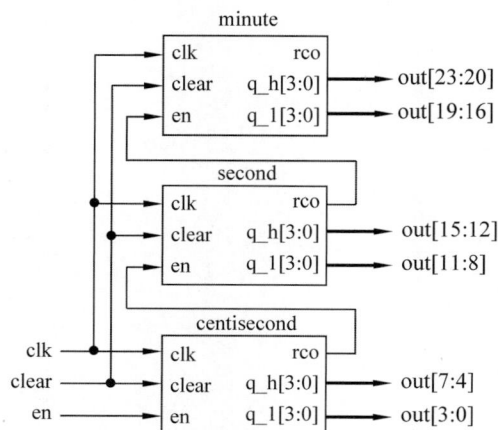

图 7.14 秒表模块内部结构图

（3）电路实现。

实现代码如下，其中 counter_10 为十进制计数器，例化后构成 60 进制和 100 进制计数器，再按图 7.14 级联形成秒表计数模块。

```verilog
//基础模块: 十进制计数
module counter_10 (
    input  wire clk,clear,en,
    output reg [3:0] q,
    output wire rco
);
    parameter CNT_VALUE = 4'd10;
    always @(posedge clk or negedge clear)
    begin
      if (!clear)
        q <= 4'd0;                              //置 0
      else if (!en)
        q <= q;                                 //保持
      else begin
        if (q == CNT_VALUE - 1)
          q <= 4'd0;                            //达到 9 时归 0
        else
          q <= q + 1;                           //未达到 9 时,加 1
      end
    end
    assign rco = en & (q == CNT_VALUE - 1);     //Q=9 时,进位信号有效

endmodule

//60 进制计数器,可用于分钟和秒钟模块
module counter_60(
    input wire clk,clear,en,
    output wire [3:0] q_h, q_l,
    output wire rco);

    wire clr,rco_l,rco_h;
    counter_10 U0(clk,clr,en,q_l,rco_l);        //个位计数器
    counter_10 U1(clk,clr,rco_l,q_h,rco_h);     //十位计数器
    assign clr=clear & (~({q_h,q_l}==8'h60));   //计数至 60 或接收到 clear 清 0
    assign rco=en &({q_h,q_l}==8'h59);          //计数至 59 产生进位

endmodule

//100 进制计数器,可用于百分秒模块
module counter_100(
    input wire clk,clear,en,
    output wire [3:0] q_h, q_l,
    output wire rco);

    wire clr,rco_l,rco_h;
    counter_10 U0(clk,clr,en,q_l,rco_l);        //个位计数器
    counter_10 U1(clk,clr,rco_l,q_h,rco_h);     //十位计数器
```

```verilog
    assign clr=clear;
    assign rco=en &({q_h,q_l}==8'h99);          //计数至 99 产生进位

endmodule

//例化六十进制和一百进制计数器,实现秒表计数器电路
module stopwatch_counter(
    input wire clk,clear,en,
    output wire [23:0] out
);
    wire ms_rco_h, s_rco_h, m_rco_h;
    wire [3:0] ms_h, ms_l, s_h, s_l, m_h, m_l;
    assign out = {m_h, m_l, s_h, s_l, ms_h, ms_l};
    //百分秒电路
    counter_100  centisecond (
        .clk(clk),
        .clear(clear),
        .en(en),
        .q_h(ms_h),
        .q_l(ms_l),
        .rco(ms_rco_h)
    );
    //秒电路
    counter_60   second (
        .clk(clk),
        .clear(clear),
        .en(ms_rco_h),
        .q_h(s_h),
        .q_l(s_l),
        .rco(s_rco_h)
    );
    //分钟电路
    counter_60   minute (
        .clk(clk),
        .clear(clear),
        .en(s_rco_h),
        .q_h(m_h),
        .q_l(m_l),
        .rco(m_rco_h)
    );

endmodule
```

（4）仿真测试。

对秒表模块进行仿真验证，Testbench 程序如下：

```verilog
`timescale 1ns/1ns
module stopwatch_counter_tb;
```

```
reg  clk;
reg  clear;
reg  en;
wire [23:0] out;

stopwatch_counter  stopwatch_counter_inst (
  .clk(clk),
  .clear(clear),
  .en(en),
  .out(out)
);

initial begin
clk=0;clear=0;en=1;
#10 clear=1;
#80000 $stop;
end
always #5  clk = ! clk;
endmodule
```

图 7.15 为秒表模块部分仿真波形,在 120ns 处计数值为 015999,1 个时钟后变为 020000,计数正确。

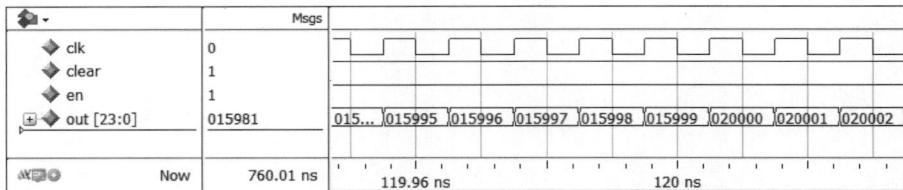

图 7.15　秒表模块部分仿真波形

4. 数据处理模块——存储器的设计

(1) 模块及接口信号。

本模块用于存储秒表数据,可进行读/写操作。设计存储器首先要考虑字数和字长,即存储器的单元数和每个单元的位数。根据功能需求,秒表需要存储 8 道数据,地址宽度可设为 3;秒表数据包含分钟、秒和百分秒,均为两位,至少需要存储 6 个数字信息,考虑保留一定的冗余度,将存储器字长设定为 32 位,即可存储 8 位 BCD 码。图 7.16 为存储器模块逻辑符号,表 7.4 为存储器模块信号说明。

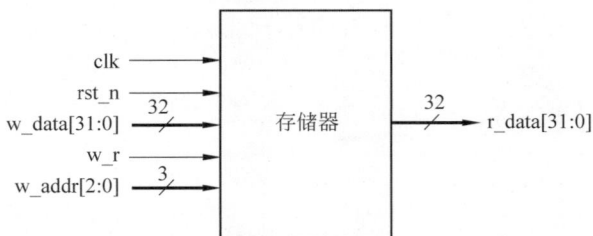

图 7.16　存储器模块逻辑符号

表 7.4 存储器模块信号说明

方　向	信　号　名	宽度	说　　明
input	clk	1	时钟，1kHz
	rst_n	1	复位信号,低电平有效
	w_data	32	32 位写数据
	w_r	1	读写信号：高电平写,低电平读
	w_addr	3	存储器地址
output	r_data	32	32 位读数据

（2）设计思路。

FPGA 内部的存储器包括分布式 RAM(Distributed RAM,DRAM)和块 RAM(Block RAM,BRAM)两种。从物理上看,DRAM 是通过查找表 LUT 实现的,占用逻辑资源,适用于小规模存储,BRAM 是 FPGA 中固定存在的硬件资源,不占用额外的逻辑资源,但速度快。在 FPGA 的应用中,通过 IP 核生成的 ROM 或 RAM 基本上都是利用 FPGA 内部的 BRAM 资源。本案例中数字秒表所用存储器较小,可使用 DRAM。字数和字长确定后,通过行为方式描述可实现该存储器电路。需要注意的是,写存储器时应在数据和地址稳定后进行,考虑到设计控制器时可利用时钟上升沿修改存储器地址,故将存储器的写入设定为下降沿触发,这样写入数据时地址已稳定。

（3）电路实现。

实现代码如下：

```verilog
module mem # (
    parameter N = 32,                          //存储器位宽
              W = 3                            //存储器地址宽度
)
(
    input           clk,                       //时钟
    input           rst_n,                     //复位信号,低电平复位
    input  [N - 1:0] w_data,                   //写入数据
    input           w_r,                       //读写信号：高电平读,低电平写
    input  [W - 1:0] w_addr,                   //地址信号
    output [N - 1:0] r_data                    //读出数据
);
    reg [N - 1:0] array_reg[2**W - 1:0];

    assign r_data = (!w_r) ? array_reg[w_addr] : 4'h0; //读操作

    always @ (negedge clk or negedge rst_n) begin
        if (!rst_n) begin                      //复位清 0
        array_reg[0] <= 0;
        array_reg[1] <= 0;
        array_reg[2] <= 0;
        array_reg[3] <= 0;
        array_reg[4] <= 0;
```

```
                        array_reg[5] <= 0;
                        array_reg[6] <= 0;
                        array_reg[7] <= 0;
                end
            else if (w_r)
                array_reg[w_addr] <= w_data;  //w_r 高电平将数据写入存储器对应地址内
        end
endmodule
```

（4）仿真测试。

对存储器电路进行仿真验证，Testbench 程序如下：

```
`timescale 1ns/1ns
module mem_tb;

    //Parameters
    localparam  N = 32;
    localparam  W = 3;

    //Ports
    reg  clk;
    reg  rst_n;
    reg [N - 1:0] w_data;
    reg  w_r;
    reg [W - 1:0] w_addr;
    wire [N - 1:0] r_data;

    mem # (
        .N(N),
        .W(W)
    )
    mem_inst (
        .clk(clk),
        .rst_n(rst_n),
        .w_data(w_data),
        .w_r(w_r),
        .w_addr(w_addr),
        .r_data(r_data)
    );

initial
    begin
        clk= 0;rst_n = 0;w_addr =0; w_r = 1;
        #15 w_data = 32'h00000010; rst_n = 1;
        #10 w_data = 32'h00010080; w_addr = w_addr + 1;
        #10 w_data = 32'h00200010; w_addr = w_addr + 1;
        #10 w_data = 32'h04000090; w_addr = w_addr + 1;
        #10 w_addr = 0;w_r = 0;
        repeat(3) #10 w_addr =w_addr +1;
        #10 $stop;
```

```
    end

always #5  clk = ~clk ;

endmodule
```

图 7.17 为存储器模块仿真波形,先向存储器地址 0~3 中写入数据,随后依次读出,数据读写正确。

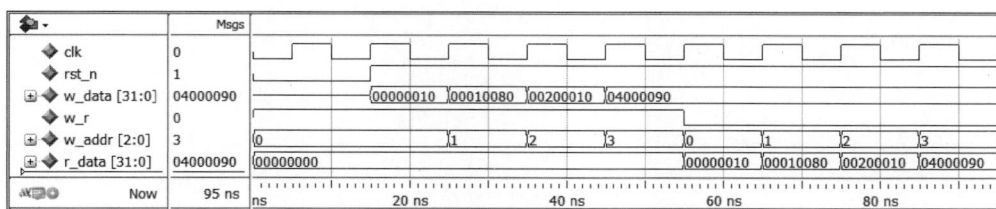

图 7.17 存储器模块仿真波形

5. 数据处理模块——数据选择器的设计

(1)功能框图。

本模块为动态数码管提供显示信息,根据控制器发出的选择信号,选取对应通道的数据作为数码管的显示数据。此外,本模块附加了增强显示效果的功能,即利用数码管的小数点分割秒表数据,以及秒表状态下通过熄灭次高位隔开记录序号和秒表值。图 7.18 为数据选择器模块逻辑符号,表 7.5 为数据选择器模块信号说明。

图 7.18 数据选择器模块逻辑符号

表 7.5 数据选择器模块信号说明

方 向	信 号 名	宽度	说 明
input	a	32	通道 1:秒表数据
	b	32	通道 2:存储器数据
	c	32	通道 3:时钟
	d	32	通道 4:闹钟
	sel	2	选择端
output	y	32	数据输出端
	dig_point	8	小数点控制信号(1:亮,0:灭)
	dig_mask	8	数码管位屏蔽信号(1:不显示,0:显示)

（2）设计思路。

本模块核心为数据选择器，可利用 case 语句实现。

（3）电路实现。

实现代码如下：

```verilog
module data_selector (
  input wire [31:0] a,b,c,d,
  input wire [1:0] sel,
  output reg [31:0] y,
  output reg [7:0]dig_point,dig_mask
);

  always @(*) begin
    case (sel)
      2'b00: y = a;          //秒表数据
      2'b01: y = b;          //存储器数据
      2'b10: y = c;          //时钟
      2'b11: y = d;          //闹钟
    endcase
  end

//不同模式下数据的显示格式
  always @(*) begin
    case (sel)
      2'b00, 2'b01: begin    //秒表显示格式,左侧第2个数码管不显示,如: 1x01.04.80
        dig_point = 8'b0101_0100;
        dig_mask  = 8'b0100_0000;
      end
      2'b10: begin           //时钟显示格式,左侧2个数码管不显示,如: xx14.30.00
        dig_point = 8'b0001_0100;
        dig_mask  = 8'b1100_0000;
      end
      2'b11: begin           //闹钟显示格式,左侧4个数码管不显示,如: xxxx07.30
        dig_point = 8'b0000_0100;
        dig_mask  = 8'b1111_0000;
      end
    endcase
  end
endmodule
```

（4）仿真测试。

对数据选择器电路进行仿真验证，Testbench 程序如下：

```verilog
`timescale 1ns/1ns
module data_selector_tb;

  reg [31:0] a,b,c,d;
  reg [1:0] sel;
  wire [31:0] y;
```

```
wire [7:0] dig_point,dig_mask;

data_selector  data_selector_inst (
  .a(a),.b(b),.c(c),.d(d),.sel(sel),
  .y(y),.dig_point(dig_point),.dig_mask(dig_mask)
);

initial begin
  a=02043456;b=06003456;c=12030000;d=00000830;sel=0;
  #40 $stop;
end

always #10  sel = sel + 1;

endmodule
```

图 7.19 为数据选择器模块仿真波形,可以看出随着 sel 信号的变化,不同通道的数据从 y 端口输出。

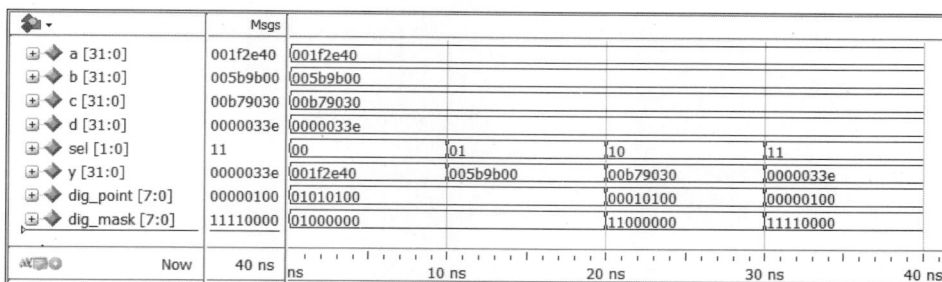

图 7.19　数据选择器模块仿真波形

6. 控制子系统——分频器的设计

（1）模块及接口信号。

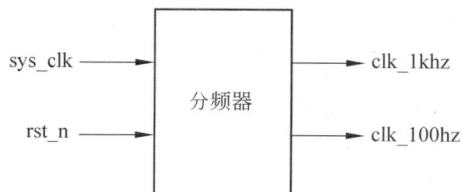

图 7.20　分频器模块逻辑符号

本模块为系统各模块提供工作时钟,根据前述设计可知,秒表模块需要 100Hz 的时钟,输入和输出模块需要 1kHz 的时钟,且 1kHz 也能满足其他时序电路正常工作,因此分频器模块输出 100Hz 和 1kHz 两个频率的时钟即可。图 7.20 为分频器模块逻辑符号,表 7.6 为分频器模块信号说明。

表 7.6　分频器模块信号说明

方　向	信　号　名	宽度	说　　明
input	sys_clk	1	系统主时钟
	rst_n	1	系统复位信号,低电平有效
output	clk_1khz	1	输出 1kHz 的时钟信号
	clk_100hz	1	输出 100Hz 的时钟信号

（2）设计思路。

时钟信号为数字电路提供准确的定时，在电路中起着至关重要的作用。CPLD/FPGA
设计中最佳的时钟方案是采用专用的全局时钟输入引脚作为主时钟，并利用锁相环及专用
的时钟布线通道将时钟送达每一个模块，这样可以实现最低的时钟抖动和延迟。该方案需
要了解更多的 FPGA 设计方法，相对烦琐，鉴于本案例工作频率不高，可采用分频器产生各
模块的工作时钟。

以下采用偶数分频方式实现，假设系统时钟 sys_clk 为 50MHz，计时长度分别为 50 000
和 500 000。图 7.21 为分频器模块逻辑结构图，由两个分频器组成。

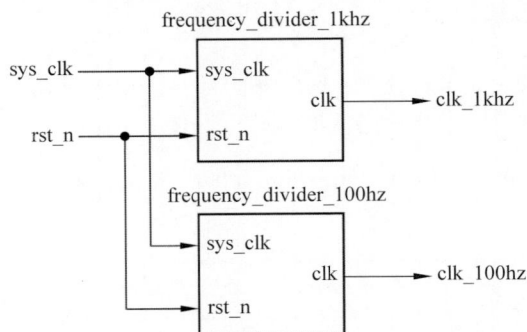

图 7.21　分频器模块逻辑结构图

（3）电路实现。

设计代码如下，frequency_divider 模块为分频器电路，通过实例化该模块可实现 clock_
freq_div 电路。

```
module clock_freq_div (
    input  wire sys_clk,rst_n,
    output wire clk_1khz,clk_100hz
);

  frequency_divider #(
     .CNT_VALUE(50000)
  ) clock_1khz_inst (
     .sys_clk(sys_clk),
     .rst_n  (rst_n),
     .clk    (clk_1khz)
  );
  frequency_divider #(
     .CNT_VALUE(500000)
  ) clock_100hz_inst (
     .sys_clk(sys_clk),
     .rst_n  (rst_n),
     .clk    (clk_100hz)
  );

endmodule

module frequency_divider (
```

```verilog
  input  wire sys_clk,rst_n,
  output reg  clk
);

parameter CNT_VALUE = 50000;

reg [31:0] cnt1;
wire add_cond, end_cond;

//计数器电路
always @(posedge sys_clk or negedge rst_n)
begin
  if (!rst_n)
    cnt1 <= 0;
  else if (add_cond)           //计数器加 1 条件
  begin
    if (end_cond)              //计数器结束条件
      cnt1 <= 0;
    else
      cnt1 <= cnt1 + 1;
  end
end

assign add_cond = 1;
assign end_cond = add_cond && cnt1 == CNT_VALUE / 2 - 1;

//计数结束时反转
always @(posedge sys_clk or negedge rst_n)
begin
  if (!rst_n)
    clk <= 0;
  else if (end_cond)
    clk <= ~clk;
end
endmodule
```

（4）仿真测试。

对以上代码进行仿真验证，Testbench 程序如下：

```verilog
`timescale 1ns/1ns
module clock_freq_div_tb;
  //Ports
  reg  sys_clk;
  reg  rst_n;
  wire  clk_1khz;
  wire  clk_100hz;

  clock_freq_div  clock_freq_div_inst (
        .sys_clk(sys_clk),
        .rst_n(rst_n),
        .clk_1khz(clk_1khz),
        .clk_100hz(clk_100hz)
```

```
);
initial
begin
  sys_clk= 0;
  rst_n = 0;
  #10 rst_n = 1;
  #500 $stop;
end
always #5  sys_clk = ~sys_clk ;
endmodule
```

由于1kHz和100Hz两个频率所需计数值较大,不方便观察,故将计数值修改为2和20,图7.22为分频器模块仿真波形。

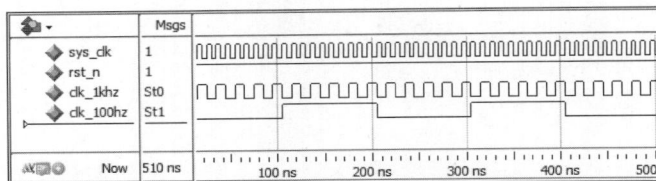

图 7.22 分频器模块仿真波形

7. 控制子系统——主控制器的设计

(1) 模块及接口信号。

主控制器是整个系统的核心,用于实现秒表计数器的启动、暂停、清0以及多道成绩的存储和回看等操作,其输入信号除时钟和复位信号外应为消抖后的按键信号。图7.23为主控制器模块逻辑符号,表7.7为主控制器模块信号说明。

图 7.23 主控制器模块逻辑符号

表 7.7 主控制器模块信号说明

方向	信 号 名	宽度	说　明
input	clk	1	工作时钟,1kHz
	rst_n	1	系统复位信号,低电平有效
	split_reset	1	分段/复位
	recall	1	秒表回看
	mode	1	模式切换
	start_stop	1	秒表启动/停止

续表

方向	信　号　名	宽度	说　　　明
output	stw_clear	1	秒表清 0
	stw_run_pause	1	秒表启动/暂停控制
	stw_save	1	存储器存入信号(维持 1 个时钟周期)
	addr_wr	3	存储器地址信号
	saved_num	4	已存储的记录数
	cur_num	4	回看秒表数据时的当前记录号
	bus_sel	2	通道选择：00 为秒表,01 为存储器,10 为时钟,11 为闹钟

(2) 设计思路。

主控制器采用状态机实现,可根据系统功能列出状态数,本系统有两种实现方案。

第一种方案是按 4 个状态设计,分别是 S0(秒表)、S1(回看)、S2(时钟)和 S3(闹钟),图 7.24 为主控制器状态转换图,mode 信号用来控制数字秒表在 S0/S1→S2→S3 间切换,S0 和 S1 均属于秒表功能,这两个状态的转换与 mode 无关,仅与秒表当前运行状态和各按键操作有关。

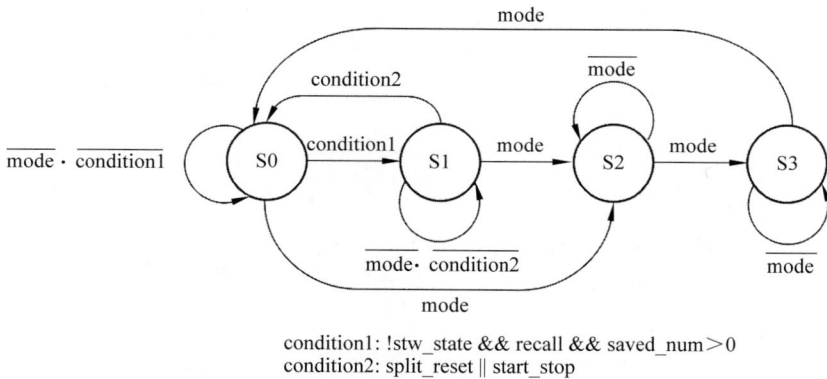

condition1: !stw_state && recall && saved_num＞0
condition2: split_reset ‖ start_stop

图 7.24　主控制器状态转换图(四状态)

图 7.25 是秒表状态的 ASM 图,因只有一个状态框,该图也是一个 ASM 块,图中的操作均在一个时钟周期内完成。stw_state 用来记录秒表状态(0 表示暂停,1 表示启动),判断完状态后,再依次判断 START_STOP 键、SPLIT_RESET 键是否按下,并根据按键状况给出相应的控制操作,RECALL 键只在回看状态下有效,故 S0 状态中不用考虑。由于状态数与数据选择器输入通道数一致,可将状态按两位进行编码并输出到 bus_sel 端。

图 7.26 是回看状态的 ASM 图,is_recalling 用于存储回看状态,0 表示无回看,1 表示回看中。进入 S1 状态后,根据此值决定是否初始化,如为 0 则进行初始化,修改存储器地址为 0,指向第 1 条记录,并修改 is_recalling 为 1;之后如果继续回看,每次地址加 1。结束回看时,修改 is_recalling 为 0,如按下 START_STOP 或 MODE 键,须将地址修改至回看前,按下 SPLIT_RESET 键则复位。

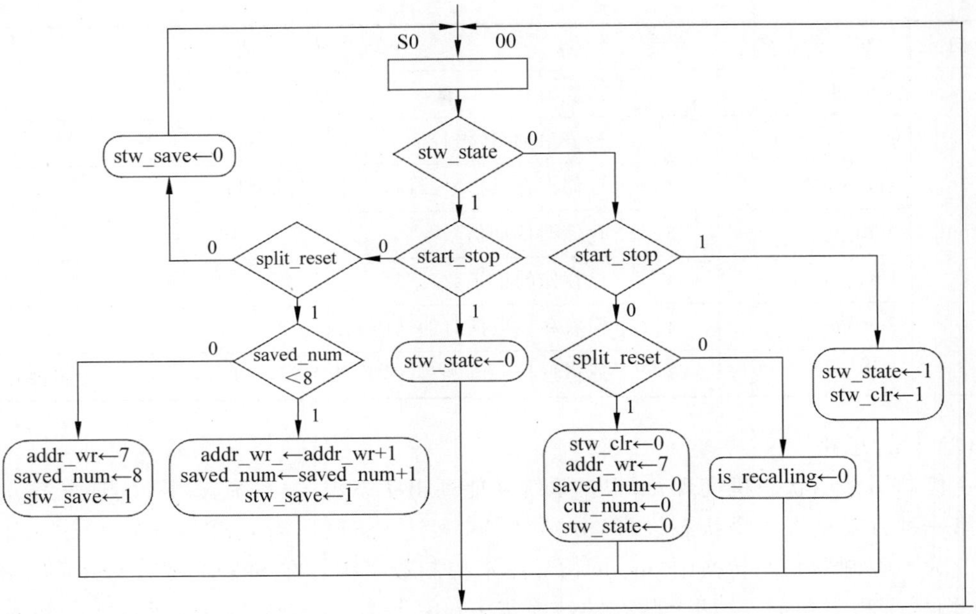

图 7.25 秒表状态的 ASM 图(四状态)

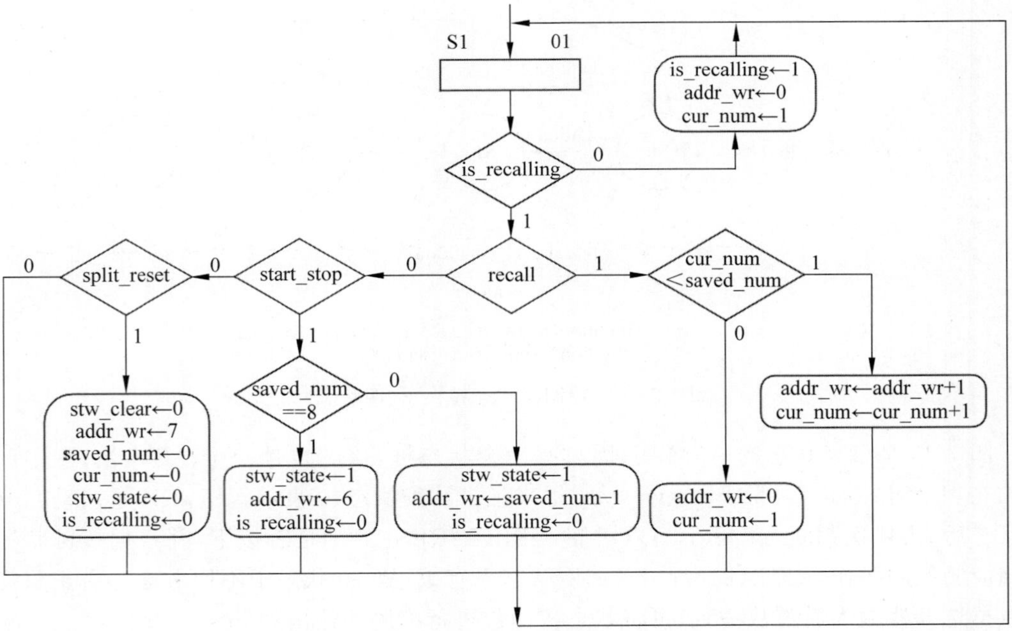

图 7.26 回看状态的 ASM 图(四状态)

第二种方案是按 3 个状态设计,分别是 S0(秒表)、S1(时钟)和 S2(闹钟),图 7.27 为该方案状态转换图,MODE 按键用来控制数字秒表在 S0→S1→S2 间切换,回看是秒表中的一个操作。由于状态数与数据选择器输入数据个数不一致,需单独控制 bus_sel 信号。

图 7.28 是采用三状态控制时的秒表 ASM 图,is_recalling 用来记录回看状态。

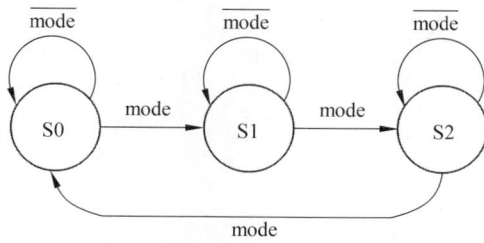

图 7.27　状态转换图(三状态)

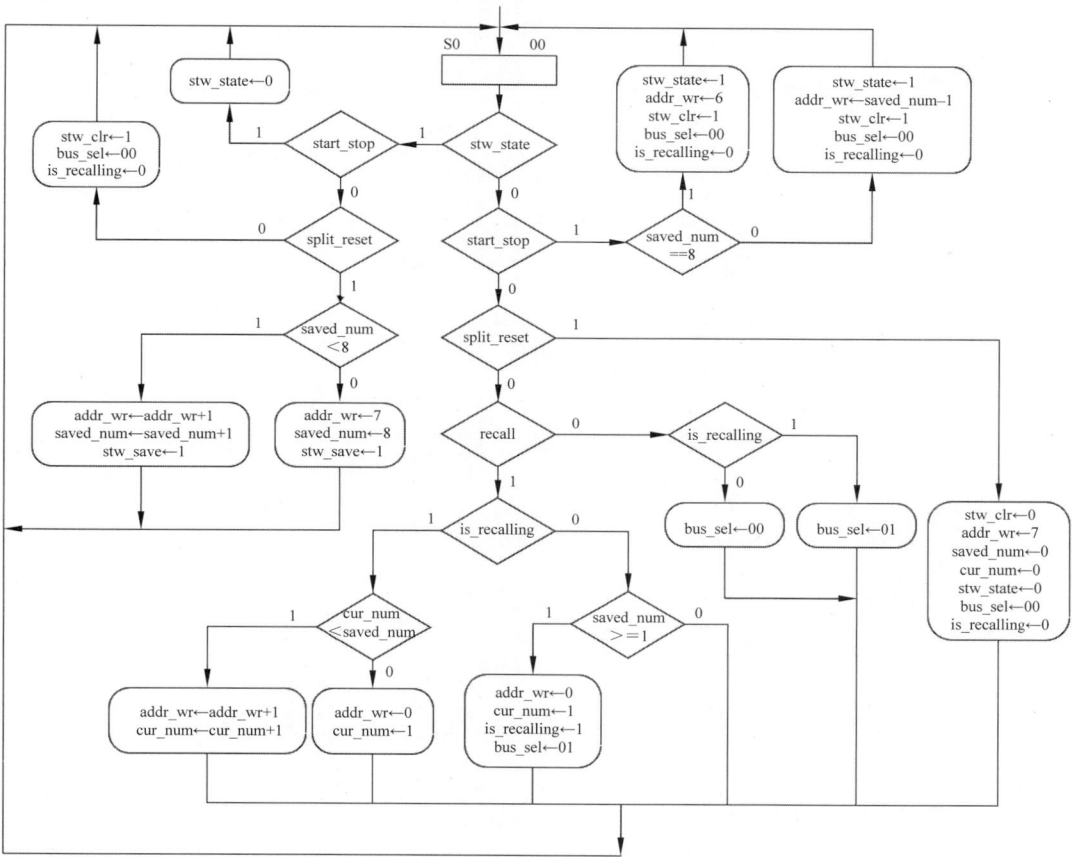

图 7.28　秒表 ASM 图(三状态)

(3) 电路实现。

以下为方案一实现代码,方案二的设计代码此处省略,读者可参考图 7.27 和图 7.28 实现。

```verilog
module controller (
    input wire clk, rst_n, split_reset, recall, mode, start_stop,
    output wire stw_run_pause, stw_clear,
    output reg stw_save,
```

```verilog
    output reg [2:0]addr_wr,
    output reg [3:0]saved_num, cur_num,
    output wire [1:0]bus_sel
);

  localparam STOPWATCH = 2'b00, RECALL = 2'b01, CLOCK = 2'b10, ALARM = 2'b11;
  reg is_recalling;                          //是否回看.   0:否 1:是
  reg stw_state;                             //存储秒表运行状态.  0:暂停;1:运行
  reg [1:0] current_state, next_state;
  reg stw_clr;                               //秒表清 0 信号

  assign stw_run_pause = stw_state;          //根据秒表状态控制秒表计时启停
  assign stw_clear     = stw_clr & rst_n;    //复位或发出秒表清 0 信号时秒表计时清 0
  assign bus_sel       = current_state;      //根据当前状态选择输出数据

  //主控制器状态机
  always @ (posedge clk or negedge rst_n)
    if (!rst_n) current_state <= STOPWATCH;
    else current_state <= next_state;

  //状态转换逻辑
  always @ (*) begin
    case (current_state)
      STOPWATCH: begin
        if (mode) next_state = CLOCK;
        else if (!stw_state && recall && saved_num > 0)
          next_state = RECALL;             //秒表暂停且有数据存入时,按下 recall 可回看
        else next_state = STOPWATCH;
      end
      RECALL: begin
        if (mode) next_state = CLOCK;
        else if (split_reset || start_stop)
          next_state = STOPWATCH;          //回看状态下,按这两个键返回秒表状态
        else next_state = RECALL;
      end
      CLOCK: begin
        if (mode) next_state = ALARM;
        else next_state = CLOCK;
      end
      ALARM: begin
        if (mode) next_state = STOPWATCH;
        else next_state = ALARM;
      end
    endcase
  end

  //主控制器控制逻辑
  always @ (posedge clk or negedge rst_n) begin
    if (!rst_n) begin
      stw_state    <= 0;                    //0: 暂停 1: 运行
```

```verilog
        stw_save    <= 0;                      //为 1 时写入
        stw_clr     <= 0;                      //为 0 时清 0
        is_recalling <= 0;                     //为 1 时回看
        addr_wr     <= 7;                      //存储器写地址,初始设置为 7
                                               //因发写信号的同时地址加 1,设为 7,确保初始写入地址为 0
        cur_num     <= 0;                      //回看时记录序号,初始为 0
        saved_num   <= 0;                      //已存储记录数,初始为 0
    end
    else begin
      case (current_state)
        STOPWATCH: begin
          if (!stw_state) begin                //暂停状态
            if (start_stop) begin              //如按下 start_stop 键,秒表启动
              stw_state <= 1'b1;
              stw_clr   <= 1'b1;
            end
            else if (split_reset) begin        //如按下 split_reset 键,秒表复位
              stw_clr   <= 0;
              addr_wr   <= 7;
              saved_num <= 0;
              cur_num   <= 0;
              stw_state <= 0;
            end
            else
              is_recalling  <= 0;              //回看标志复位
          end
          else if (start_stop)                 //运行时如按下 start_stop 键
            stw_state <= 1'b0;                 //秒表暂停
          else if (split_reset) begin          //运行时如按下 split_reset 键
            stw_save <= 1;                     //发出写存储器信号
            if (saved_num < 8) begin           //如存入数据未超过 8 个
              addr_wr   <= addr_wr + 1;        //存储器地址加 1
              saved_num <= saved_num + 1;      //已存入数据个数加 1
            end
            else begin                         //如存入数据个数等于 8
              addr_wr   <= 7;                  //将存储器地址设为 7
              saved_num <= 8;                  //已存入数据数为 8
            end
          end
          else
            stw_save <= 0;                     //拉低 stw_save,以保证该信号维持一个时钟周期
        end
        RECALL: begin
          if (!is_recalling) begin             //回看时初始化(第一次按下 recall 键时进入)
            is_recalling <= 1;                 //修改标志,下一时钟周期不再进入
            addr_wr    <= 0;                   //从第 1 条记录读数据(存储器地址为 0)
            cur_num    <= 1;                   //从第 1 条记录读数据(序号为 1)
          end
          else if (recall) begin               //按下 recall 键
```

```verilog
                    if (cur_num < saved_num) begin  //当前记录序号小于已存入记录数
                        addr_wr <= addr_wr + 1;          //地址数加 1
                        cur_num <= cur_num + 1;          //序号加 1
                    end
                    else begin                           //读取到最后一条记录时,返回第一条记录
                        addr_wr <= 0;
                        cur_num <= 1;
                    end
                end
                else if (start_stop) begin       //如按下 start_stop 键
                    stw_state <= 1;                      //返回 STOPWATCH 状态并重新启动计时
                    is_recalling <= 0;                   //回看标志清 0
                    if (saved_num == 8) addr_wr <= 6;        //修改存储器地址,以备存储新的数据
                    else addr_wr <= saved_num[2:0] - 3'h1;
                end
                else if (split_reset) begin      //按下 split_reset 键
                    stw_clr <= 0;                        //秒表将返回 STOPWATCH 状态并复位
                    addr_wr <= 7;
                    saved_num <= 0;
                    cur_num <= 0;
                    stw_state <= 0;
                    is_recalling <= 0;
                end
            end
            default: ;
        endcase
    end
end
endmodule
```

（4）仿真测试。

```verilog
`timescale 1ns / 1ns
module controller_tb;
    //Ports
    reg clk, rst_n;
    reg mode, split_reset, start_stop, recall;
    wire stw_run_pause, stw_save, stw_clear;
    wire [2:0] addr_wr;
    wire [3:0] saved_num, cur_num;
    wire [1:0] bus_sel;

    controller  controller_inst (
        .clk(clk),
        .rst_n(rst_n),
        .split_reset(split_reset),
        .recall(recall),
        .mode(mode),
        .start_stop(start_stop),
        .stw_run_pause(stw_run_pause),
        .stw_save(stw_save),
```

```
        .stw_clear(stw_clear),
        .addr_wr(addr_wr),
        .saved_num(saved_num),
        .cur_num(cur_num),
        .bus_sel(bus_sel)
    );

    initial begin
        clk          = 0;
        rst_n        = 0;
        mode         = 0;
        split_reset = 0;
        start_stop   = 0;
        recall       = 0;
        #10 rst_n = 1;
        #5 mode = 1;
        repeat (2) begin
            #10 mode = 0;
            #10 mode = 1;
        end
        #10 mode = 0;
        #10 start_stop = 1;
        #10 start_stop = 0;
        repeat (7) begin
            #10 split_reset = 1;
            #10 split_reset = 0;
        end

        #10 recall = 1;
        #10 recall = 0; start_stop = 1;
        #10 start_stop = 0;
        repeat (8) begin
            #10 recall = 1;
            #10 recall = 0;
        end

        repeat (2) begin
            #10 start_stop = 1;
            #10 start_stop = 0;
            #20 split_reset = 1;
            #10 split_reset = 0;
        end

        #100 $stop;
    end
    always #5 clk = !clk;

endmodule
```

图 7.29 为主控制器模块仿真波形,波形分为 7 段,各段的说明如下。

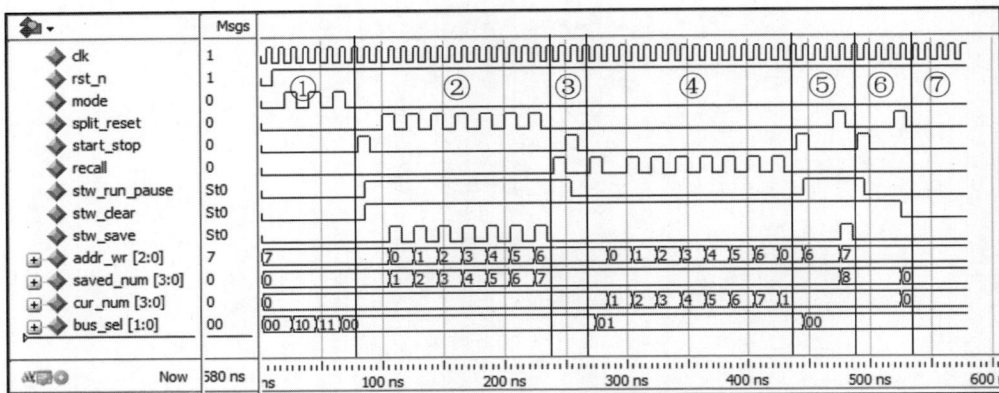

图 7.29　主控制器模块仿真波形

① 段 1：MODE 键按下时，数字秒表在秒表、时钟、闹钟 3 个状态间切换，最后回到秒表状态。

② 段 2：接收到 START_STOP 信号启动秒表，stw_run_pause 信号为高电平，此后连续 7 次按下 SPLIT_RESET 键进行存储，stw_save 出现 7 次高电平（写使能），addr_wr 为存储器写入地址，时钟上升沿时地址加 1，下降沿时写入存储器，saved_num 为已存入的记录数。

③ 段 3：按下 RECALL 键，此时秒表处于运行状态，不能进入回看状态。随后按下 START_STOP 按键，秒表暂停，stw_run_pause 信号为低电平。

④ 段 4：按下 RECALL 键，此时 bus_sel 为 2'b01，表示进入回看状态，同时修改存储器地址 addr_wr 为 0，修改 cur_num 为 1，读取到第 1 条记录；随后连续 7 次按下 RECALL 键，依次读取存储器数据，最后 1 次按下后返回第 1 条记录。

⑤ 段 5：按下 START_STOP 键启动秒表，随后按下 SPLIT_RESET 键存储第 8 个数据。

⑥ 段 6：按下 START_STOP 键暂停秒表，随后按下 SPLIT_RESET 键，控制器发出 stw_clear 信号，秒表清 0。

⑦ 段 7：清 0 后秒表处于暂停状态。

8. 顶层模块

（1）系统框图。

将以上模块按图 7.30 连接，其中数据选择器的 c[31:0] 端口设为 32'h143000，表示时钟为 14:30:00，d[31:0] 端口设为 32'h0730，表示闹钟为 07:30。

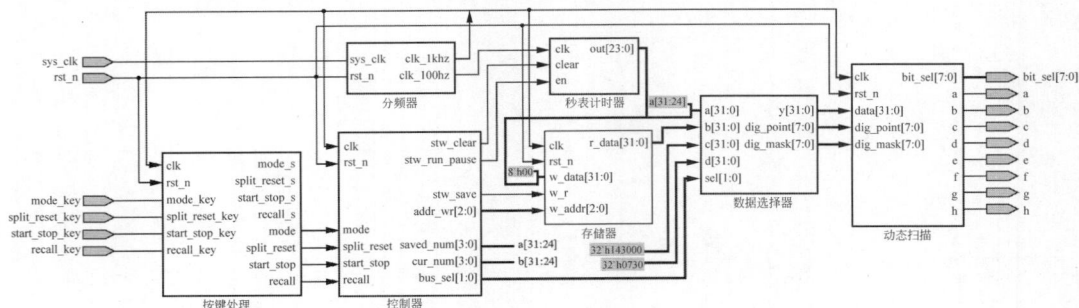

图 7.30　数字秒表顶层结构图

（2）电路实现。

顶层电路实现代码如下：

```verilog
module top (
    input wire sys_clk, rst_n,
    input wire mode_key, split_reset_key, start_stop_key, recall_key,
    output wire [7:0] bit_sel,
    output wire a, b, c, d, e, f, g, h
);

  wire clk_1khz, clk_100hz;
  wire stw_run_pause, stw_save, stw_clear;    //秒表暂停运行信号;秒表存储;秒表清 0
  wire [ 2:0] addr_wr;                        //存储器地址
  wire [ 1:0] bus_sel;                        //状态信号
  wire [ 3:0] saved_num;                      //已记录条数
  wire [ 3:0] cur_num;                        //当前记录
  wire [31:0] r_data;                         //存储器读取到的数据
  wire [23:0] stopwatch_time;                 //秒表时间
  wire [31:0] disp_data;                      //数码管 8 位显示数据
  wire [ 7:0] dig_point;                      //数码管小数点控制信号
  wire [ 7:0] dig_mask;                       //数码管位屏蔽信号
  wire mode_s, split_reset_s, start_stop_s, recall_s;  //按键去抖后信号
  wire mode, split_reset, start_stop, recall;          //1 个周期宽度的按键信号
  //时钟模块
  clock_freq_div clock_freq_div_inst (
      .sys_clk  (sys_clk),
      .rst_n    (rst_n),
      .clk_1khz (clk_1khz),
      .clk_100hz(clk_100hz)
  );
  //按键去抖模块
  button_input button_input_inst (
      .clk             (clk_1khz),
      .rst_n           (rst_n),
      .mode_key        (mode_key),
      .split_reset_key (split_reset_key),
      .start_stop_key  (start_stop_key),
      .recall_key      (recall_key),
      .mode_s          (mode_s),
      .split_reset_s   (split_reset_s),
      .start_stop_s    (start_stop_s),
      .recall_s        (recall_s),
      .mode            (mode),
      .split_reset     (split_reset),
      .start_stop      (start_stop),
      .recall          (recall)
  );

  //控制器模块
  controller controller_inst (
```

```verilog
    .clk            (clk_1khz),
    .rst_n          (rst_n),
    .split_reset    (split_reset),
    .recall         (recall),
    .mode           (mode),
    .start_stop     (start_stop),
    .stw_run_pause  (stw_run_pause),
    .stw_clear      (stw_clear),
    .stw_save       (stw_save),
    .addr_wr        (addr_wr),
    .saved_num      (saved_num),
    .cur_num        (cur_num),
    .bus_sel        (bus_sel)
);

//秒表计数器
stopwatch_counter stopwatch_counter_inst (
    .clk (clk_100hz),
    .clear(stw_clear),
    .en  (stw_run_pause),
    .out (stopwatch_time)
);
//存储器模块
mem # (
    .N(32),
    .W(3)
) mem_inst (
    .clk   (clk_1khz),
    .rst_n (rst_n),
    .w_data({8'h00, stopwatch_time}),
    .w_r   (stw_save),
    .w_addr(addr_wr),
    .r_data(r_data)
);
//数据选择器模块
data_selector data_selector_inst (
    .a          ({saved_num, 4'h0, stopwatch_time}),
    .b          ({cur_num, 4'h0, r_data[23:0]}),
    .c          (32'h00143000),
    .d          (32'h00000730),
    .sel        (bus_sel),
    .y          (disp_data),
    .dig_point(dig_point),
    .dig_mask (dig_mask)
);
//动态数码管模块
dynamic_digital_tube dynamic_digital_tube_inst (
    .clk    (clk_1khz),
    .rst_n  (rst_n),
    .data   (disp_data),
```

```
        .dig_point   (dig_point),
        .dig_mask(dig_mask),
        .bit_sel (bit_sel),
        .a          (a),
        .b          (b),
        .c          (c),
        .d          (d),
        .e          (e),
        .f          (f),
        .g          (g),
        .h          (h)
    );
endmodule
```

将整个工程编译后进行仿真,Testbench 程序参考控制器代码,按键操作顺序与图 7.29 一致,为便于观察将中间信号引出,数字秒表顶层电路仿真波形如图 7.31 所示。此处省略测试代码,读者可自行完成。仿真验证后,可根据硬件平台进行引脚分配,综合后下载测试。

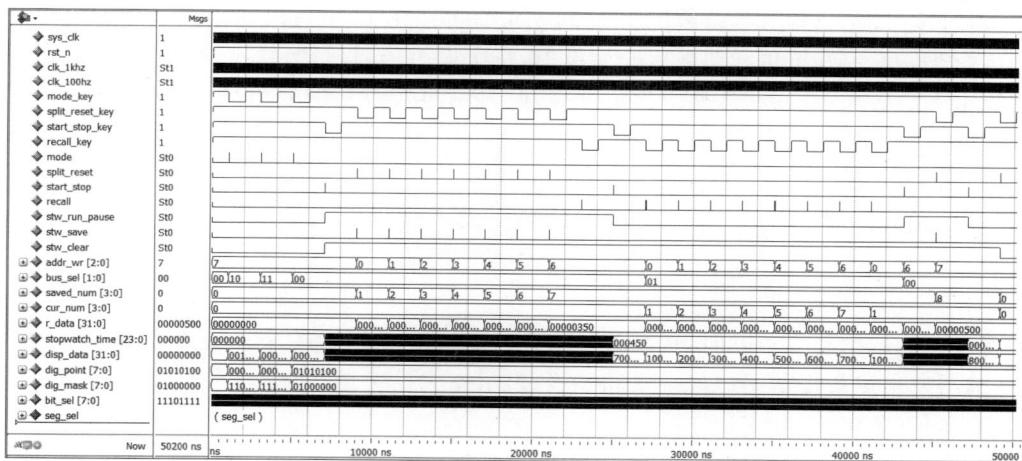

图 7.31 数字秒表顶层电路仿真波形

7.3 设计题目

通过以下题目的练习,读者可以逐步建立自顶向下的系统设计思想,掌握现代数字系统的设计方法并学会逻辑故障的查询及电路的调试。每个题目均给出了基本要求及扩展提示,读者可在此基础上拟定要实现的具体功能,参考数字秒表案例的实现过程完成设计。

7.3.1 自动售票机

1. 设计要求

设计一台自动售票机,该设备可售 3 元、4 元、5 元和 6 元四种票价的车票。投币口只接收 1 元、5 元、10 元、20 元四种面值的纸币,投币操作可通过 4 个按键模拟;用 5 组数码管分别显示票价、票数、票款、投币和找零;提供"票价""票数""取消""确定"4 个功能键用于操作;用 3 个 LED 分别指示退币、出票及投币情况。自动售票机操作面板示意图如图 7.32 所示。

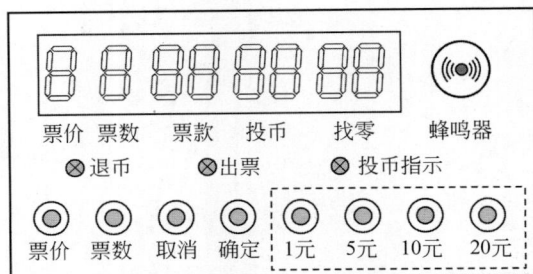

图 7.32　自动售票机操作面板示意图

（1）购票流程。

按"选择票价、选择票数、投币、确认、出票"的顺序购票。默认票价为 3 元,通过"票价"键可选择不同的票价,按"3-4-5-6"规律循环,每按一次键切换到下一面值;允许最多购买 5 张车票,每按一次"票数"键,票数加 1,达到 5 张后再按则变为 1;票款根据选择的票价和票数同步修改。设定好票价和票数后开始投币,每次投币金额累计,并显示在"投币"处。当投入的钱币大于或等于票款时,投币指示灯亮,此时不再接收新的钱币,即投币按钮无效。按下确定键后"出票"指示灯亮,表示送出车票。

（2）票款不足。

当投入的钱币低于票款时,按"确定"键后,投币指示灯闪烁（1Hz）,需补足票款才可出票。

（3）票款超额。

若投入的钱币超过票款时,找零处显示找赎的钱额,按下确认键后送出车票,退币 LED 亮,蜂鸣器发出声音提示用户取走票和零钱,表示完成找赎。

（4）取消交易。

按下取消键可取消交易,按钱数不足处理,退还全部钱币,"退币"LED 亮。

2. 扩展提示

在完成以上要求的基础上可以发挥自己的想象力进行功能扩展,例如,以功能友好等为切入点思考。以下为扩展提示,可以选择 1 项或多项进行扩展,也可自拟其他功能。

（1）超时取消。

开始购票后,如 10s 内无操作且总币值不足票款时,自动售货机按钱数不足处理,退还全部钱币。

（2）原币值退还。

投币时记录投币面值,如取消交易则按原币值退还,可利用数码管依序显示退出钱币或增设 4 个 LED 代表不同面值的钱币,每退 1 张,对应 LED 闪烁 1 次,直至全部退完。

（3）可购买往返票。

增设一个按键用于切换选择单程票和往返票,默认为单程票。切换至往返票后,票数修改为 2,金额乘以 2。

7.3.2 四人抢答器

1. 设计要求

设计一个供 4 名选手参赛的抢答器。为每位选手设一个抢答按键、1 个 LED 指示灯；为主持人设 4 个按键，分别为"开始""正确""错误""复位"；用 4 组数码管显示选手得分（可根据实验台资源设定计分位数），1 个数码管用于显示答题者编号和倒计时。抢答器操作面板示意图如图 7.33 所示。

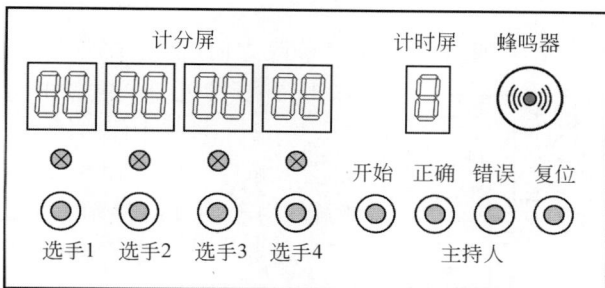

图 7.33 抢答器操作面板示意图

（1）系统复位。

按下"复位"键后电路完成复位，所有数码管显示 0，全部 LED 亮。

（2）抢答开始。

抢答由主持人发起，主持人按下"开始"键后抢答开始，选手抢答按键可用，计时屏及全部 LED 灯熄灭，计分屏显示上一轮成绩。

（3）数据锁存和显示功能。

最先发出抢答信号的选手对应的 LED 灯点亮，其他选手 LED 不亮，计时屏显示抢答成功选手的编号，其他三组按键失效。

（4）计分功能。

主持人对答题结果进行评判，通过"正确"和"错误"键为答题者加/减分。

2. 扩展提示

在完成以上要求的基础上可以发挥自己的想象力进行功能扩展，例如，以显示、声效、人机交互等为切入点思考。以下为扩展提示，可以选择 1 项或多项进行扩展，也可自拟其他功能。

（1）抢答倒计时显示。

当主持人按下"开始"键后有 3s 倒计时，选手进入准备状态，屏幕计时为 0 时方可抢答。如果有人提前抢答，则扣除抢答者分数（需要为选手设置一个基本分），可从以下方案中选择一种。

① 主持人按"开始"键进行复位，重新答题，抢答选手可继续抢答。

② 抢答者不允许再答本题，直到主持人结束本轮答题，可为主持人增加一个按键或复用开始键（长按）结束本轮。

（2）答题倒计时。

当选手抢答成功后，需要在规定时间内答完（如 9s），以倒计时方式显示，到达限定时间时,发出声响进行提醒。

（3）得分回看。

每轮答题结果存入存储器,答题结束后可回看每轮得分情况。

（4）声效。

可为倒计时、抢答成功、违规抢答、回答正确和错误等增加不同的声效,增强比赛气氛。

7.3.3　交通灯控制器

1. 设计要求

设计一个十字路口的交通灯控制器。东西方向、南北方向各设 1 组交通灯,共 6 个

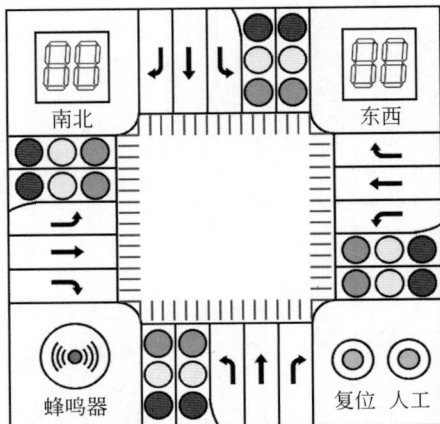

图 7.34　交通灯示意图

LED(如资源允许可为对向增加相同数量的指示灯,共 12 个),其中绿灯通行,红灯停止,黄灯过渡准备。东西方向、南北方向各设 1 个 1~2 位的数码管,用于倒计时显示。另设 1 个人工干预键,1个复位键。交通灯示意图如图 7.34 所示。

（1）系统复位。

按下"复位"键后电路完成复位,所有数码管显示 0,全部 LED 灭。

（2）自动控制。

复位释放后进入自动控制状态,红绿灯变化规律为：东西绿、南北红→东西黄、南北红→东西红、南北绿→东西红、南北黄,然后转为东西绿、南北红,开始下一轮循环。倒计时读秒器为全程显示,其中红灯等待时间为 30s,黄灯时间为 3s,绿灯时间为 27s。

（3）人工干预控制。

如有特殊情况可进行人工干预,按下"人工"键后,读秒器停止计数,东西、南北方向均为红灯状态。待特殊情况结束后,再次按下该键,读秒器恢复计数,红绿灯恢复原状继续工作。

2. 扩展提示

在完成以上要求的基础上可以发挥自己的想象力进行功能扩展,例如,以交通规则、声光效果等为切入点思考。以下为扩展提示,可以选择 1 项或多项进行扩展,也可自拟其他功能。

（1）车流感应检测。

用开关模拟车流情况,例如,按下按键表示车流量降低,可以将当前方向的绿灯切换成红灯,交叉方向路口红灯切换成绿灯,以提高路口通行能力。

（2）采用 12s 倒计时定时显示。

红灯倒计时到达 12s 时,读秒器才会出现数字,否则黑屏。

（3）增加信号指示灯。

加入左转弯或行人信号灯指示。

（4）信号灯等待时间可调。

可以设置信号灯等待时长,以适应不同路况。

（5）声光效果。

绿灯剩余 5s 时，用声音或指示灯闪烁进行提醒。

7.3.4 保险箱数字锁控制器

1. 设计要求

设计一个保险箱的数字锁控制器。该保险箱有 12 个按键（数字键 0～9、功能键"♯"和"＊"），3 个指示灯 L1、L2 和 L3 用于辅助显示，1 个蜂鸣器用于报警，1 个 4～8 位显示用的数码管，1 个开关用来模拟开关门。保险箱数字锁操作面板示意图见图 7.35。

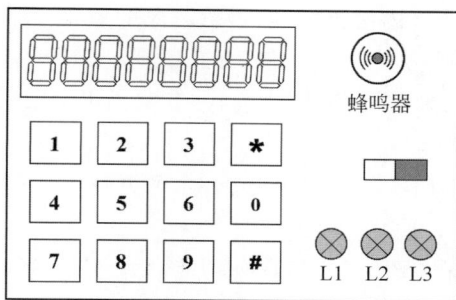

图 7.35 保险箱数字锁操作面板示意图

（1）开保险箱。

待机状态下，按"♯"键唤醒，输入 4～8 位个人密码，按"♯"键确认。密码输入过程中，按"＊"键实现退格，可清除最后输入的数字。如密码正确，指示灯 L1 亮，拨动开关模拟柜门打开，指示灯 L2 亮；如密码错误，指示灯 L3 亮，并发出报警信号，此时需重新输入密码。

（2）关保险箱。

拨动开关，模拟柜门关闭，输入正确密码，按"♯"键，保险箱关闭，L1 和 L2 同时灭。

（3）修改密码。

初始密码为"1234"，更换密码需要在保险箱打开的状态下修改。按下"＊"键开始修改密码，输入 4～8 位新密码，输入完成后按"♯"键确认。密码输入过程中，每按一次"＊"键实现退格，可清除最后输入的数字。

（4）屏幕显示。

待机状态下，数码管各位均显示"8"或"-"。输入密码时数字显示在数码管最右侧，每输入一次，已输入信息左移一位显示，空位不显示。如有退格操作，每退格一次输入信息右移一位显示。

2. 扩展提示

在完成以上要求的基础上，可以发挥自己的想象力进行功能扩展，例如，以功能友好、人机交互等为切入点思考。以下为扩展提示，可以选择 1 项或多项进行扩展，也可自拟其他功能。

（1）丰富显示信息。

待机时数码管显示"HELLO"，保险箱打开显示"OPEN"，锁门后显示"CLOSE"，密码输入错误显示"ERR"，密码修改成功后显示"INTO"，报警状态显示"W"。各字母字形码定义可参考附录 A。

（2）隐码功能。

待机状态下，按"♯"激活密码输入，密码输入前按"＊"键，切换到隐码状态，此时输入的数字均显示为"8"。

（3）错误报警。

连续三次输入密码错误，报警 10s，进入锁定状态，键盘按下无效，待 2min 后方可重新操作。

（4）限时操作。

按"♯"激活密码输入，10s 内键盘解锁，可输入密码。超过后，数字键盘处于锁定状态，触动无效，需重新按下"♯"。

修改密码时如果 10s 内未按键，退出修改状态（密码仍为旧密码），返回待机状态。

（5）修改密码二次确认。

修改密码需要重复输入两次新密码，一致后才可更新。

（6）虚位密码。

在密码前后增加一些无关码，提高防窥视功能，只要输入序列包含密码且连续出现就可以打开保险箱。如开锁密码为 1234，虚位密码 8 位，输入××1234××，×为任意数字，按"♯"键后打开保险箱。

（7）震动报警。

待机状态下按下"＊"，再按"0"，启动震动报警功能，可通过开关模拟触发震动，报警 10s。

（8）省电模式。

保险箱在关闭状态下，如按键长时间未触碰，进入省电模式，显示屏熄灭。之后按下任意键，屏幕点亮。

（9）按键提示音。

各键按下时有提示音。

7.3.5 乒乓球游戏机

1. 设计要求

设计一个模仿打乒乓球的电子游戏机。用 8 个排成一行的 LED 模拟乒乓球运动的轨迹，其中，点亮的 LED 代表"球"当前位置。为左右两个选手各提供 1 个按键作为球拍，按下表示发球或击球；另提供 2 个按键用于复位和确定球权，2 个 LED 显示发球权。用 4 个数码管显示每局比分（如 11∶3），2 个数码管显示场比分（如 3∶0）。乒乓球游戏机操作面板示意图如图 7.36 所示。

（1）系统复位。

按下后电路完成复位，比分清 0，所有数码管显示 0，LED 全灭，球权指示灯灭。

（2）游戏规则。

胜负采用 3 局 2 胜制，每局为 11 分制，任何一方先记满 11 分获得一局胜利。比赛结束后发球/击球键无效。

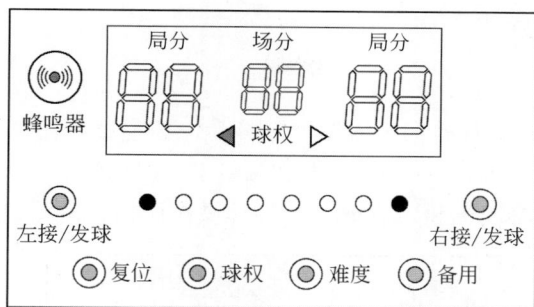

图 7.36　乒乓球游戏机操作面板示意图

（3）分配发球权。

通过"球权"键来确定发球权,每按一次切换发球权,获得发球权一方的球台最外侧的 LED 点亮。比赛进行中该键按下无效。

（4）发球。

按下本方发球/击球键后,"球"以 0.5s 左右的时间间隔向对方移动。

（5）接球。

接球方注意观察球的运动轨迹,当球运动到己方最近处时,应及时按下击球键,表示接球成功,"球"向相反方向移动,等待对方接球,若提前或错后击球判定为失球。

（6）失球。

接球失败,LED 全灭,"球"消失,对方加 1 分,等待下一次发球。

2. 扩展提示

在完成以上要求的基础上可以发挥自己的想象力进行功能扩展,例如,以自动化程度、趣味性等为切入点思考。以下为扩展提示,可以选择 1 项或多项进行扩展,也可自拟其他功能。

（1）增加功能键。

保持场比分不变,实现局清 0;选手可交换场地并实现比分对换;可进行赛制选择,分别为三局两胜、五局三胜和七局四胜;设置游戏难度,每按一次功能键提高相应速度,例如,在 0.1～0.5s 变化,实现"易—中—难"的循环变化。

（2）自动分配球权。

自动分配球权,每得 2 分交换发球权;10 平后实行轮换发球,每次只发 1 个球,多得两分一方本局获胜。

（3）可存储比分并进行回看。

比赛结束后,可以查看每局得分。

（4）单人模式。

可提供单人游戏模式,仅一侧可击球,"球"运行到对侧球台边时自动返回。

（5）声光效果。

失球、进入局点、进入赛点、获胜后有音效提示;获胜方数码管或 LED 点亮、闪烁等。

（6）增强显示。

利用 VGA、OLED、LCD 等显示方式显示各数据。

7.3.6 数字钟电路

1. 设计要求

设计一个具有时、分、秒计时的数字钟电路,用 6~8 位数码管显示时钟,提供选择、模式和设置 3 个按键作为操作键,其中,模式键用来切换计时、校时和闹钟三个状态,1 个 LED 显示闹钟开关状态,1 个蜂鸣器显示音效。数字钟操作面板示意图如图 7.37 所示。

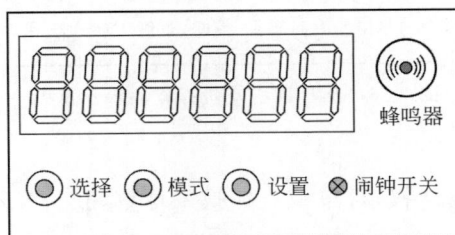

图 7.37 数字钟操作面板示意图

(1) 计时功能。

采用 24 小时制,数码管上显示时、分和秒,例如,083000 表示 8 点 30 分。数字钟默认为计时状态。

(2) 校时功能。

通过"模式"键进入校时状态后,可利用"选择"键选取小时、分钟、秒钟,并通过"设置"键调整时间。调整小时,每按一次"设置"键小时数加 1,计数到 23 后返回 0;调整分钟时,每按一次"设置"键分钟数加 1,计数到 59 时返回 0,但不向小时进位;调整秒钟时,按下"设置"键秒钟清 0。

(3) 闹钟功能。

通过"模式"键可进入设置闹钟状态,仅设置小时和分钟。到设定时间后发出闹铃音,持续时间为 5s。闹钟可屏蔽、可提前终止(复用或增加按键),用 LED 亮灭表明有无闹钟。

2. 扩展提示

在完成以上要求的基础上可以发挥自己的想象力进行功能扩展,例如,以功能友好、人机交互等为切入点思考,可根据需要适当增加按键。以下为扩展提示,可以选择 1 项或多项进行扩展,也可自拟其他功能。

(1) 整点报时。

每逢整点产生"嘀、嘀、嘀、嘀、嘟"四短一长的报时音,即 59′56″、59′57″、59′58″、59′59″秒为嘀音,00′00″为嘟音,也可考虑为了不影响用户休息,在 21 点至 6 点内取消报时。

(2) 多组闹钟。

可设置多组闹钟,并能选择屏蔽任意闹钟。

(3) 两种计时制。

能够修改计时格式,即 12 时(能显示上午和下午)或 24 时两种格式。

(4) 增强校时功能。

选择校时对象后,对应数码管闪烁,以示对其进行设置;长按"设置"键可快速加 1 进行置数。

（5）日历功能。

可以显示年、月、日、星期等。

（6）定时器功能。

以设定时间为起点进行倒计时，至 0:00′00″结束，发出声音提示，响时 10s。

（7）按键提示音。

各键按下时有提示音。

（8）其他功能。

例如，借助温湿度检测、实时时钟等模块，适当增加功能。

7.3.7　出租车计价器

1. 设计要求

设计一款出租车计价器。用 8 位数码管分别显示等候时间、里程和费用。设置 3 个按键，分别为暂停、单程和启动。用 4 个开关和 LED 来模拟运营中的各种状态，对应 LED 亮表示已进入当前状态，其中，开关 S1 用于切换"空车"和"有客"两种状态；S2 用于切换"晚间"和"日间"时段；S3 用于切换"高峰"和"非高峰"时段；S4 用于切换是否收取低速等候费。出租车计价器操作面板示意图如图 7.38 所示。

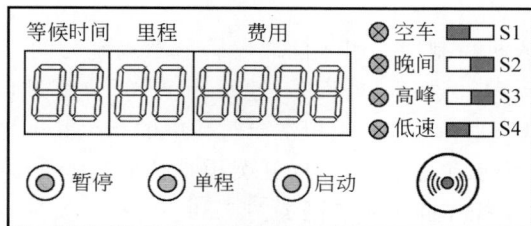

图 7.38　出租车计价器操作面板示意图

（1）计费规则。

3 千米以内起步价为 13 元，超过 3 千米后单价为 2 元/千米；时速低于 12 千米为低速状态（可通过 S4 切换），早晚高峰期间（可通过 S3 切换）每 5min 加收 2 千米费用，其他时段加收 1 千米费用。

（2）空车和有客状态转换。

无乘客时开关 S1 应拨至左，指示灯亮，表示当前处于空车状态，可载客，显示屏全灭；载客后开关 S1 应拨至右，此时指示灯灭，显示屏点亮，"等候时间""里程"显示为 0，"费用"显示起步价。

（3）启动运营。

按下启动键，进入计费状态，按计费规则计费，运行过程中可复用该按键调速。

（4）暂停计费。

在运营过程中按下暂停键，计价器暂停计费，可用于车辆故障、停车检查、行程结束等情况。

2. 扩展提示

在完成以上要求的基础上可以发挥自己的想象力进行功能扩展，例如，以更改计费规则、用真实传感器数据模拟里程等为切入点思考。以下为扩展提示,可以选择 1 项或多项进行扩展,也可自拟其他功能。

(1) 将单价调整为 2.3 元/千米。

(2) 空驶费。

单程载客行驶超过 15 千米的部分,在单价基础上加收 50% 的费用,按下单程键可计算空驶费。

(3) 夜间收费。

夜间运营时,在单价基础上加收 20% 的费用,通过切换开关 S2 模拟进入夜间时段。

(4) 里程计算。

可通过电机、电磁或光电传感器模拟里程传感器,获取里程数据。

(5) 增强显示。

利用 OLED、LCD 等显示方式显示各数据。

(6) 按键提示音。

各键按下时有提示音。

7.3.8　洗衣机控制器

1. 设计要求

设计一个全自动洗衣机控制器。用 2 位数码管显示剩余时间、预约等候时间等。设置多个按键用来选择洗衣流程,例如水位、程序、过程、预约等,操作过程中用 LED 亮来指示选项被选中。增加 LED 和开关等元件来模拟洗衣过程中的状况和事件,例如,用 LED 模拟洗衣过程中波轮的正反转、注水和排水状态,用开关模拟传感器信号,例如,机盖的关闭、水注满、水排空等状况。洗衣机操作面板示意图如图 7.39 所示。

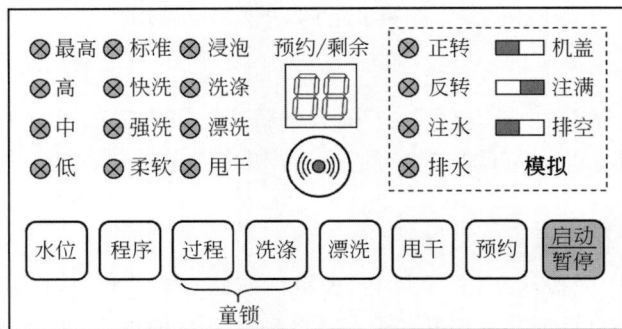

图 7.39　洗衣机操作面板示意图

(1) 洗衣流程。

洗衣分为注水、浸泡、洗涤、漂洗和甩干 5 个步骤,可自定义各步所需时间。按下启动/暂停键后,洗衣机依次按步骤执行洗衣流程。如果中途按下启动/暂停键,将会暂停当前的操作,再次按下该键才可继续运行。

(2) 波轮控制。

用多个 LED 灯或电机的正转和反转模拟洗衣机波轮转动。

(3) 机盖检测。

甩干过程中,若打开机盖,洗衣机应立即暂停工作,停止电机运转和排水;合上机盖,洗衣机继续工作。

(4)结束提醒。

洗衣结束后,蜂鸣器发出声音提示。

(5)显示信息。

选择不同洗衣程序时,数码管显示总的工作时间,启动后进入倒计时,数码管显示剩余时间。

2. 扩展功能

在完成以上要求的基础上可以发挥自己的想象力进行功能扩展,例如以功能友好、人机交互为切入点思考,以下为扩展提示,可以选择1项或多项进行扩展,也可自拟其他功能。

(1)模式选择。

除全自动洗衣模式外,可选择执行浸泡、洗涤、漂洗、甩干中的1个或多个相邻子程序。

(2)水位控制。

水位分为最高、高、中、低四档,通过按动"水位"键逐次修改水位,注水过程中利用开关模拟发出水注满信号。

(3)预约功能。

设置完洗衣程序后,按预约键可进行预约,初始值为1min,每按一次时间加1min,设置完成后按下启动键开始倒计时,之后按选定程序运行。

(4)童锁功能。

按下组合键后启动童锁功能,所有按键被锁定,按下无效。

(5)按键提示音

各键按下时有提示音。

7.3.9 电梯控制器

1. 设计要求

设计一个电梯控制器。以四层电梯为例,电梯外共设有6个召唤按键,其中底层和顶层各一个,分别是上楼请求和下楼请求按键,中间楼层各设置两个按钮,即上楼和下楼请求按键,每个按键有一个对应的 LED 指示灯。各楼层共用1组数码管作为指层器、1个上行指示灯、1个下行指示灯。梯内设有4个楼层请求按键,每个按键代表一层楼,并提供开门和关门按键。1个蜂鸣器用作声音提示。此外,可以根据资源情况另加1组数码管和上、下行指示灯或 LED 点阵来显示楼层及上、下行信息。电梯操作面板示意图如图 7.40 所示。

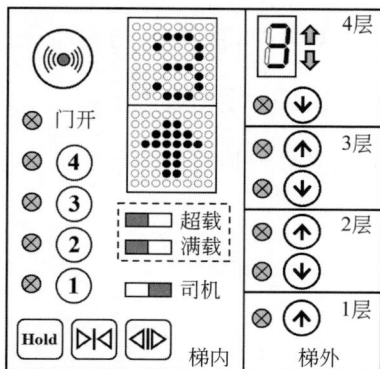

(1)梯外召唤。

当召唤按键按下后,对应指示灯(按键灯)亮,并向控制器发出请求。

(2)梯内选层。

按下时,点亮对应指示灯,表示请求到达对应楼层。

(3)调度规则。

图 7.40 电梯操作面板示意图

采用顺向截梯规则,即电梯上行时仅响应高楼层上行请求,下行时仅响应低楼层的下行请求,逆向请求须保存,待电梯转为顺向时处理;请求未响应时,已按下的外呼按键灯亮。

电梯运行到内选或召唤楼层后,电梯门打开,待延时时间到或手动关门信号发出后关门(如果请求来自外部召唤,梯外同向召唤按键灯熄灭)。电梯完成响应后,继续朝原方向运动,直到当前方向所有请求处理完成。如果反向有请求,电梯将转向,直到全部请求处理完,电梯就近停梯。无上行或下行请求时,电梯停在原位置。可假设电梯运行时每 3s 升降 1层,开门延时时间为 5s。

(4) 上、下行和楼层指示。

电梯运行时通过上、下行指示灯显示电梯运行方向,不再运行时,上、下行指示灯熄灭;到达新楼层后更新指层器数字,如果在该楼层停留可发出声音且指层器闪烁。

2. 扩展功能

在完成以上要求的基础上可以发挥自己的想象力进行功能扩展,例如,以功能友好、智能化为切入点思考,以下为扩展提示,可以选择 1 项或多项进行扩展,也可自拟其他功能。

(1) 动态显示。

利用 LED 点阵显示楼层,上行、下行箭头可动态移动。

(2) 保持功能。

按下"Hold"键时,电梯门会保持一段时间的开启状态,如果一直按下,电梯门保持开启状态。

(3) 司机模式。

进入司机模式后,电梯可手动控制,此时可屏蔽梯外召唤,也可改变电梯运行方向。到达楼层后电梯自动开门,但须手动关门。

(4) 自动归位。

无召唤请求时,电梯自动归位,可设置停靠在任意层。

(5) 超载提示。

用按键模拟触发该状态,超载后持续发出警报、电梯不关门,直到解除超载状态。

(6) 满载不停。

用按键模拟触发该状态,满载后不再响应梯外召唤,直接到达内选所指定的楼层。解除满载信号,电梯可响应梯外召唤信号。

(7) 按错取消。

在梯内按错楼层后,长按或连按两次该楼层按键,取消楼层请求。

7.3.10 自命题

读者可根据自己的兴趣自命题并完成设计,自命题与上述几个题目的难度应相当。

数码管字形码

数码管字符及其字形如表 A.1 所示。

表 A.1　数码管字符及其字形

字　符	字　形	字　符	字　形	字　符	字　形	字　符	字　形
0		9		I		R	
1		A		J		S	
2		B		K		T	
3		C		L		U	
4		D		M		V	
5		E		N		W	
6		F		O		X	
7		G		P		Y	
8		H		Q		Z	

Verilog HDL 中的关键字

always	endgenerate	join	pullup	task
and	endmodule	large	pulsestyle_onevent	time
assign	endprimitive	liblist	pulsestyle_ondetect	tran
automatic	endspecify	library	rcmos	tranif0
begin	endtable	localparam	real	tranif1
buf	endtask	macromodule	realtime	tri
bufif0	event	medium	reg	tri0
bufif1	for	module	realease	tri1
case	force	nand	repeat	triand
casex	forever	negedge	rnmos	trior
casez	fork	nmos	rpmos	trireg
cell	function	nor	rtran	unsigned
cmos	generate	noshowcancelled	rtranif0	use
config	genvar	not	rtranif1	uwire
deassign	highz0	notif0	scalared	vectored
default	highz1	notif1	showcancelled	wait
defparam	if	or	signed	wand
design	ifnone	output	small	weak0
disable	incdir	parameter	specify	weak1
edge	include	pmos	specparam	while
else	initial	posedge	strong0	wire
end	inout	primitive	strong1	wor
endcase	input	pull0	supply0	xnor
endconfig	instance	pull1	supply1	xor
endfunction	integer	pulldown	table	strength

附录 C

APPENDIX C

实验台外设引脚分配表

参考实验台或开发板原理图,填写各外设的引脚分配信息。"信号名称"可以是原理图中的网络名称,也可以是 PCB 上印制的元件编号。"引脚编号"是"信号名称"与 FPGA 芯片相连引脚的编号。

1. 按键

按键引脚分配信息表如表 C.1 所示。

表 C.1 按键引脚分配信息表

编 号	1	2	3	4	5	6	7	8	9	10	11	12
信号名称												
引脚编号												

2. 开关

开关引脚分配信息表如表 C.2 所示。

表 C.2 开关引脚分配信息表

编 号	1	2	3	4	5	6	7	8
信号名称								
引脚编号								
编 号	9	10	11	12	13	14	15	16
信号名称								
引脚编号								

3. LED

LED 引脚分配信息表如表 C.3 所示。

表 C.3 LED 引脚分配信息表

编 号	1	2	3	4	5	6	7	8
信号名称								
引脚编号								

续表

编　号	9	10	11	12	13	14	15	16
信号名称								
引脚编号								

4. 数码管

数码管引脚分配信息表如表 C.4 所示。

表 C.4　数码管引脚分配信息表

编　号	段　　选							
	a	b	c	d	e	f	g	dp
引脚编号								
编　号	位　　选							
	1	2	3	4	5	6	7	8
信号名称								
引脚编号								

5. LED 点阵

LED 点阵引脚分配信息表如表 C.5 所示。

表 C.5　LED 点阵引脚分配信息表

编　号	□列　　　□行							
	1	2	3	4	5	6	7	8
引脚编号								
编　号	□行　　　□列							
	1	2	3	4	5	6	7	8
引脚编号								
编　号	9	10	11	12	13	14	15	16
引脚编号								

6. 自定义

读者可根据需求自行定义,如表 C.6 所示。

表 C.6　自定义表

编　号				
信号名称				
引脚编号				
编　号				
信号名称				
引脚编号				

附录 D
APPENDIX D

实验任务单

实验任务单如表 D.1 所示。

表 D.1 实验任务单

实验序号	内　容	页码	学时	周次
1				
2				
3				
4				
5				
6				
7				
8				
9				
10				

参 考 文 献

[1] Mishra K. Verilog 高级数字系统设计技术与实例分析[M]. 乔庐峰,尹廷辉,于清,等译. 北京：电子工业出版社,2018.

[2] 罗杰. Verilog HDL 与 FPGA 数字系统设计[M]. 2 版. 北京：机械工业出版社,2022.

[3] 王秀娟,魏坚华,贾熹滨,等. 数字逻辑基础与 Verilog 硬件描述语言[M]. 2 版. 北京：清华大学出版社,2020.

[4] 周润景,姜攀. 基于 Quartus Ⅱ 的数字系统 Verilog HDL 设计实例详解[M]. 2 版. 北京：电子工业出版社,2014.

[5] 夏宇闻,韩彬. Verilog 数字系统设计教程[M]. 4 版. 北京：北京航空航天大学出版社,2017.

[6] 王金明. 数字系统设计与 Verilog HDL[M]. 5 版. 北京：电子工业出版社,2014.